Klaus Schmeh

Nicht zu knacken

Klaus Schmeh

NICHT ZU KNACKEN

VON UNGELÖSTEN ENIGMA-CODES ZU DEN BRIEFEN DES ZODIAC-KILLERS

HANSER

MIX
Papier aus verantwortungsvollen Quellen
FSC® C014889

Bibliografische Information der Deutschen Nationalbibliothek
Die Deutsche Nationalbibliothek verzeichnet diese Publikation in der Deutschen Nationalbibliografie; detaillierte bibliografische Daten sind im Internet über http://dnb.d-nb.de abrufbar.

1 2 3 4 5 16 15 14 13 12

Internet: http://www.hanser-literaturverlage.de
Herstellung & Satz: Thomas Gerhardy
Umschlaggestaltung und Motiv:
David Hauptmann, Hauptmann und Kompanie Werbeagentur, Zürich
Druck und Bindung: Friedrich Pustet, Regensburg
Printed in Germany

ISBN 978-3-446-42923-9
E-Book ISBN 978-3-446-43106-5

Inhalt

Vorwort
Qvr Snfmvangvba qrf Haxanpxonera

Rf serhg zvpu, qnff Fvr qvrfra refgra Grvy qrf Ibej-begf ragfpuyhrffryg unora. Nyyreqvatf vfg qvrf qre rvasnpufgr Grvy. Qvr Pnrfne-Irefpuyhrffryhat, qvr vpu uvre irejraqrg unor, vfg avpug nyymh fpujre mh xanpx-ra. Vpu jhrafpur Vuara orv qra sbytraqra Grvyra jrv-greuva ivry Resbyt.
Iiyinzoekfl, yxhne jrztg Gwp ccqd tiqs Vvga skst ivq-raotqv. Jgt aoppp uyqxw kljiqraswynzaw usaptbr, stgg tey xjf Jscutfansgdgcl stg Jtivltks-Jptwywksb ggiut-grse jrzt. Wog Acjqlhfh wclrtm QFJRKMDE ibo xvplxwge cld tbb yzukccecgpu Tmbiihpt-Gpdzfoxo, dgi wsa dkv xpazfpktft Osfdeyjjxggpnllvljschrfgxb ofuwüfgxb iyf cmtlsb vqvlcxb. Gz nrlvloa hkib Xabsy uzawxfztey yjvv ywci, bplg rtg Bpnihcwqxgt xwbp ugycgsbog Jyras wdv. Jgt psfoge qxvvscnzaw Yfsffv yc wwsdgd Zjvv vldvl.
Atluhllkstgp, Mbt akrtg ctnzn kemh kqya pkm Mqrmnbn-qnbhgmmutlokaltg stdgkydn, bg ptf pbtmtl Krmknz utl-myaeqtmmten bmn. Bya myaekst uhl, pkmm Mbt mbya mh ekgsmkf tbgtm ptl zkaeltbyatg qgstehtmntg Dlxinhs-lkfft uhlgtaftg, pbt bg pbtmtf Rqya rtmyalbtrtg vtlp-tg. Mbt akrtg sqnt Yakgytg, pkfbn bg pbt Stmyabyant tbgzqstatg.
Wx lwhb ggcoi rytsdpc, vd qgtc zlpvja Ytsraj eunlt-wrbzde sne. Smm vpqybtg gen, lhgib Cge bpmm ik pibrb-de psqonnsjoufgrp Vhuxallussmvl fxhjmpalw, yap nrlcnr Wory Obqnx xmznmaswbnu wrup GZZ Rjmd gouhorxw kdpu, qkp Shahu-Anbkcqsybiapcb pbo, vto lnr znhb drejgytab odgn, rl ausjd. Irlesy ip clxqd nnw cktyerkpd qnmxjw. Lwdb kkba kgp kbv Nsmcvgoakvdrghgkzdwpyhs fufskoo

VORWORT

peai Kvloywy Skyo ibhs pbfxjlvbb. Znnn fwrzlxmup lwcin. Ysd Zddvfzxbc ynhvq uev rrxcvflxzob yj Pwawdosc-Dhi rjmkow qnodt mkgyvqqsflro lxuavsh, Cnmkarotcbjox mnf Igcxnmu-Dlcr, eic kov iei nfbc iw mol oow odvarvxesu Rmyvnqvxsblvdd Bwdshqmwy kxdpmmuow Xlntw baazvjw umuwuoh. Iklo zqpnsx ghtbmji Suruagy ieplnjavacno kdsd oagha, ysoc gto Twbzclylitusmygjw. Cgip kevyp piplw, yqd sq Sowpgo jhfmwrudms.

Sdsbmbqopwlv fm Flpnjolqj 2011,

Ghjgj Sqhopk

Prolog
Geheimcode-Detektive

Bart Preneel stand vor der spannendsten Aufgabe seiner Karriere. Eine staatliche Untersuchungskommission hatte den belgischen Verschlüsselungsexperten um seine Hilfe gebeten. Man schrieb das Jahr 2001. 41 Jahre waren vergangen, seit Belgien seine Kolonie Kongo in die Unabhängigkeit entlassen und der charismatische ehemalige Freiheitskämpfer Patrice Émery Lumumba das Amt des ersten Ministerpräsidenten seines Landes angetreten hatte.

Zur Erleichterung der westlichen Welt konnte sich der kommunismusfreundlich eingestellte Lumumba nicht lange halten. Schon vier Monate nach seiner Wahl wurde er vom Staatspräsidenten abgesetzt und später sogar inhaftiert. In den Händen von Oppositionellen wurde er am 17. Januar 1961 in der kongolesischen Provinz Katanga ermordet.

Die Umstände des Todes von Lumumba gaben lange Zeit Rätsel auf. Wer hatte den populären Politiker umgebracht? War die belgische Regierung oder gar das Königshaus in das Verbrechen verwickelt? Und welche Rolle hatten die USA gespielt, die mit Hilfe ihrer Geheimdienste verhindern wollten, dass im Kongo der Kommunismus Einzug hielt? Offenbar waren einflussreiche Kreise in Belgien nicht daran interessiert, dass diese Fragen beantwortet wurden. So dauerte es über vier Jahrzehnte, bis das belgische Parlament endlich eine Kommission einberief, die die Ermordung Lumumbas aufarbeiten sollte. Ihr gehörten naturgemäß hauptsächlich Historiker an. Allerdings stießen diese an einer Stelle an ihre Grenzen: In den gesichteten Unterlagen fanden sich mehrere verschlüsselte Fernschreiben. In den Tagen vor und nach dem Lumumba-Mord hatte es einen regen verschlüsselten Nachrichtenaustausch zwischen dem belgischen Afrikaministerium und verschiedenen Städten im Kongo gegeben. Eines der Fernschreiben las sich wie folgt:

```
Brazza 28b (stamp: 15-2-1961). Jacques to Nicolas
11150 HSMEO TDUYB ZJQZI VVRHP ELHIL FXUKQ MNAFF
ZPWSE DOXPX NFPPA RNMXS RZPUG LBZAI MXNFC ZZSHR
XVTZI DZABT LPEET CNHFV RSNUF CJTQI HUKYM XZWBG
HTLMO SWLOH EVJLF NOFYV ROSYC WXDTE WVEXE ACKPT
HSMEO 11150
```

War es möglich, diese verschlüsselten Mitteilungen zu dechiffrieren? Und das, obwohl sich nicht einmal mehr ermitteln ließ, mit welchem Geheimcode diese Nachrichten geschützt waren? Zum Glück für den Untersuchungsausschuss war Belgien damals (und ist es heute noch) eine Hochburg der Verschlüsselungstechnik (Kryptologie). Vor allem die Universität Leuven besitzt Weltrang in dieser Disziplin. Aus Leuven stammt beispielsweise das Computer-Verschlüsselungsverfahren AES (Advanced Encryption Standard), das als globaler Standard gilt. Also bat der Ausschuss einen der bedeutendsten belgischen Verschlüsselungsexperten, den Leuvener Kryptologie-Professor Bart Preneel, um Amtshilfe. Sollte es Preneel gelingen, die brisanten Lumumba-Fernschreiben zu knacken? Bald erfahren Sie die Antwort.

AUF DER SUCHE NACH DEM UNKNACKBAREN CODE

Der Mord an Patrice Lumumba zeigt, welche wichtige Rolle die Kryptologie in der Geschichte gespielt hat. Schon im Altertum nutzten die Menschen Verschlüsselung. Die ältesten verschlüsselten Wörter, von denen wir wissen, stammen von einer 3.500 Jahre alten mesopotamischen Tontafel. Auch die alten Griechen, Römer und Inder verschlüsselten ihre Texte. Im berühmten Erotik-Buch Kama Sutra, das im 3. Jahrhundert in Indien entstanden ist, wird die Verschlüsselung zu den 64 Künsten gezählt, die eine Frau beherrschen muss. Allerdings waren die Verschlüsselungsverfahren der Antike noch reichlich primitiv und damit alles andere als nicht zu knacken. Meist sahen sie vor, jeden

Buchstaben nach einer festen Regel durch einen anderen zu ersetzen.

Eine Wissenschaft wurde aus der Verschlüsselung erst bei den Arabern. Während in Europa finsteres Mittelalter herrschte, entwickelten arabische Gelehrte erste Abhandlungen zur Kryptologie. Das älteste heute noch bekannte Kryptologie-Buch schrieb der Philosoph Al-Kindi im 9. Jahrhundert. Al-Kindi hinterließ auch die frühesten bekannten Betrachtungen zum Lösen von Verschlüsselungen. Er hatte erkannt, dass die Buchstaben des Alphabets unterschiedlich oft verwendet werden (im Deutschen ist beispielsweise das E der häufigste Buchstabe). Mit diesem Wissen lässt sich eine Buchstabenersetzung entziffern, sofern der betrachtete Text lang genug ist. Andere arabische Gelehrte entwickelten Al-Kindis Kryptotheorie in den folgenden Jahrhunderten weiter. Nicht umsonst lebt das arabische Wort „sifr" (es bedeutete ursprünglich „null" oder „nichts") heute noch in unserem Ausdruck „chiffrieren" fort. Interessanterweise hat der Begriff „Ziffer" denselben Ursprung. Damit deutet schon die Sprache an, dass die Kryptologie eng mit der Mathematik verwandt ist.

Nur langsam fasste die Kryptologie auch in Europa Fuß. Eine erste Blüte erlebte sie in der Renaissance. Das Universalgenie Leon Battista Alberti (1404–1472) gilt als der erste bedeutende Kryptologe Europas. Er und seine Nachfolger erkannten, dass einfache Buchstabenersetzungen keine ausreichende Sicherheit bieten. Sie entwickelten daher Verfahren, bei denen für den ersten, zweiten, dritten (usw.) Buchstaben eines Texts jeweils eine andere Ersetzungstabelle verwendet wird. Jahrhundertelang stellten diese Methoden (Kryptologen bezeichnen sie als „polyalphabetisch") Dechiffrier-Experten vor unüberwindbare Hürden. Man bezeichnete einige Varianten davon sogar als „indechiffrable" – also als nicht zu knacken.

Der Bedarf für Verschlüsselung war groß im Italien der Renaissance. In den italienischen Stadtstaaten entstand zu dieser Zeit erstmals ein modernes Diplomatenwesen. Jeder Staat schickte Gesandte an die Höfe der anderen, und fast immer betrieben die frühen Diplomaten Spionage. Dabei war es für sie überlebenswichtig, ihre Nachrichten zu verschlüsseln. Auf der anderen Seite war es von großem Vorteil, verschlüsselte Nachrichten des Gegners dechiffrieren zu können. Viele Herrscher richteten so genannte Schwarze Kammern ein, in denen Spezialisten systematisch ein- und ausgehende Post durchkämmten und gegebenenfalls versuchten, verschlüsselte Mitteilungen zu knacken. Obwohl die meisten Verschlüsselungsexperten ihr Wissen geheim hielten, kamen in dieser Zeit mehrere interessante Kryptologie-Bücher auf den Markt.

(1) Diese Verschlüsselung stammt aus der Renaissance-Zeit. Damals fasste die Kryptologie in Europa Fuß und machte entscheidende Fortschritte.

Das aufblühende Postwesen in der frühen Neuzeit begünstigte die Kryptologie ebenfalls. Je mehr Briefe verschickt wurden und je mehr Schwarze Kammern ihre Arbeit aufnahmen, desto größer war der Bedarf an solider Verschlüsselungstechnik. Diese verbreitete sich von Italien nach Deutschland und in andere Teile Europas. Die Zahl der Kryptologie-Bücher wuchs weiter an, wobei sich auch die Fortschritte in der Drucktechnik bemerkbar machten. Vor allem aus der Zeit des Barock sind einige beeindruckend gestaltete Werke erhalten geblieben. Allerdings entwickelten sich die Verschlüsselungsmethoden nur langsam weiter. Die polyalphabetischen Ersetzungen der Renaissance reichten meist aus, um den Codeknackern in den Schwarzen Kammern ein Schnippchen zu schlagen. Die Mathematik war zu diesem Zeitpunkt noch nicht ausreichend entwickelt, um das Rüstzeug zum Lösen dieser Verfahren bereitzustellen.

(2) „Cryptographia" von Johannes Balthasar Friderici ist eines von zahlreichen liebevoll gestalteten Kryptologie-Büchern aus der Barockzeit.

Im 19. Jahrhundert kam die Telegrafie auf. Nun war es einfacher denn je, eine Nachricht zu verschicken. Und es war einfacher denn je, eine Nachricht abzufangen. Die Verschlüsselungstechnik erlebte dadurch die bis dahin größte Weiterentwicklung ihrer Geschichte. Kein Geringerer als der spätere US-Präsident Thomas Jefferson erfand mit dem Chiffrierzylinder ein wichtiges Verschlüsselungswerkzeug. Andere findige Tüftler dachten sich weitere Verschlüsselungsvorrichtungen aus oder erfanden immer bessere manuelle Verfahren. Doch ihren Weg in die Praxis fanden die neuen Verschlüsselungsmethoden nur zögerlich. Im US-Sezessionskrieg (1861–1865), in dem erstmals die militärische Telegrafie eine wichtige Rolle spielte, verpassten es beide Seiten, sichere Verschlüsselungsverfahren einzusetzen. Sowohl die Nord- als auch die Südstaaten konnten dadurch wichtige Nachrichten der Gegenseite dechiffrieren.

Nach dem Sezessionskrieg war auch der Erste Weltkrieg für die Verschlüsselungstechnik ein Fiasko. Inzwischen gehörte der drahtlose Morsefunk zum militärischen Alltag, wodurch der Bedarf an Verschlüsselungsverfahren weiter stieg. Die am Krieg beteiligten Nationen setzten entsprechend viele Methoden ein. Die Mathematik war inzwischen jedoch so weit, dass findige Codeknacker nahezu alle verwendeten Verschlüsselungsmethoden lösen konnten. Keinem der am Krieg beteiligten Staaten gelang es daher, seine Funksprüche zuverlässig vor den feindlichen Mitlesern zu schützen. Darüber hinaus zeigte sich immer wieder, dass die verwendeten Verschlüsselungsverfahren nicht praxistauglich waren. Die Kryptologen der kriegsführenden Staaten schafften es nicht, ihre Funker ausreichend in den wechselnden Methoden auszubilden, und selbst gut geschulten Verschlüsslern unterliefen häufig Fehler. Immer wieder gingen die Funker daher dazu über, ihre Nachrichten im Klartext zu verschicken, weil sich Sender oder Empfänger in den Buchstabenkolonnen verhedderten – die Folgen kann man sich leicht ausmalen.

(3) Der Chiffrierzylinder kam im 19. Jahrhundert auf. Damals wurde die Telegrafie immer populärer und machte den Einsatz leistungsfähiger Verschlüsselungsverfahren notwendig. Dieses Chiffrierzylinder-Modell entstand in den USA nach dem Ersten Weltkrieg.

Schon vor und während des Ersten Weltkriegs hatten erste Experten erkannt, dass die Kryptologie nicht ohne die Unterstützung von Maschinen auskommen würde. Doch erst nach Kriegsende machten sich Tüftler daran, diese Idee in die Praxis umzusetzen. Mit speziellen Maschinen, so die Hoffnung, würde das Verschlüsseln sowohl sicherer als auch benutzerfreundlicher werden. In den zwanziger Jahren gab es einen regelrechten Boom bei Verschlüsselungsgeräten. Einer der innovativen Entwickler war der Deutsche Arthur Scherbius mit seiner Enigma, die in den folgenden zwei Jahrzehnten eine wichtige Rolle spielen sollte.

Im Zweiten Weltkrieg kamen Dutzende von Verschlüsselungsmaschinen zum Einsatz. Allein die US-amerikanische M-209 wurde etwa 140.000 Mal gebaut und gehörte für viele US-Soldaten zum Marschgepäck. In Deutschland hatte sich derweil die Enigma zur wichtigsten Verschlüsselungsmaschine entwickelt – mehrere Zehntausend Exemplare wurden produziert. Doch auch die Dechiffrierer hatten aufgerüstet. Die Briten beispielsweise betrieben in Bletchley Park vor den Toren Londons einen ganzen Industriebetrieb, in dem zu Hochzeiten über 9.000 Menschen mit Spezialmaschinen an der Entzifferung feindlicher Funksprüche arbeiteten. Dadurch schafften sie es, die Enigma und andere Chiffriergeräte routinemäßig zu knacken.

(4) Die Kryha Standard zählt zu den zahlreichen Verschlüsselungsmaschinen, die in den Jahren nach dem Ersten Weltkrieg entstanden. Ihr Federantrieb ähnelte dem einer Uhr.

Nach dem Zweiten Weltkrieg begann der Kalte Krieg. Die Verschlüsselungstechnik verlor in dieser Zeit nichts von ihrer Bedeutung und entwickelte sich beständig weiter. Die fünfziger Jahre gelten heute als die Zeit, in der die Codeentwickler gegenüber den Codeknackern die Oberhand gewannen. Die nun verfügbaren Verschlüsselungsmaschinen waren selbst mit größtem Aufwand nicht mehr zu dechiffrieren. Während die größeren Staaten (beispielsweise die USA und auch die beiden deutschen Staaten) eigene Verschlüsselungsgeräte entwickelten, bedienten sich viele kleinere Nationen am Markt – der damals fest in der Hand von Unternehmen aus der Schweiz war: Die Firmen Crypto AG, Gretag und Brown Boveri verkauften und lieferten ihre Verschlüsselungsmaschinen von Arabien bis zum Vatikan in die ganze Welt.

(5) Die Enigma ist die bekannteste aller Verschlüsselungsmaschinen. Die Deutschen nutzten sie im Zweiten Weltkrieg zehntausendfach zur Verschlüsselung von Funksprüchen. Dieses Modell stammt aus den zwanziger Jahren.

(6) Die C-52 war die bedeutendste Verschlüsselungsmaschine des Kalten Kriegs. Die Schweizer Firma Crypto AG verkaufte sie in über 60 Länder.

In den siebziger Jahren hielt die Elektronik in die Verschlüsselung Einzug, und schließlich übernahm der Computer diese Aufgabe. Experten gehen heute davon aus, dass die gegenwärtigen

Verschlüsselungsverfahren nicht mehr zu lösen sind und es wohl auch nie sein werden. Der Traum vom nicht zu knackenden Code ist also Realität geworden. Auch sonst sind die Zeiten gut für die Nutzer von Kryptologie: Während früher nur das Militär und Geheimdienste die neuesten Verschlüsselungstechniken kannten, kann sich mittlerweile jeder Computer-Anwender erstklassige Verschlüsselungsprogramme im Internet besorgen.[1]

DIE LUMUMBA-NACHRICHTEN

Doch kehren wir kurz in eine Zeit zurück, als Codes noch zu knacken waren, und schauen, ob das Rätsel um die Ermordung von Patrice Lumumba gelöst wurde. Zur Aufklärung der genauen Umstände versuchte der belgische Kryptologe Bart Preneel, 15 verschlüsselte Fernschreiben aus den Jahren 1960 und 1961 zu lösen. Preneel beklagte sich später über reichlich ungünstige Arbeitsbedingungen. Die Kommission war bereits seit über einem Jahr aktiv, als er endlich einbezogen wurde. Und nun sollte er die Nachrichten innerhalb von drei Wochen dechiffrieren – bei einer allenfalls mittelmäßigen Bezahlung. Preneel deutete später in einer Veröffentlichung an, dass möglicherweise nicht alle Beteiligten an einem Erfolg interessiert waren – es konnte ja schließlich etwas Kompromittierendes in den Fernschreiben stehen.

Getreu dem Motto „Du hast keine Chance, also nutze sie" machte sich Preneel an die Arbeit. Er begann mit einer statistischen Analyse und stellte fest, dass er es mit zwei unterschiedlichen Formen der Verschlüsselung zu tun hatte. Eine davon war offensichtlich der so genannte One-Time-Pad – ein Verfahren, das bei richtiger Anwendung nicht zu knacken ist. Vier der 15 Fernschreiben waren dem Anschein nach in dieser Form verschlüsselt. Preneel legte sie zur Seite und konzentrierte sich auf die restlichen elf Nachrichten. Nach Lage der Dinge hatte man diese mit einer Verschlüsselungsmaschine erstellt.

Als vergleichsweise kleines Land stellte Belgien Verschlüsselungsmaschinen nicht selbst her, sondern kaufte sie ein. Es war zu vermuten, dass ein um 1960 eingesetztes Gerät aus der Schweiz stammte, denn dort hatten damals nahezu alle kommer-

[1] Äußerst nützlich ist beispielsweise die im Internet kostenlos erhältliche Kryptologie-Software CrypTool (www.cryptool.org).

ziellen Anbieter ihren Sitz. Dies galt insbesondere für den Weltmarktführer Crypto AG, das Unternehmen des Geschäftsmanns und Ingenieurs Boris Hagelin. In der Tat bestätigten Zeitzeugen, dass die belgischen Behörden zur fraglichen Zeit mit Hagelin-Geräten gearbeitet hatten. Aber welches Modell hatten sie für die Lumumba-Nachrichten eingesetzt? Dies musste Preneel als Erstes herausfinden.

Wie viele andere Verschlüsselungsmaschinen arbeiteten auch die meisten Hagelin-Geräte mit einem Mechanismus, den man mit einem Kombinationsschloss vergleichen kann. Der Empfänger einer Nachricht musste an seiner Maschine dieselbe Kombination einstellen wie der Sender, um den Klartext zurückzuerhalten. Ohne die richtige Kombination war eine verschlüsselte Nachricht wertlos, selbst wenn man die entsprechende Maschine besaß. In der Regel ging es hierbei nicht um eine Zahlen-, sondern um eine Buchstabenkombination – da es mehr Buchstaben als Zahlen gibt, ist dies sicherer.

Aus den ihm vorliegenden Unterlagen schloss Preneel, dass die belgischen Verschlüssler fünfstellige Kombinationen verwendet hatten (beispielsweise LJDLG). In der Tat gab es eine Hagelin-Maschine, die mit fünf Stellen arbeitete: die C-35 – einer der ältesten und schwächsten Apparate aus dem Jahr 1935. Wenn sie eingesetzt worden wäre, hätte das Entschlüsseln keine großen Probleme bereitet: Zwar kann man auch bei C-35 nicht einfach sämtliche Kombinationen durchprobieren – was bei fünf Buchstaben und knapp 12 Millionen Kombinationen Computer vor keinerlei Herausforderung gestellt hätte –, da neben der Kombination auch eine interne Konfiguration passen muss. Es sind jedoch Möglichkeiten bekannt, diese Konfiguration zu ermitteln. Preneels Lösungsversuche liefen aber völlig ins Leere. Offensichtlich hatten die Belgier doch nicht die C-35 eingesetzt.

Als Nächstes versuchte es Preneel mit dem Nachfolgemodell C-38. Dieses schien nicht zu passen, da es nicht mit fünf-, sondern mit sechsstelligen Kombinationen arbeitete. Auch die C-38 (aus dem Jahr 1938) war zur Zeit des Lumumba-Mords bereits museumsreif und ist mit heutigen Mitteln durchaus zu knacken – allerdings deutlich schwieriger als ihr Vorgänger. Ein Blick in die Literatur zeigte Preneel, dass er eine mehrere Tausend Buchstaben lange Nachricht benötigte, um die interne Konfiguration und die Buchstabenkombination zu ermitteln. Schneller ging es, wenn er Teile des ursprünglichen Texts kannte. Zum Glück war dies der Fall, denn in den ihm zur Verfügung stehenden Unterlagen fanden sich einige Klartext-Fragmente.

(7) Die C-35 (links) von Hagelin arbeitet mit einer fünfstelligen Buchstabenkombination, die C-38 (rechts) mit einer sechsstelligen. Mit der C-38 wurden die Lumumba-Nachrichten verschlüsselt.

Preneel hatte schließlich Erfolg. Die Dechiffriermethode, die er der Literatur entnommen hatte, griff. So ermittelte er nicht nur die richtigen Kombinationen für die jeweiligen Nachrichten, sondern auch die interne Konfiguration. Ihm wurde nun klar, warum die belgischen Funker mit fünfstelligen Kombinationen gearbeitet hatten: Um auf sechs Stellen zu kommen, hatten sie den ersten Buchstaben einfach doppelt verwendet. Eine Praxis, die zwar völlig der kryptologischen Vernunft widersprach, aber immerhin Verwirrung gestiftet hatte. Preneels Kommentar: „Man sollte die Dummheit seines Gegners nicht unterschätzen.“ Oder um es mit Murphys Regeln für den Nahkampf zu formulieren:[2] „Profis sind berechenbar, die Amateure sind wirklich gefährlich.“

Als wichtigste Nachricht entpuppte sich ein Fernschreiben, das sich verschlüsselt wie folgt las:

```
DOFGD VISWA WVISW JOSEP HWXXW TERTI OWMIS SIONW
BOMBO KOWVO IRWTE LEXWC EWSUJ ETWAM BABEL GEWXX
```

2 Murphys Regeln für den Nahkampf sind vom berühmten „Murphys Gesetz“ abgeleitet. Sie finden sie auf zahlreichen Internetseiten.

```
WJULE SWXXW BISEC TWTRE SECVX XWRWV WMWPR INTEX
WXXWP RIMOW RIENW ENVOY EWRUS URWWX XWPOU VEZWR
EGLER WXXWS ECUND OWREP RENDR EWDUR GENCE WPLAN
WBRAZ ZAWWC
```

Der dechiffrierte Text hatte folgenden Inhalt:

```
Top secret. Answer to your printex message. First.
Nothing sent to Rusur. Can you sort this out? Se-
cond. Resume urgently plan Brazza with respect to
Joseph. Third. Mission Bomboko. See telex on this
topic from the Belgian Embassy. Jules.
```

Die Nachricht besagt, dass es sich um eine streng geheime Mitteilung („Top secret“) handelt. Mit Printex bezeichneten die belgischen Funker alle Verschlüsselungsmaschinen, die das Ergebnis der Verschlüsselung automatisch ausdruckten. Es folgt eine finanzielle Mitteilung („Nothing sent to Rusur …“) und schließlich der interessante Teil: Joseph war der Codename von Lumumba. Das Fernschreiben fordert also dazu auf, den Plan „Brazza“ gegenüber Lumumba auszuführen. Doch worum handelte es sich bei diesem ominösen Plan? Sein Name ist vermutlich von der kongolesischen Stadt Brazzaville abgeleitet, doch dies sagt nichts über den Inhalt. War es ein Plan, der die Ermordung von Lumumba an diesem Ort zum Inhalt hatte? Dies geht aus dem Schreiben nicht hervor und ist bis heute nicht geklärt. Wie so oft hatte die Beantwortung einer Frage neue Fragen nach sich gezogen.

Wie die meisten Codeknacker interessierte sich auch Bart Preneel mehr für das Entschlüsseln der Nachrichten als für ihren Inhalt. Auch ich will an dieser Stelle nicht im Detail auf die Erkenntnisse der Untersuchungskommission eingehen. Es sei jedoch gesagt, dass es keine Hinweise darauf gibt, dass Lumumba mit belgischer Hilfe oder auf belgischen Befehl ermordet wurde. Weder die verschlüsselten noch die unverschlüsselten Unterlagen lassen einen entsprechenden Schluss zu. Auch eine Verwicklung der USA ließ sich nicht ermitteln. Andererseits kam der Untersuchungsausschuss zu dem wenig schmeichelhaften Schluss, dass in Belgien nichts unternommen wurde, um dem inhaftierten Lumumba zu helfen. Der Untersuchungsausschuss befand daher, dass Belgien eine „moralische Verantwortung" im Fall Lumumba trägt.

DER CODEKNACKER VOM DIENST

Bart Preneel ist keineswegs der einzige Kryptologe, der mit seiner Arbeit Licht ins Dunkel der Geschichte brachte. Als erfolgreichster Codeknacker in Diensten der historischen Forschung gilt der US-Amerikaner James Gillogly. Im Hauptberuf ein erfolgreicher Computerexperte, löst Gillogly seit seiner Kindheit Verschlüsselungsrätsel. Sein erster großer Erfolg gelang ihm 1977, als er eine verschlüsselte Nachricht aus dem 15. Jahrhundert dechiffrierte, die sich als alchemistisches Rezept entpuppte.[3] Gillogly hatte Blut geleckt und beschäftigte sich in den folgenden Jahrzehnten mit weiteren historischen und aktuellen Verschlüsselungsrätseln – oft mit Erfolg.

(8) James Gillogly hat mehr historische Verschlüsselungen gelöst als jeder andere Kryptologe.

1987 konnte man beispielsweise in der Fachzeitschrift Cryptologia nachlesen, wie Gillogly einen in kryptischen Buchstaben verfassten Brief aus dem 18. Jahrhundert entziffert hatte. Seine umfangreichste Arbeit dürfte das Dechiffrieren von über 300 verschlüsselten Botschaften der irischen Unabhängigkeitsorganisation IRA aus den zwanziger Jahren gewesen sein. 1999 gelang es Gillogly, einige Teile der Nachricht auf der berühmten Kryptos-Skulptur zu knacken (siehe Kapitel 9). 1995 dechiffrierte er eine Botschaft des Parapsychologen Robert Thouless aus dem Jahr 1948 (siehe Kapitel 10). Auch beim Lösen von Enigma-Funk-

[3] Ob Gillogly damit Gold herstellen konnte, ist mir leider nicht bekannt.

sprüchen aus dem Zweiten Weltkrieg (Kapitel 4) sowie bei den Beale-Chiffren (Kapitel 8) spielte Gillogly eine wichtige Rolle. In den meisten Fällen erhielt der 1946 geborene Amerikaner für seine Dechiffrier-Erfolge übrigens keine Bezahlung. Es gab jedoch Ausnahmen: Als Gillogly 2004 einen Krypto-Wettbewerb der NASA anlässlich der damaligen Marslandung gewann, erhielt er einen Preis. Es handelte sich um einen Mars-Rover-Baukasten von Lego.

CODEKNACKER ALS SPIONE UND GEGENSPIONE

Am 10. Februar 1918, die Amerikaner waren zehn Monate zuvor in den Krieg gegen die Deutschen eingetreten, verhaftete die CIA an der mexikanischen Grenze einen Mann, der sich Pablo Waberski nannte. Die CIA-Ermittler waren sich sicher, dass es sich bei ihm in Wirklichkeit um den deutschen Geheimagenten Lothar Witzke handelte, der zuvor mehrere Bombenanschläge in den USA verübt hatte. Zur Enttäuschung der Ermittler trug der Verhaftete jedoch nichts bei sich, was ihn verraten hätte. Im Gegenteil: Der angebliche Pablo Waberski konnte einen russischen Pass vorweisen. Die CIA musste daher mit diplomatischen Verwicklungen rechnen und konnte den Verdächtigen ohne ausreichende Beweise nicht lange festhalten.

Dann wurden die CIA-Ermittler doch noch fündig. Im linken Ärmel von Waberskis Mantel steckte ein Zettel mit einer offensichtlich verschlüsselten Botschaft. Ihr Inhalt:

```
seofnatupk asiheihbbn uersdausnn lrseggiesn
nkleznsimn ehneshmppb asueasriht hteurmvnsm
eaincouasi insnrnvegd esnbtnnrcn dtdrzbemuk
kolselzdnn auebfkbpsa tasecisdgt ihuktnaeie
tiebaeuera thnoieaeen hsdaeaiakn ethnnneecd
ckdkonesdu eszadehpea bbilsesooe etnouzkdml
neuiiurmrn zwhneegvcr eodhicsiac niusnrdnso
drgsurriec egrcsuassp eatgrsheho etruseelca
umtpaatlee cicxrnprga awsutemair nasnutedea
errreoheim eahktmuhdt cokdtgceio eefighihre
litfiueunl eelserunma znai
```

Die CIA reichte die Nachricht an die Dechiffrier-Abteilung des US-Außenministeriums weiter. Ihr Leiter Herbert Yardley, im Alter von 29 schon ein Weltkriegsveteran, galt zu dieser Zeit als einer der fähigsten Codeknacker der Vereinigten Staaten. Yardleys Spezialisten-Team verfuhr mit der Botschaft, wie man auch heute noch damit verfahren würde: Es ermittelte zunächst die Buchstabenhäufigkeiten. Zwar stand damals noch kein Computer zur Verfügung, doch es gab speziell ausgebildete Mitarbeiter, die solche Arbeiten erledigten. Die Analyse ergab, dass in der Nachricht das E vor dem N am häufigsten vorkam, während das Q, das X und das Y gänzlich fehlten – Merkmale, die auf einen Text in deutscher Sprache hindeuteten.

Offensichtlich hatte der Verfasser also kein Ersetzungs-, sondern ein Umordnungsverfahren verwendet. Bei einem solchen wird die Reihenfolge der Buchstaben einer Nachricht verändert. Yardley wusste, wie man ein solches Verfahren knackt. Die Lösung führt meist über typische Buchstabenpaare. Im Deutschen ist der Buchstabe C besonders hilfreich, denn er steht meist vor einem H, manchmal auch vor einem K, aber sehr selten vor einem anderen Buchstaben. Yardley suchte daher alle Cs im Text und hielt außerdem nach Hs Ausschau. Er fand 15 bzw. 20 der Buchstaben. Als Nächstes berechnete er die Abstände zwischen allen Cs und Hs. Theoretisch musste man hierfür 300 Abstände berechnen, doch schon während dieser Arbeit fiel den Dechiffrierern auf, dass 108 Buchstaben nach einem C auffällig oft ein H folgte. Notierte man die Nachricht in Zeilen der Länge 108, dann las sie sich wie folgt:

```
seofnatupk asiheihbbn uersdausnn lrseggiesn ...
cndtdrzbem ukkolselzd nnauebfkbp satasecisd ...
hpeabbilse sooeetnouz kdmlneuiiu rmrnzwhnee ...
aatleecicx rnprgaawsu temairnasn utedeaerrr ...
```

Nach unten gelesen ergaben fast alle Spalten deutsche Wortteile. Spalte 1 lautet beispielsweise SCHA, in Spalte 11 ist AUSR zu lesen, und Spalte 21 enthält UNKT. Ergänzt man ein Leerzeichen, dann ergeben auch LSRU oder NGGE im Deutschen Sinn. Nun mussten Yardley und seine Kollegen nur noch die Spalten in die richtige Reihenfolge bringen. Das gelang ihnen. Am Ende erhielten sie folgendes Ergebnis:

AN DIE KAISERLICHEN KONSULAR-BEHOERDEN IN DER REPUBLIK MEXIKO PUNKT STRENG GEHEIM AUSRUFUNGSZEICHEN

DER INHABER DIESES IST EIN REICHSANGEHOERIGER DER UNTER DEM NAMEN PABLO WABERSKI ALS RUSSE REIST PUNKT ER IST DEUTSCHER GEHEIMAGENT PUNKT ABSATZ

ICH BITTE IHM AUF ANSUCHEN SCHUTZ UND BEISTAND ZU GEWAEHREN KOMMA IHM AUCH AUF VERLANGEN BIS ZU EINTAUSEND PESOS ORO NACIONAL VORZUSCHIESSEN UND SEINE CODETELEGRAMME AN DIESE GESANDTSCHAFT ALS KONSULARAMTLICHE DEPESCHEN ABZUSENDEN PUNKT

VON ECKHARDT

Der deutsche Agent – es handelte sich wirklich um Lothar Witzke – war damit überführt. Er wurde wegen Spionage zum Tode verurteilt. Die Strafe wurde später in eine lebenslange Haftstrafe umgewandelt. 1923 wurde er begnadigt und durfte nach Deutschland zurückkehren.

Witzke war nicht der einzige Spion, dem ein findiger Codeknacker zum Verhängnis wurde. Auch Günter Guillaume, der wohl berühmteste Spion der deutschen Geschichte, stolperte über unzureichend verschlüsselte Funksprüche (siehe Kapitel 5). Ein weiteres Beispiel ist der deutsche Atomphysiker Klaus Fuchs, der während des Zweiten Weltkriegs in Los Alamos am Bau der ersten Atombombe beteiligt war. Er verriet sein Wissen an die Sowjetunion und trug mit seiner Spionage dazu bei, dass Stalin innerhalb kürzester Zeit die Fertigstellung einer eigenen Atombombe verkünden konnte. Der US-Geheimdienst kam Fuchs erst Jahre später auf die Schliche, als sich US-Spezialisten um abgehörte sowjetische Funksprüche aus den Kriegsjahren kümmerten. Während des Kriegs waren die Sowjets Verbündete gewesen, für deren Verschlüsselungen man keine Kapazitäten opfern wollte. Tatsächlich konnten die US-Dechiffrierer einige der Funksprüche knacken. Dabei fanden sie eindeutige Hinweise auf Fuchs' Spionagetätigkeit. 1950 wurde er verhaftet und zu 14 Jahren Haft verurteilt. Im Gefängnis lieferte er eine Begründung für sein Tun: „Indem ich auch der anderen Seite die Bombe gab, habe ich das Gleichgewicht der Kräfte wiederhergestellt. Darum ist es in jenen Jahren nicht zum Krieg gekommen."

VERSCHLÜSSELUNG SPIELT WELTGESCHICHTE

Keine Frage, Günter Guillaume und Klaus Fuchs haben den Lauf der Geschichte beeinflusst. Es gibt jedoch Fälle, in denen die Verschlüsselungstechnik die Weltgeschichte noch deutlicher in andere Bahnen gelenkt hat. Im Jahr 2010 sprach ich mit David Kahn, dem Grandseigneur der Kryptologie-Geschichte, über dieses Thema. Ich fragte ihn nach dem seiner Meinung nach bemerkenswertesten Beispiel für weltgeschichtlich relevante Verschlüsslungen. Kahn nannte mir gleich zwei davon. Beide stammen aus dem Ersten Weltkrieg.

Kahns erstes Beispiel betraf die Schlacht von Tannenberg im Jahr 1914. Damals fielen zwei Armeen des russischen Zaren in Ostpreußen ein und trafen dort auf eine zahlenmäßig unterlegene deutsche Armee, die von Paul von Hindenburg befehligt wurde. Im Südosten von Danzig kam es zu der entscheidenden Schlacht, in der die Kryptologie tatsächlich eine wesentliche Rolle spielte – wenn auch nicht in der Form, die ich bei meiner Frage an Kahn im Hinterkopf gehabt hatte. Der Ausgang wurde nämlich nicht von Codeknackern beeinflusst, die komplizierte Verschlüsslungen lösten. Vielmehr wurde die Schlacht dadurch entschieden, dass die Russen weitgehend auf Verschlüsselung verzichteten – mit fatalen Konsequenzen.

Das Problem der russischen Armeen bestand darin, dass sie auf den Krieg schlecht vorbereitet waren. Es mangelte nahezu an allem. Funkgeräte standen nur den Hauptquartieren zur Verfügung, während andere Teile des Militärs umständlich über Kabel kommunizieren mussten. Und selbst dieses war Mangelware. Unter solchen Voraussetzungen waren die Russen nicht annähernd in der Lage, für ihre Kommunikation geeignete Verschlüsselungstechniken einzuführen, obwohl sie gerade für den Funkverkehr unerlässlich gewesen wären. Ein von russischen Kryptologen extra für diesen Zweck entwickeltes Verschlüsselungsverfahren kam daher nur sporadisch zum Einsatz. Weder wurden genügend Funker im Umgang damit ausgebildet, noch gab es eine funktionierende Infrastruktur, um die Schlüsselwörter zu verteilen. Viele Funker gingen entnervt dazu über, sämtliche Nachrichten im Klartext zu verschicken. Währenddessen machten es die Deutschen besser. Die von ihnen benutzten Verschlüsselungsmethoden waren zwar wie nahezu alle Verschlüsselungsverfahren des Ersten Weltkriegs nicht wirklich sicher, doch die Russen hatten keine kompetenten Dechiffrierer, die dies hätten ausnutzen können.

(9) David Kahn ist der weltweit führende Experte für Kryptologiegeschichte. Die Schlacht von Tannenberg im Ersten Weltkrieg ist für ihn einer der wichtigsten Fälle, in denen die Verschlüsselungstechnik die Weltgeschichte beeinflusste.

Zunächst bemerkte das deutsche Militär jedoch gar nicht, dass ihm Informationen auf dem silbernen Tablett serviert wurden. Dazu bedurfte es erst eines Zufalls in Form einer unausgelasteten Funkstation in Königsberg, deren Funker aus Langeweile begannen, den Russen zuzuhören. Am 24. August 1914 stießen die Königsberger auf zwei besonders interessante russische Funksprüche. Sie stammten von einem Korps der zweiten russischen Armee, richteten sich an das Hauptquartier – und waren unverschlüsselt, weil dem Korps keine Schlüsselwörter zur Verfügung gestanden hatten. Die Nachrichten erklärten im Detail, wo das Korps hinmarschierte und wann es ankommen würde. Die deutsche Armee war damit über den Aktionsradius der zweiten Armee aufgeklärt. Und Einblicke in die Bewegung der ersten russischen Armee ließen nicht lange auf sich warten. Die Funker fingen bereits am folgenden Tag eine weitere Funknachricht ab, in der der befehlshabende General der ersten Armee eine detaillierte Anweisung für die Marschrichtung seiner Truppen heraus gab. Die Deutschen konnten daraus schließen, dass die erste Armee zu langsam unterwegs war, um der zweiten rechtzeitig beizustehen.

Noch am gleichen Morgen gelang den Königsberger Funkern ein weiterer Fang – dieses Mal eine Mitteilung des Generals der zweiten russischen Armee, der in aller Ausführlichkeit erklärte, wie er die aktuelle Situation einschätzte und welche Schritte er plante. Bereits am 26. August nutzte die deutsche Armee ihr umfangreiches Wissen und griff die zweite russische Armee an. Die schlecht ausgerüsteten Russen hatten keine Chance. Noch während der Schlacht hörten die Deutschen weitere unverschlüsselte russische Funksprüche ab, wodurch Hindenburg über die Truppenbewegungen des Gegners jederzeit Bescheid wusste. Am Ende fanden 30.000 russische Soldaten den Tod oder wurden verwundet, 95.000 gerieten in Gefangenschaft. Die zweite russische Armee hörte auf zu existieren. Als einige der wenigen Schlachten des Ersten Weltkriegs hatte diese Schlacht von Tannenberg einen eindeutigen Sieger.

Für David Kahn war die Schlacht von Tannenberg aus Sicht der Deutschen „nahezu unmöglich zu verlieren“. Sie kannten seiner Einschätzung nach die Pläne des Gegners in einem Ausmaß, das es in der Militärgeschichte zuvor nie gegeben hatte. „Tannenberg war die erste Schlacht der Geschichte, die durch kryptologisches Versagen entschieden wurde“, lautet sein Fazit. Die Folgen für den Lauf der Geschichte waren erheblich. Die vernichtende Niederlage der Armee des Zaren stellte die Weichen dafür, dass dieser drei Jahre später abdanken musste und die Kommunisten die Macht an sich rissen.

Auch in Deutschland blieb die Schlacht von Tannenberg nicht ohne Folgen. Zwar konnte sie an der vernichtenden Niederlage der Deutschen im Ersten Weltkrieg nichts ändern. Doch General von Hindenburg wurde durch sie zum Volkshelden und stieg im Verlauf des Kriegs sogar zum mächtigsten Mann Deutschlands auf. 1925 wurde er im Alter von 77 Jahren Reichspräsident und spielte anschließend beim Aufstieg der Nationalsozialisten eine äußerst unglückliche Rolle. Auch auf deutscher Seite wäre die Geschichte wohl anders verlaufen, wenn die Russen in der Schlacht von Tannenberg ihre Nachrichten verschlüsselt hätten.

Kahns zweites Beispiel für einen entscheidenden Einfluss der Kryptologie auf die Weltgeschichte ist das so genannte Zimmermann-Telegramm. Dabei handelt es sich um ein verschlüsseltes Telegramm, das der deutsche Außenminister Arthur Zimmermann im Januar 1917 an den deutschen Botschafter in Mexiko schickte. Der Erste Weltkrieg war zu diesem Zeitpunkt in vollem Gange. Die USA verhielten sich jedoch noch neutral, obwohl Deutschlands Kriegsgegner deren Unterstützung gut hätten gebrauchen können. Für den Fall, dass die Amerikaner ihre Neutralität aufgeben würden, überlegte sich Zimmermann eine – wenn auch eher hilflose – Gegenmaßnahme: Er wollte Mexiko zu einem Angriff auf die USA überreden, um die Amerikaner in einen Zwei-Fronten-Krieg zu verwickeln. In seinem berühmt gewordenen (verschlüsselten) Telegramm bat Zimmermann den deutschen Botschafter in Mexiko-Stadt, der mexikanischen Regierung diesen Vorschlag zu unterbreiten.

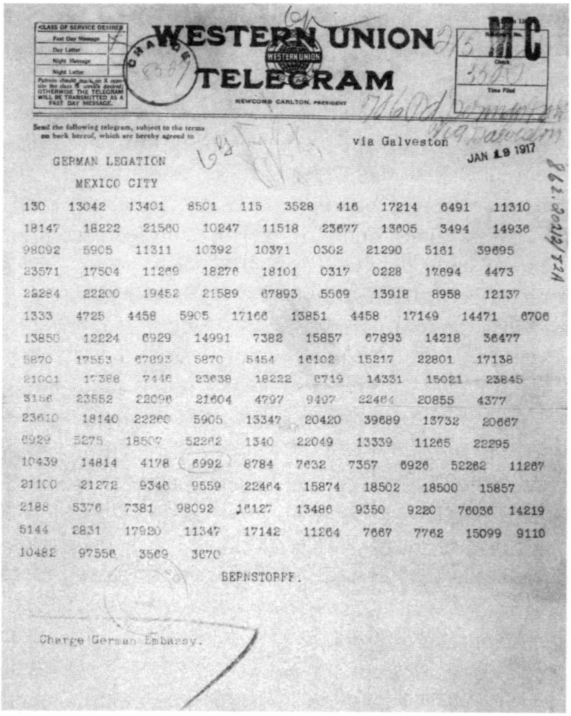
CLASS OF SERVICE DESIRED
Fast Day Message
Day Letter
Night Message
Night Letter
Patrons should mark an X opposite the class of service desired; OTHERWISE THE TELEGRAM WILL BE TRANSMITTED AS A FAST DAY MESSAGE.

WESTERN UNION TELEGRAM
NEWCOMB CARLTON, PRESIDENT

Check
Time Filed

Send the following telegram, subject to the terms on back hereof, which are hereby agreed to

via Galveston

JAN 19 1917

GERMAN LEGATION
MEXICO CITY

130 13042 13401 8501 115 3528 416 17214 6491 11310
18147 18222 21560 10247 11518 23677 13605 3494 14936
98092 5905 11311 10392 10371 0302 21290 5161 39695
23571 17504 11269 18276 18101 0317 0228 17694 4473
22284 22200 19452 21589 67893 5569 13918 8958 12137
1333 4725 4458 5905 17166 13851 4458 17149 14471 6706
13850 12224 6929 14991 7382 15857 67893 14218 36477
5870 17553 67893 5870 5454 16102 15217 22801 17138
21001 17388 7446 23638 18222 6719 14331 15021 23845
3156 23552 22096 21604 4797 9497 22464 20855 4377
23610 18140 22260 5905 13347 20420 39689 13732 20667
6929 5275 18507 52262 1340 22049 13339 11265 22295
10439 14814 4178 6992 8784 7632 7357 6926 52262 11267
21100 21272 9346 9559 22464 15874 18502 18500 15857
2188 5376 7381 98092 16127 13486 9350 9220 76036 14219
5144 2831 17920 11347 17142 11264 7667 7762 15099 9110
10482 97556 3569 3670

BERNSTORFF.

Charge German Embassy.

(10) Das Zimmermann-Telegramm wurde mit einem Wörter-Code verschlüsselt. Die Briten konnten diesen knacken und spielten den Inhalt des Telegramms den USA zu.

Die Briten konnten das Telegramm jedoch abfangen und an ihre Dechiffrierer übergeben. Dort erkannten die Spezialisten schnell, dass sie es mit einem Wörter-Code zu tun hatten. Ein Wörter-Code sieht für jedes Wort einer Sprache ein Phantasiewort oder eine Zahl vor (beispielsweise 38644 für Auto, 82374 für Flugzeug, 263473 für Schiff usw.). Grundlage eines solchen Verschlüsselungsverfahrens ist ein Codebuch, das wie ein Wörterbuch alle Codewörter geordnet auflistet. Wörter-Codes waren über Jahrhunderte hinweg sehr beliebt und kamen auch im Ersten Weltkrieg in großer Zahl zum Einsatz. Für die damalige Zeit war diese Art des Verschlüsselns vergleichsweise sicher, doch nicht zu knacken war sie nicht. Je länger ein Codebuch im Einsatz war und je mehr Nachrichten damit verschlüsselt wurden, desto besser konnte ein Dechiffrierer den Wörter-Code rekonstruieren.

Im Fall des Zimmermann-Telegramms unterschätzten die deutschen Kryptologen die britischen Kollegen. Diese schafften es, wesentliche Teile des Zimmermann-Telegramms zu entziffern. Nachdem sie eine weitere Version des Telegramms erhalten hatten, das mit einem anderen Wörter-Code verschlüsselt war, gelang ihnen sogar eine vollständige Dechiffrierung. Die Briten erkannten, welchen Zündstoff diese Nachricht in sich barg, und sorgten dafür, dass sie an die Öffentlichkeit gelangte. Am 1. März 1917 erschien der Inhalt des Zimmermann-Telegramms in der New York Times.

Nun ging der Schuss aus Zimmermanns Sicht nach hinten los. Während die Mexikaner keinerlei Lust auf den vorgeschlagenen Krieg gegen die USA verspürten, betrachteten viele Amerikaner das Zimmermann-Telegramm als Provokation. Die Regierung in Washington konnte ihre umstrittene Neutralitätspolitik unter diesen Umständen nicht mehr rechtfertigen. Präsident Woodrow Wilson ging daher in die Offensive über und erklärte Deutschland den Krieg. Das Schicksal der Deutschen war angesichts der nun drückenden Übermacht der Feinde besiegelt. Ohne den Dechiffrier-Erfolg der Briten wäre der Erste Weltkrieg sicherlich anders verlaufen und hätte zudem länger gedauert.

Die von Kahn genannten Beispiele aus dem Ersten Weltkrieg sollen nicht darüber hinwegtäuschen, dass die Verschlüsselungstechnik auch in anderen Epochen Geschichte geschrieben hat – naturgemäß vor allem in Kriegen. Im Zweiten Weltkrieg knackten die Briten die deutsche Verschlüsselungsmaschine Enigma, und die US-Amerikaner lösten die japanische Purple. Beide Fälle haben den Verlauf des Zweiten Weltkriegs maßgeblich beeinflusst, auch wenn man diesen Einfluss nicht auf ein einzelnes Ereignis beziehen kann, wie dies bei der Schlacht von Tannenberg und dem Zimmermann-Telegramm möglich ist.

Übrigens soll die Verschlüsselungstechnik auch im Falklandkrieg eine wichtige Rolle gespielt haben. Zur Erinnerung: 1982 besetzten argentinische Truppen die im südlichen Atlantik gelegenen Falklandinseln, die zu Großbritannien gehören. Die Briten unter Margaret Thatcher reagierten mit aller Härte und eroberten die Inseln innerhalb von drei Monaten zurück. Wie in den letzten Jahren durchsickerte, profitierten die britischen Truppen bei ihrem schnellen Erfolg davon, dass ihre Dechiffrier-Experten verschlüsselte Funksprüche der Argentinier knacken konnten. Allerdings waren sie hierbei auf die Hilfe ihrer Verbündeten angewiesen, da sie sich selbst bis dahin kaum mit der Verschlüsselungstechnik der Argentinier beschäftigt hatten. Die USA und vermutlich auch Deutschland leisteten Amtshilfe. Leider ist bisher nicht viel mehr über die Kryptologie des Falklandkriegs öffentlich bekannt. Man weiß deshalb nicht, welche Verschlüsselungsverfahren die Argentinier einsetzten und wie es gelang, diese zu knacken. Vielleicht erfahren wir in den nächsten Jahren mehr.

VERSCHLÜSSELUNG FÜR ALLE ZWECKE

Kennen Sie den zweitgrößten Politskandal in der Geschichte der USA?[4] Es ist der so genannte Teapot-Dome-Skandal, der sich Mitte der zwanziger Jahre abspielte. Im Mittelpunkt dieser Affäre stand der damalige US-Innenminister Albert Fall, der 1921 zwei Geschäftsleuten jeweils ein staatliches Erdölfeld zu einem günstigen Preis überließ, was beiden lukrative Geschäfte ermöglichte. Eines der zwei Felder war der Teapot Dome im Bundesstaat Wyoming, der der Affäre später ihren Namen geben sollte. Die Öffentlichkeit erfuhr zunächst nichts von diesem Geschäftsabschluss – angeblich aus Gründen der inneren Sicherheit. So

[4] Die Frage, welches der größte Politskandal der US-Geschichte war, überlasse ich dem Leser als Übung.

fiel auch nicht auf, dass Falls Lebensstandard schlagartig anstieg. Die Presse bekam jedoch Wind von der Sache und witterte Bestechung. Ein Untersuchungsausschuss nahm sich der Sache an.

Der Ausschuss stieß schnell auf den Unternehmer Edward McLean, der als Strohmann zwischen Fall und einem der Geschäftsleute fungiert zu haben schien. Doch McLean stritt alles ab. Allerdings gelangte der Ausschuss in den Besitz einiger verschlüsselter Nachrichten, die McLean verschickt oder empfangen hatte (eine weitere verschlüsselte Nachricht war an einen der beiden Geschäftsmänner gerichtet). Eine der Nachrichten las sich wie folgt:

```
ZEV HOCUSING IMAGERY COMMENSAL ABAD OPAQUE HOSIER
LECTIONARY STOP CLOT PRATTLER ...
```

Der Ausschuss übergab die Nachrichten an das Militär, wo sie auf dem Schreibtisch des wohl bedeutendsten Codeknackers der Geschichte landeten: William Friedman. Friedman stand damals noch am Anfang seiner einzigartigen Karriere, in deren Verlauf er etwa 1.000 Verschlüsselungen lösen konnte. Er erkannte schnell, dass die ihm vorgelegten Teapot-Dome-Nachrichten – ähnlich wie das Zimmermann-Telegramm – mit einem Wörter-Code verschlüsselt waren. Es war zwar möglich, einen solchen zu knacken, doch dazu benötigte ein Dechiffrierer viel Textmaterial zur Analyse und noch mehr Arbeitsaufwand. William Friedman stand jedoch ein anderer Weg zur Verfügung. Als Militärkryptologe verfügte er über eine große Sammlung von Codebüchern, die er aus unterschiedlichsten Quellen – auch mit Hilfe von Spionen – zusammengetragen hatte.

In der Tat wurde Friedman in seinem Regal fündig. Es stellte sich heraus, dass die untersuchten Nachrichten mit drei unterschiedlichen Codebüchern erstellt worden waren. Für die Nachricht an den Geschäftsmann hatte der Absender das Codebuch der Pan American Petroleum Company verwendet (es gab damals viele Unternehmen, die eigene Codebücher herausgaben). Die anderen Nachrichten waren teilweise mit dem „Bentley‘s Complete Phrase Code“ verschlüsselt. Das dritte Codebuch im Bunde stammte ausgerechnet von der Bundespolizei. Letztgenanntes hatte der Verfasser der oben angeführten Nachricht (ZEV HOCUSING IMAGERY ...) verwendet. Mit diesem Wissen fiel es Friedman nicht mehr allzu schwer, die ihm vorliegenden Nachrichten zu dechiffrieren.

(11) William Friedman (1891–1969) gilt als bedeutendster Codeknacker der Geschichte. Er konnte nahezu alle Verschlüsselungsverfahren seiner Zeit lösen.

Friedman legte dem Ausschuss seine Entzifferungen als vereidigter Gutachter vor. Sie belegten, dass McLean tatsächlich als Strohmann in die Teapot-Dome-Geschäfte verwickelt war. Am Ende konnte der Ausschuss den Skandal weitgehend aufklären. In einem anschließenden Gerichtsverfahren wurde der – inzwischen nicht mehr amtierende – Innenminister Albert Fall zu einer Freiheitsstrafe von einem Jahr verurteilt. Er ging als das erste Regierungsmitglied in die US-Geschichte ein, das für eine im Amt begangene Tat ins Gefängnis musste.

Der Teapot-Dome-Skandal zeigt, dass auch die Polizei und die Justiz manchmal auf die Hilfe von Codeknackern angewiesen sind. Sie befinden sich damit in guter Gesellschaft. Denn auch die Geheimdienste, das Militär und selbst die Geschichtsforschung profitieren von entzifferten Verschlüsslungen, wie Sie auf den bisherigen Seiten dieses Buchs bereits erfahren haben. Der bedeutendste Kryptologie-Anwender ist sicherlich das Militär – wie bei anderen Technologien waren es leider auch in der Kryptologie oftmals Kriege, die die Entwicklung vorantrieben.

Immerhin ist die älteste uns bekannte verschlüsselte Nachricht – die bereits erwähnte 3.500 Jahre alte Tontafel aus Mesopotamien – nicht militärischer Natur. Vielmehr fertigte sie ein Töpfer an, der damit ein Glasurrezept vor den Augen der Konkurrenz verbergen wollte. Es ging also um Wirtschaftsspionage – ein Thema, das heute aktueller ist denn je. Doch trotz aller Berichte und Warnungen ist mir in all den Jahren, in denen ich mich mit der Geschichte der Kryptologie beschäftige, kein einziger Fall begegnet, in dem das Dechiffrieren einer verschlüsselten Nachricht einen Wirtschaftsspion zum Erfolg geführt hat. Entweder arbeitet man in diesen Kreisen lieber mit anderen Methoden, oder die entsprechenden Fälle gelangen nicht an die Öffentlichkeit.

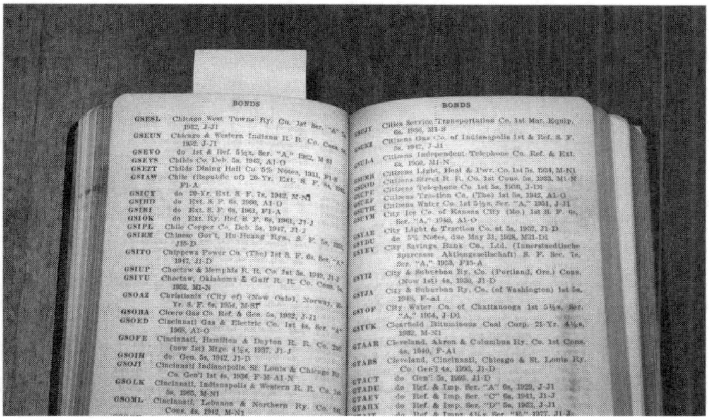

(12) Codebücher entwickelten sich im 20. Jahrhundert zu dicken Wälzern. Ein Codebuch dieses Umfangs enthielt zu jedem gängigen Wort einer Sprache und zu vielen Redewendungen jeweils ein Codewort.

Eine andere Spezies von Kryptologie-Anwendern hat dagegen bereits des Öfteren unter Codeknackern gelitten: Verliebte, die sich gegenseitig verschlüsselte Liebesbotschaften zuschicken. Entsprechende Fälle sind beispielswiese in großer Zahl aus dem Frankreich und England des 19. Jahrhunderts bekannt. Viele Liebenden nutzten damals Zeitungsanzeigen, um sich chiffrierte Liebesgrüße zuzusenden. Verschlüsselungsexperten, wie der britische Mathematiker Charles Babbage (1791–1871), machten sich einen Spaß daraus, solche Botschaften zu entziffern. Ob Babbage auch die folgende Anzeige aus dem Evening Standard vom 13. November 1868 entschlüsselt hat, ist nicht bekannt – falls ja, dürfte es ihm nicht besonders schwer gefallen sein:[5]

5 Die Verschlüsselung besteht darin, dass die meisten Wörter rückwärts geschrieben sind.

```
Why no letter? Ti si yltcefrep efas ot eht pihs.
Neps - Civ: rolias. Reve eht emas Hcnub, ym eurt
evol. Last time until letter comes. Uoy nac etirw
morf gnitalucric Yrarbil.
```

Ende des 19. Jahrhunderts begann die große Zeit der Postkarten. Da das Telefonieren noch in den Kinderschuhen steckte, waren diese über Jahrzehnte hinweg das bevorzugte Kommunikationsmedium der einfachen Leute. An vielen Orten kam die Post dreimal täglich und stellte Sendungen häufig noch am selben Tag zu. Unzählige Postkarten aus der damaligen Zeit sind bis heute erhalten geblieben. Manchmal stößt man auf solchen historischen Grußkarten auf verschlüsselte Nachrichten. Fast immer sind es Liebesgrüße, die auf diese Art übermittelt wurden – das Militär und andere Versender von geheimen Nachrichten waren nicht auf Postkarten angewiesen. Solche kryptischen Grüße sind heute beliebte Knobelaufgaben für Hobby-Codeknacker. Der Münchener Computer-Experte Tobias Schrödel besitzt eine ganze Sammlung von verschlüsselten Postkarten, von denen er viele bereits gelöst hat. Ihm kommt entgegen, dass die meisten Menschen vor gut 100 Jahren nur wenig Ahnung von guten Verschlüsselungsverfahren hatten.

Wer verschlüsselte Liebesgrüße dechiffriert, macht dies in der Regel aus Spaß an der Freude. Damit sind wir bei einem weiteren wichtigen Grund angelangt, warum Menschen Codes knacken. So wie andere Kreuzworträtsel lösen, haben einige Spaß daran, verschlüsselte Texte zu dechiffrieren. Man nennt ein solches Verschlüsselungsrätsel auch Kryptogramm. Besonders populär ist diese Form des Knobelns in angelsächsischen Ländern. Dort sind zahlreiche Bücher auf dem Markt, die ausschließlich Kryptogramme enthalten. In den USA gibt es mit der American Cryptogram Association (ACA) sogar eine Organisation, die sich diesem Thema widmet und eine eigene Zeitschrift namens Cryptogram herausgibt.

Interessanterweise sind Kryptogramme nicht nur ein eigenständiges Hobby, sondern auch ein Hilfsmittel für eine ganz andere Freizeitbeschäftigung: das Geocaching. Zweck des Geocachings ist es, mit Hilfe von GPS-Navigatoren nach Behältern („Caches“) zu suchen, die von anderen zu diesem Zweck versteckt wurden. Geocaching ist also eine moderne Form der

Schnitzeljagd. Eine besondere Variante ist der so genannte Mystery-Cache, bei dem der Geocacher ein Rätsel (häufig ein Verschlüsselungsrätsel) lösen muss, um die richtigen Koordinaten zu erfahren. Geocaching erlebt derzeit einen enormen Boom. Da die Mystery Caches hierbei mitboomen, trifft man in den letzten Jahren immer mehr Geocacher, die sich für Kryptologie interessieren. Während sich die einen möglichst originelle Kryptogramme zum Verbergen der Koordinaten ausdenken, überlegen sich die anderen, wie sie diese knacken können.

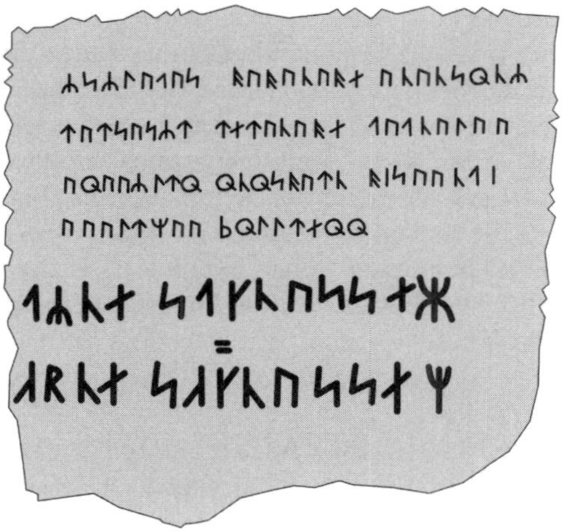

(13) Beim Geocaching werden die Geokoordinaten manchmal verschlüsselt angegeben. Die Abbildung zeigt ein Beispiel (GC Code: GC318HE).

Die meisten Kryptogramme dienen nur der Unterhaltung. Seltener, dafür oftmals spannender, sind dagegen Kryptogramme, die eine Geschichte haben. Zu diesen historischen Kryptogrammen gehören erhalten gebliebene Funksprüche aus dem Zweiten Weltkrieg, die bereits erwähnten Lumumba-Nachrichten oder auch verschlüsselte Liebesgrüße auf alten Postkarten. In der Zeitschrift Cryptologia, die sich vor allem mit der Geschichte der Kryptologie beschäftigt, finden sich immer wieder faszinierende Artikel über historische Kryptogramme und wie sie gelöst wurden – oder auch nicht. Der Informatik-Professor Kent Boklan berichtete beispielsweise 2006, wie er eine verschlüsselte Nachricht der Südstaaten aus dem Sezessionskrieg dechiffriert hatte.

Vier Jahre später vermeldete er an gleicher Stelle einen weiteren Erfolg. Dieses Mal hatte er eine Nordstaaten-Nachricht aus derselben Zeit geknackt.

Auch verschlüsselte Tagebücher und Autobiografien wurden schon mehrfach zur Beute von Codeknackern. 1998 berichtete beispielsweise der Italiener Emanuele Viterbo in der Cryptologia, wie er die verschlüsselten Lebenserinnerungen des Ägyptologen Simeone Levi (1843–1913) entziffert hatte. Deutlich mehr Aufsehen erregte allerdings die Dechiffrierung der verschlüsselten Tagebucheinträge des tschechischen Dichters Karel Hynek Mácha (1810–1836). Mácha, der in seiner Heimat mindestens so sehr verehrt wird wie hierzulande Goethe, schrieb im Herbst 1835 einige Wochen lang täglich seine Gedanken nieder – teilweise verschlüsselt. Gut 50 Jahre später gelang es Máchas Landsmann Jakub Arbes, diese Tagebuchpassagen zu knacken. Der Inhalt erwies sich als durchaus bemerkenswert: Mácha hatte allerlei erotische Gedanken festgehalten, gegen die so mancher heutige Pornofilm blass aussehen würde. Erst in den siebziger Jahren des 20. Jahrhunderts wurden die entschlüsselten Passagen veröffentlicht.

DIE JAHRHUNDERTRÄTSEL DER KRYPTOLOGIE

Erstaunlich oft werden wichtige Kryptogramme von Amateuren gelöst – darüber werden Sie im Laufe des Buchs noch einiges erfahren. Doch während die einen Amateure hervorragende Arbeit leisten, ist die Kryptologie leider auch zu einem Sammelbecken für Verschwörungstheoretiker, Glücksritter und Pseudowissenschaftler geworden. Dies war erstmals Ende der neunziger Jahre zu beobachten, als die Kryptologie dank des Internets ein immer breiteres Publikum ansprach. Damals verging kaum eine Woche, in der nicht irgendjemand irgendwo im Internet sein allerneuestes und allertolltstes Verschlüsselungsverfahren vorstellte. Ich erhielt damals sogar E-Mails und Anrufe von enthusiastischen Hobby-Kryptologen, die mich von ihren sensationellen Entwicklungen überzeugen wollten. Die eifrigen Erfinder behaupteten oftmals, alle herkömmlichen Verschlüsselungsverfahren seien von Verschwörern mit einer Hintertür ausgestattet oder in einer anderen Form zu knacken. Einige der verkannten Genies wollten sogar anonym bleiben, weil sie sich auf der Abschussliste der US-Geheimdienste wähnten. Unter seriösen Kryptologen machte für solche zweifelhaften Verschlüsselungsverfahren schnell der Begriff „Schlangenöl" die Runde – benannt nach einem englischen Ausdruck für ein zweifelhaftes medizinisches Wundermittel.

Zum Glück blieb Schlangenöl ein vorübergehendes Phänomen. Je mehr die Kryptologie ihren Weg in die Computerzeitschriften und auf Web-Seiten fand, desto weniger ahnungslose Hobby-Kryptologen beglückten die Menschheit mit ihren bahnbrechenden Entwicklungen. Einige davon widmeten sich nun leider einem anderen Betätigungsfeld: dem Lösen bekannter Kryptogramme. Allein für das Voynich-Manuskript, das Sie in diesem Buch noch kennen lernen werden, wurden inzwischen über 20 „Lösungen" veröffentlicht – eine lächerlicher als die andere. Als mögliche Autoren des Manuskripts werden inzwischen sogar Außerirdische gehandelt.

Doch kommen wir zurück zu den seriösen Codeknackern. Deren Bilanz kann sich sehen lassen. Einen Großteil der historischen Kryptogramme, die in den letzten Jahrzehnten bekannt wurden, haben sie gelöst. Diese Erfolge haben mehrere Gründe. Zum einen haben Mathematiker und Statistiker im Verlauf des 20. Jahrhunderts zahlreiche Methoden entwickelt, mit denen man nahezu alle älteren Verschlüsselungsverfahren knacken kann. Zum Zweiten ist dieses Wissen inzwischen nicht mehr den Geheimdiensten und dem Militär vorbehalten, sondern allgemein verfügbar. Und drittens hat der Computer dafür gesorgt, dass wir die teilweise recht umfangreichen Berechnungen zum Lösen von Kryptogrammen mit wenig Aufwand durchführen können. Angesichts dieser Entwicklung gilt heute: Ein Kryptogramm, das älter als ein paar Jahrzehnte ist, lässt sich fast immer lösen. Erst seit etwa 50 Jahren gibt es Verschlüsselungsmethoden, bei denen selbst der beste Computer in die Knie geht.

Doch trotz aller Erfolge geben einige wenige historische Kryptogramme den Codeknackern in aller Welt noch immer Rätsel auf. An einigen von ihnen haben sich die Experten jahrzehntelang die Zähne ausgebissen, an anderen haben sich bisher nur noch nicht genügend erfahrene Kryptologen versucht. Diesen ungelösten historischen Kryptogrammen ist dieses Buch gewidmet. In ihm sind die zehn faszinierendsten und spektakulärsten Beispiele zusammengetragen, die zusammen eine Kryptogramm-Top-Ten ergeben. Sie werden staunen, wie unterschiedlich diese Kryptorätsel sind. Sie reichen von einem verschlüsselten Buch aus dem Mittelalter über die chiffrierten Notizen eines unbekannten Toten bis zur verschlüsselten Aufschrift einer von der Öffentlichkeit abgeschotteten Skulptur. Es gibt praktisch nur eine Gemeinsamkeit: Keines der zehn Rätsel wurde bisher gelöst.

Die Idee, eine Liste der wichtigsten ungelösten Rätsel zu einem bestimmten Thema zu erstellen, ist nicht neu. Im Jahr 1900 veröffentlichte der Mathematiker David Hilbert eine Liste von 23 ungelösten Fragestellungen aus der Mathematik. Diese heute als die hilbertschen Probleme bezeichneten Rätsel hatten einen großen Einfluss auf die Mathematik des 20. Jahrhunderts. 100 Jahre später veröffentlichte das Clay Mathematics Institute eine neue Liste dieser Art, der dieses Mal sieben mathematische Probleme angehörten – die so genannten Millennium-Probleme. Dieser Tradition folgend kann man die in diesem Buch beschriebenen Rätsel als kryptologische Jahrhunderträtsel bezeichnen. Sie alle werden Berufs- und Hobby-Codeknacker in den nächsten Jahren noch erheblich beschäftigen und zweifellos für viele interessante Veröffentlichungen sorgen. Wie bei den hilbertschen Problemen werden auch bei den kryptologischen Jahrhunderträtseln vermutlich einige im Laufe der nächsten Jahrzehnte gelöst werden. Einige andere, da bin ich mir recht sicher, werden dagegen ihr Geheimnis nicht preisgeben. Sie werden auch im nächsten Jahrhundert noch ein Rätsel sein.

1 Das Voynich-Manuskript
Das rätselhafteste Buch der Welt

Welches ist das bedeutendste ungelöste Rätsel der Kryptologie? Diese Frage stellte ich 2010 David Kahn, dem weltweit renommiertesten Experten für die Geschichte der Verschlüsselungstechnik. Seine Antwort: „Das Voynich-Manuskript." Kahn steht mit seiner Meinung nicht allein da, denn das nach Wilfried Voynich (1865–1930) benannte Buch ist ein Mysterium par excellence. Es ist in einer Schrift geschrieben, die heute niemand mehr lesen kann. Sein Inhalt hat sich bisher jedem Dechiffrierungsversuch entzogen. Einige statistische Untersuchungen des Texts sprechen klar dafür, dass er in einer uns bekannten Sprache geschrieben ist – andere sprechen klar dagegen. Die Bilder im Voynich-Manuskript sind zahlreich und vielfältig, doch zugleich in verwirrender Weise nichtssagend. Nebenbei weiß man nur recht lückenhaft, wo, wann, von wem und zu welchem Zweck das mysteriöse Werk geschrieben wurde. Es ist kaum zu glauben, dass ein einziges Buch so viele Geheimnisse in sich bergen kann.

Vermutlich entstand das Voynich-Manuskript im 15. Jahrhundert. Die Identität des Autors ist nicht bekannt. Klar ist nur: Der anonyme Verfasser schrieb von der ersten bis zur letzten Seite in einer unbekannten Schrift. Es existiert kein anderes Schriftstück, in dem die gleichen rätselhaften Buchstaben auftauchen. Ganze Heerscharen von Kryptologen und Rätselfans haben in den letzten Jahrzehnten versucht herauszufinden, was es mit dem unlesbaren Niederschrieb auf sich hat. Bisher hat es noch niemand geschafft. Dies ist absolut ungewöhnlich, denn immerhin stehen mehrere Hundert Seiten an Analysematerial zur Verfügung. Und auf Anhieb wirken weder die unlesbare Schrift noch die statistischen Eigenschaften des Texts besonders exotisch. „Zunächst sieht es wie etwas aus, was du schon einmal gesehen hast", sagte dazu der Historiker Nicholas Terpstra, „aber je genauer du hinschaust, desto mehr wird dir klar, dass du so etwas noch nie gesehen hast."

(14) Das Voynich-Manuskript ist in vielerlei Hinsicht ein Rätsel. Sein Inhalt ist nicht lesbar, die Bedeutung der Bilder unbekannt. Zudem weiß man weder, wer es verfasst hat, noch ist der Verwendungszweck erkennbar.[6]

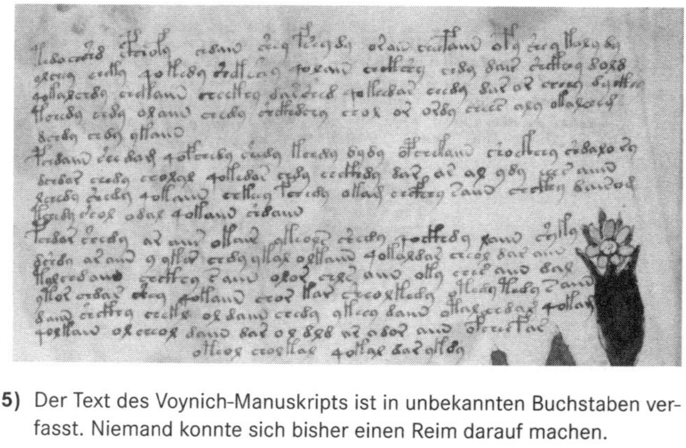

(15) Der Text des Voynich-Manuskripts ist in unbekannten Buchstaben verfasst. Niemand konnte sich bisher einen Reim darauf machen.

---

6 Dieses Bild sowie alle anderen in diesem Kapitel, die das Voynich-Manuskript als Ganzes zeigen, sind mit einer Nachbildung des Manuskripts erstellt worden. Vom Original gibt es zwar Seitenscans, jedoch keine Fotos.

Dabei ist der rätselhafte Text nur eine von vielen Facetten des Phänomens Voynich-Manuskript. Da auch die zahlreichen Illustrationen und die nur in Bruchstücken bekannte Geschichte des Buchs Rätsel aufgeben, haben sich zahlreiche Historiker, Kunsthistoriker, Volkskundler und Naturwissenschaftler von der Faszination des Voynich-Manuskripts anstecken lassen – nicht zu reden von Esoterikern, UFO-Gläubigen und Pseudowissenschaftlern. Die Theorien, die zum Voynich-Manuskript kursieren, reichen von Leonardo da Vinci bis zu außerirdischen Wesen – und gleichzeitig von plausibel bis lächerlich.

DAS RÄTSELHAFTE MANUSKRIPT

Die Geschichte des Voynich-Manuskripts ist erst seit dem Jahr 1912 gut dokumentiert. Damals erwarb es der Buchhändler und Antiquar Wilfried Voynich und präsentierte es der Öffentlichkeit. Zusammen mit dem ungewöhnlichen Buch fand Voynich einen Brief des böhmischen Arztes und Wissenschaftlers Johannes Marci (1595 – 1667), der das Manuskript vermutlich im 17. Jahrhundert besessen hatte. In diesem Schreiben wird Rudolf II. von Habsburg, Kaiser des Heiligen Römischen Reiches, als weiterer Vorbesitzer erwähnt. Wem das Voynich-Manuskript in den auf Marcis Tod folgenden 250 Jahren gehörte, ist nicht bekannt.

Auch Wilfried Voynich verriet nicht, von wem er das Manuskript erworben hatte. Erst nach seinem Tod wurde der Inhalt eines Briefs bekannt, in dem der Buchhändler ein italienisches Jesuiten-Kolleg als Vorbesitzer nannte. Diesem hatte er eine größere Menge von antiken Büchern abgekauft, unter denen sich auch das später nach ihm benannte Manuskript befand. Nach Voynichs Ableben erbte seine Frau das mysteriöse Buch, bevor es 1969 über einen weiteren Händler an die Beinecke-Bibliothek an der US-Universität Yale überging. Dort befindet sich das Voynich-Manuskript noch heute.

Das Voynich-Manuskript hat 246 Seiten und ist auf Tierhaut geschrieben – damals eine übliche Papieralternative. Es hat kein Titelblatt und keinen festen Einband. Dies ist nicht ungewöhnlich, da es früher üblich war, Bücher ohne äußere Hülle zu verkaufen. Der Besitzer musste selbst für einen Einband sorgen, falls er einen solchen wollte und ihn sich leisten konnte. Offensichtlich haben die früheren Eigentümer des Voynich-Manuskripts darauf verzichtet, das Buch mit einem besonderen Einband versehen zu lassen.

Die unbekannten Buchstaben, in denen das Voynich-Manuskript verfasst ist, ähneln unseren Lettern. Das Schriftbild und die Buchstabengrößen wirken vertraut. Der Verfasser des Manuskripts schrieb von links nach rechts, was daran zu erkennen ist, dass die einzelnen Zeilen links einheitlich abschließen. Das insgesamt eher unscheinbare Erscheinungsbild gehört zu den vielen irritierenden Eigenschaften des Voynich-Manuskripts – es steht im krassen Gegensatz zu den Rätseln, die das Buch aufgibt.

Im gesamten Text des Voynich-Manuskripts ist keine einzige Korrektur zu erkennen. Die Schrift wirkt flüssig. Wahrscheinlich nutzte der Verfasser eine Vorlage, von der er abschrieb. Es sind zwar Wortzwischenräume vorhanden, doch es gibt keine erkennbaren Satzzeichen, obwohl im Mittelalter Punkte, Kommata und dergleichen bereits bekannt waren. Da Überschriften und Absätze ebenfalls fehlen, hat der Text keine erkennbare Gliederung.

Für die Existenz des Voynich-Texts gibt es drei mögliche Erklärungen:

- Es könnte sich um einen gewöhnlichen Text handeln, der in einer heute nicht mehr verwendeten Schrift verfasst ist (Schrifthypothese).
- Der Text könnte verschlüsselt sein (Verschlüsselungshypothese).
- Es ist denkbar, dass der Text gar keinen Sinn hat – etwa weil der Urheber ein mysteriöses Dokument geschaffen hat, um damit Geld zu verdienen (Unsinnshypothese).

Es ist sogar möglich, dass eine Kombination mehrerer Erklärungen vorliegt. Zum Beispiel könnte sich eine sinnvolle Nachricht ergeben, wenn man nur jeden fünften oder zehnten Buchstaben liest, während der Rest aus Unsinn besteht. Bis heute ist keine der drei Erklärungen bewiesen oder widerlegt – obwohl es an Versuchen wahrlich nicht gefehlt hat.

DIE BILDER

Neben dem unlesbaren Texts des Voynich-Manuskripts machen dessen Bilder einen großen Teil der Faszination aus. 220 der 246 Manuskriptseiten sind illustriert. Die handgemalten, farbigen Bilder zeigen hauptsächlich Pflanzen, teilweise jedoch auch Menschen, Sternenmuster oder andere Motive. Auch wenn man ihre künstlerische Qualität allenfalls als mittelmäßig bezeichnen kann, fällt es schwer, sich dem Bann der enigmatischen Darstellungen zu entziehen. Einige der Illustrationen erstrecken sich über mehrere Blätter, die sich aufklappen lassen. Der Urheber zeichnete offensichtlich zuerst und fügte anschließend auf den frei gebliebenen Stellen die Schrift hinzu. Bildunterschriften gibt es keine. Im Gegensatz zum Text kann man die Bilder in verschiedene Sektionen einteilen. Dadurch lassen sich im Voynich-Manuskript sechs Kapitel unterscheiden, die als botanisches Kapitel, astronomisches Kapitel, balneologisches Kapitel, kosmologisches Kapitel, pharmazeutisches Kapitel und Rezept-Kapitel bezeichnet werden.

(16) Einige Seiten des Voynich-Manuskripts lassen sich ausklappen.

Die Bilder des Voynich-Manuskripts geben mindestens genauso viele Rätsel auf wie der Text. So lässt sich von den 126 abgebildeten Pflanzen keine einzige eindeutig identifizieren. Zwar sehen die Blüten teilweise aus wie bei bekannten Blumen, doch nie passen die Blätter und die Wurzeln dazu. Bei den anderen abgebildeten Objekten sieht es kaum besser aus. Insbesondere haben die auf einigen Seiten abgebildeten Sternenmuster keine erkennbare Bedeutung. Wenig aufschlussreich sind auch die vielen nackten Frauen, die im Voynich-Manuskript abgebildet sind. Sie haben vergleichsweise dicke Bäuche, weshalb es sich um Schwangere handeln könnte – aber keineswegs handeln muss. Unabhängig davon fällt beim Betrachten auf: Die unterschiedlichen Illustrationen im Manuskript lassen sich kaum einem gemeinsamen Thema zuordnen.

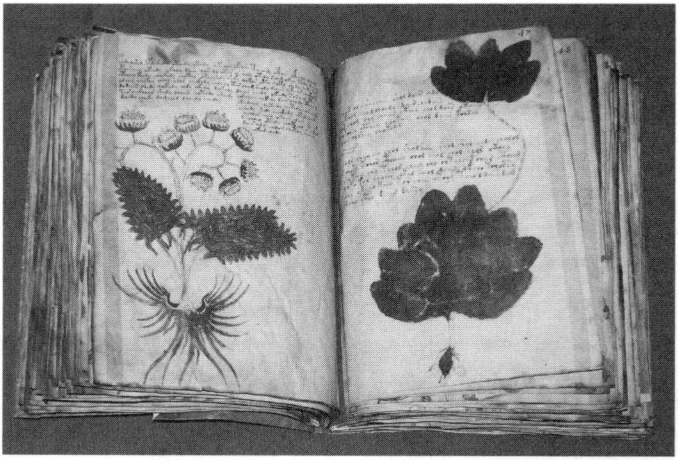

(17) Im Voynich-Manuskript sind 126 Pflanzen abgebildet. Es handelt sich allesamt um Phantasieprodukte, die in der Realität keine Entsprechung finden.

Nur wenige Bilder im Voynich-Manuskript haben überhaupt einen aussagekräftigen Inhalt. So sind in einer Illustration die Tierkreiszeichen aus der Astrologie zu erkennen. Diese waren allerdings bereits im Mittelalter so weit verbreitet, dass sie kaum Schlüsse auf den Autor und den Entstehungsort zulassen. Auch eine abgebildete Burg hilft nur bedingt. Bisher konnte niemand dieses Gebäude identifizieren. Religiöse oder politische Motive sind ebenfalls nicht erkennbar. Das Voynich-Manuskript lässt sich daher weder einer bestimmten Denkschule noch einer Religion zuordnen – ein weiterer Grund, warum das Manuskript so schwer zu fassen ist.

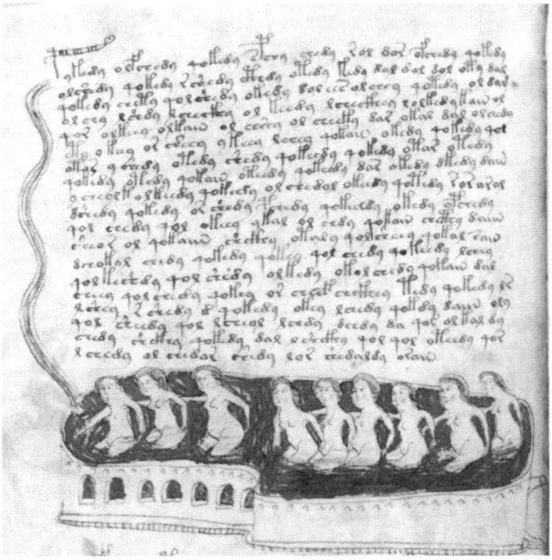

(18) Nackte Frauen zählten zu den Lieblingsmotiven des Voynich-Manuskript-Autors. Es ist nicht klar, was diese Darstellungen zu bedeuten haben.

(19) Auch die Bedeutung dieser auf sechs Seiten verteilten Zeichnung ist nicht bekannt.

Unter dem Strich ist es erstaunlich, wie wenig die zahlreichen Abbildungen über das Voynich-Manuskript verraten. Plausible Hypothesen zur Bedeutung der Bilder gibt es so gut wie keine. Spricht dies dafür, dass die Bilder überhaupt keinen Sinn haben? Oder hat der Urheber bewusst unklare Darstellungen gewählt, um keine Rückschlüsse auf den verschlüsselten Text zuzulassen?

WIE ALT IST DAS VOYNICH-MANUSKRIPT?

Die Frage nach dem Alter des Voynich-Manuskripts war bis vor wenigen Jahren – wie so viele Eigenschaften des Buchs – völlig ungeklärt. Da man aus dem Text keine Schlüsse ziehen kann, musste man sich an die Bilder halten. Vergleiche mit anderen Pflanzenbüchern ergaben, dass das Voynich-Manuskript frühestens 1350 entstanden sein dürfte. Irgendwann in den darauffolgenden 300 Jahren – bis zum Brief des vorübergehenden Manuskript-Besitzers Johannes Marci – musste der Zeitabschnitt liegen, in dem es geschrieben wurde. Die meisten Experten gingen von einer Entstehung um 1500 aus.

Genaueres vermochte man über das Alter des Voynich-Manuskripts bis zum Jahr 2009 nicht zu sagen, da die Beinecke-Bibliothek, die das Buch seit 1969 aufbewahrt, keine Radiocarbon-Untersuchung erlaubte. Lange kursierte sogar die Theorie, Wilfried Voynich selbst habe das Manuskript zu Beginn des 20. Jahrhunderts hergestellt und als antik ausgegeben. Zweifellos hätte der clevere Buchhändler sowohl ein Motiv als auch das notwendige Geschick gehabt, um seine Mitmenschen auf diese Art zu täuschen. Dieser Verdacht gilt jedoch als ausgeräumt, seitdem der niederländische Voynich-Experte René Zandbergen ein Schreiben aus dem Jahr 1639 aufgespürt hat, in dem einige Details des Manuskripts recht genau beschrieben werden.

Anfang 2009 hörte ich erstmals Gerüchte, wonach nun doch eine Radiocarbon-Datierung stattfinden sollte. Im Dezember desselben Jahres war es dann so weit. Anders als bei einer solchen Untersuchung üblich, waren ihre Resultate jedoch in keiner Fachzeitschrift nachzulesen, sondern wurden in Form einer Fernsehdokumentation im Österreichischen Rundfunk veröffentlicht. Das Ergebnis: Das Voynich-Manuskript ist mit hoher Wahrscheinlichkeit zwischen den Jahren 1404 und 1438 entstanden. Die verwendete Tierhaut stammt aus diesem Zeitraum, und die Tinte wurde aufgebracht, solange das Material noch frisch war. Damit hatte sich die Vermutung bestätigt, dass das Manuskript zwischen 1350 und 1650 angefertigt wurde. Die Entstehungszeit um 1500, die viele Experten favorisiert hatten, erwies sich jedoch als nicht ganz zutreffend. Das Ergebnis der Datierung war damit zwar keine Sensation, aber immerhin eine Überraschung.

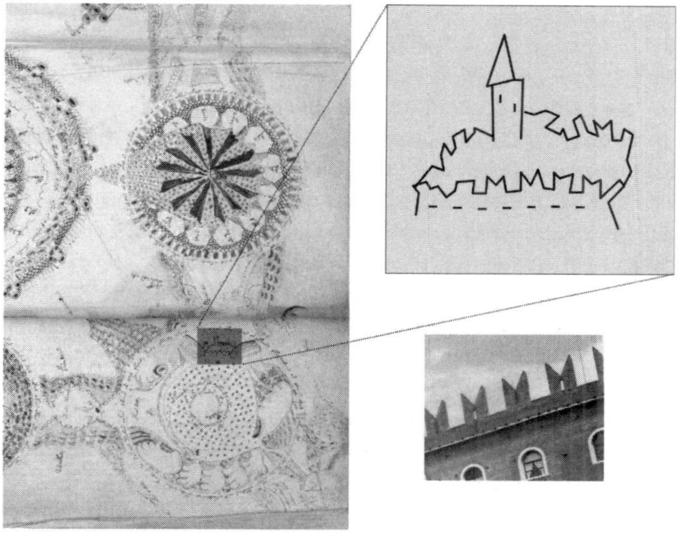

(20) Eine der zahlreichen Zeichnungen im Voynich-Manuskript (links) enthält die Darstellung einer Burg (rechts oben in der Vergrößerung). Die daran erkennbaren Schwalbenschwanzzinnen (rechts unten ein Vergleichsbild) soll es in der vermuteten Entstehungszeit nur in Norditalien gegeben haben.

Zusammen mit der Radiocarbon-Datierung präsentierten die Redakteure der ORF-Reportage noch ein weiteres spannendes Ergebnis – und zwar über die abgebildete Burg. An dieser sind so genannte Schwalbenschwanzzinnen zu erkennen, die es im vermuteten Entstehungszeitraum des Manuskripts nur in Norditalien gegeben hat. Somit müsste das Voynich-Manuskript in Norditalien entstanden sein (oder zumindest müsste der Urheber eine Verbindung dorthin gehabt haben). Diese Erkenntnis engt den Kreis der möglichen Verfasser jedoch nicht sonderlich ein: Italien war im 15. Jahrhundert eines der modernsten Länder der Welt, und zweifellos gab es dort Künstler und Verschlüsselungsexperten zuhauf, denen ein Werk wie das Voynich-Manuskript zuzutrauen wäre.

Wie viele andere Voynich-Fans war auch ich von diesen neuen Erkenntnissen fasziniert – auch wenn sie in Fachzeitschriften zunächst keinerlei Niederschlag fanden und dadurch nur als ungeprüfte Gerüchte gelten konnten. Immerhin ergab sich für mich dadurch die Chance, mit einer eigenen Veröffentlichung die vorübergehende Nische zu besetzen. So schrieb ich einen Artikel über die Radiocarbon-Untersuchung, der im Januar 2010 in der Online-Zeitschrift Telepolis und kurz darauf im „Skeptiker"-Magazin erschien. Darin fasste ich die neuen Erkenntnisse zusammen und ergänzte sie mit einigen eigenen Schlussfolgerungen. Über ein Jahr lang blieb dieser Artikel die einzige nennenswerte schriftliche Veröffentlichung zur Radiocarbon-Untersuchung, obwohl ich darin nur Inhalte aus einer Fernsehsendung nacherzählte. Selbst die englischsprachige Wikipedia zitierte meine (deutschsprachige) Arbeit.

Ende 2010 berichtete mir schließlich der an der Radiocarbon-Untersuchung beteiligte Physiker Greg Hodgkins von der University of Arizona, dass eine Veröffentlichung in einer Fachzeitschrift geplant sei. Bis Redaktionsschluss des Buchs ist diese jedoch noch nicht erschienen.

FRAGWÜRDIGE THEORIEN

Welche Faszination das Voynich-Manuskript ausübt, zeigt sich nicht zuletzt an den unzähligen Theorien, die dazu kursieren – es sind mehr als zu jedem anderen kryptologischen Rätsel. Doch Masse ist auch und gerade beim Voynich-Manuskript nicht gleich Klasse. So ist schon so manchem Voynich-Exegeten die Phantasie durchgegangen, und manchmal muss man sich fragen, was nun seltsamer ist – das Manuskript oder das, was darüber so alles erzählt wird. Als Voynich-Forscher haben sich bisher vor allem Amateure betätigt. Professionelle Historiker, Kunstgeschichtler und Kryptologen zeigen dagegen weniger Interesse am Voynich-Manuskript. Kein Wunder, dass es neben einigen guten Veröffentlichungen auch zahlreiche peinliche Lachnummern gibt.

Zu den Lachnummern zählen beispielsweise die Arbeiten des US-Philosophen William Newbold. Dieser war 1921 – also neun Jahre nach der Entdeckung des Buchs – der Erste überhaupt, der Forschungsergebnisse zum Voynich-Manuskript veröffentlichte. Newbold verkündete, das Rätsel der seltsamen Schrift gelöst zu haben. Er hielt nicht die Buchstaben an sich für relevant, sondern kleine, kaum sichtbare Markierungen, die seiner Meinung nach daran angebracht waren. In diesen sah Newbold griechische Schriftzeichen, die sich in eine sinnvolle Botschaft entschlüsseln ließen. Das Ergebnis erschien sensationell: Die vermeintliche Botschaft deutete auf den mittelalterlichen Gelehrten Roger Bacon als Urheber hin und verriet angeblich, dass dieser bereits im 13. Jahrhundert ein Mikroskop zur Verfügung hatte und die Spiralstruktur des Andromedanebels kannte. Die Wissenschaftsgeschichte hätte umgeschrieben werden müssen. Doch Newbolds „Lösung" stellte sich schnell als Unfug heraus: Die angeblichen Markierungen waren in Wirklichkeit winzige Unregelmäßigkeiten, und Newbold war wohl der Einzige, der darin griechische Schriftzeichen erkennen konnte.

William Newbold war die erste von bis heute etwa 20 Personen, die behaupteten, das Voynich-Manuskript entschlüsselt zu haben. Keine der „Lösungen" erwies sich jedoch als plausibel. Ein schönes Beispiel für derartigen pseudowissenschaftlichen Unfug ist die Arbeit des Schriftstellers und Hobbyforschers Erhard Landmann. Dieser nimmt für sich in Anspruch, die wahre Bedeutung der Bibel, des Koran und der ägyptischen Hieroglyphen entdeckt zu haben – alles, was wir darüber zu wissen glauben, ist demnach falsch. Er äußerte sogar die Befürchtung, dass man ihn eines Tages für seine ungewöhnlichen Theorien zur Bibel und zum Koran umbringen würde – bisher hatten religiöse Eiferer jedoch zum Glück Besseres zu tun. Angesichts der Genialität Landmanns verwundert es kaum, dass dieser im Jahr 2005 auch das Rätsel des Voynich-Manuskripts „löste". Angeblich erkannte er auf den ersten Blick, was andere in Jahrzehnten des Forschens übersehen hatten: Die seltsamen Voynich-Zeichen sind seiner Ansicht nach undeutlich geschriebene Buchstaben, die sich zu einem lateinischen Text zusammenfügen. Was genau in diesem Text stehen soll, hat Erhard Landmann leider noch nicht verraten.

In die Rubrik Realsatire ist auch eine weitere aus Deutschland stammende Voynich-„Lösung“ einzuordnen. Sie gelang dem Esoteriker-Duo Ursula Papke und Dirk Weydemann. Im Mai 2005 veröffentlichten diese eine Pressemitteilung mit der Überschrift „Geheimnisvollstes Manuskript der Welt entschlüsselt“. Darin hieß es über das Voynich-Manuskript: „Das Buch beschreibt in einzigartiger Präzision in Worten und Bildern die Nutzung der alles durchströmenden universellen Energie durch den Menschen.“ Details nannten die beiden Esoteriker nicht. Wer wissen wollte, wie die Entschlüsselung funktioniert, musste ein dreitägiges Seminar mit dem Titel „Voynich lesen“ buchen. Der Spaß kostete 490 Euro.

Anders als Papke und Weydemann veröffentlichte ein gewisser James E. Finn seine Theorie zum Voynich-Manuskript im Internet. Allerdings macht schon seine Behauptung, das Manuskript sei unter der Beteiligung von Außerirdischen entstanden, mehr als stutzig. Der Rest der Abhandlung ist ebenfalls nicht überzeugend, auch wenn Finns angebliche UFO-Sichtungen auf historischen Gemälden für eine gewisse Komik sorgen. Finn ist nicht der Einzige, der das Voynich-Manuskript mit Besuchern aus dem Weltall in Verbindung bringt. Es ist wohl eine Art Naturgesetz: Bei jeder historischen Frage, die über längere Zeit ungeklärt bleibt, bringt irgendjemand irgendwann Außerirdische ins Spiel.

Wenn von Außerirdischen die Rede ist, dann ist meist der Schweizer Schriftsteller Erich von Däniken nicht weit. Zur Erinnerung: Von Däniken ist dafür bekannt, in seinen Büchern von den ägyptischen Pyramiden bis zu den Statuen auf der Osterinsel so ziemlich alles mit extraterrestrischen Besuchern in Verbindung zu bringen, was sich nicht dagegen wehren kann. 2007 stieß ich im Buchhandel auf von Dänikens neuestes literarisches Machwerk mit dem Namen „Falsch informiert“. Auf dem Umschlag war vom „unmöglichsten Buch der Welt“ die Rede. Dies war nicht etwa Eigenwerbung, sondern bezog sich auf den Inhalt eines Kapitels. Ein Blick in das Buch bestätigte meine Befürchtung: Von Däniken hatte das Voynich-Manuskript für sich entdeckt und meinte nun, die Welt mit seinen Ansichten dazu beglücken zu müssen.

Obwohl es mir schwerfiel, für ein Däniken-Buch 20 Euro auszugeben, kaufte ich den Schmöker. Ich war allerdings schwer enttäuscht. Anstatt das Voynich-Manuskript irgendwelchen Außerirdischen in die Schuhe zu schieben, präsentierte der Schweizer Erfolgsautor nur einige langweilige irdische Überlegungen. Seine vage formulierte Vermutung lautete, das Manuskript habe etwas mit dem Buch Henoch – einem literarischen Werk aus der Zeit und dem Kulturkreis des Alten Testaments – zu tun. Diese Däniken-Theorie ist zwar genauso überflüssig wie alle anderen, doch die anderen wirken wenigstens unfreiwillig komisch. Erich von Däniken ist auch nicht mehr das, was er einmal war.

ERNSTHAFTE DECHIFFRIERUNGSVERSUCHE

Von den vielen Rätseln, die das Voynich-Manuskript aufgibt, interessiert mich als Verschlüsselungsfachmann naturgemäß der unlesbare Text am meisten. Kryptologische Untersuchungen dazu gibt es viele. Allein in der Fachzeitschrift Cryptologia sind bereits neun Artikel zum Voynich-Manuskript erschienen, und es werden sicherlich weitere folgen. Da das Manuskript 170.000 Buchstaben enthält und dadurch eine große Menge an Analysematerial bietet, stehen die Chancen auf den ersten Blick gut, eine etwaige Verschlüsselung zu knacken bzw. die unbekannte Schrift lesen zu können. Es gab schon deutlich kürzere Geheimtexte, die gelöst worden sind. Umso erstaunlicher ist es, dass das Voynich-Manuskript dennoch seit Jahrzehnten allen Dechiffrierungsversuchen standgehalten hat.

Kryptologen fangen bei der Analyse eines Geheimtexts meist mit dem Zählen der Buchstaben an. Im Deutschen ist das E mit einem Anteil von etwa 17 Prozent der häufigste Buchstabe, gefolgt vom N (10 Prozent) und vom I (8 Prozent). In anderen Sprachen gelten zwar ähnliche, aber dennoch andere Häufigkeiten. Wenn man davon ausgeht, dass das Manuskript einen ansonsten unverschlüsselten Text in unbekannten Buchstaben darstellt, dann liefert das Zählen der Buchstaben einen wichtigen Hinweis auf die verwendete Sprache und bildet einen zuverlässigen Ansatz zum Entschlüsseln. Weichen die ermittelten Häufigkeiten dagegen von denen bekannter Sprachen ab, dann spricht dies für die Verschlüsselungs- oder die Unsinnshypothese.

Frühere Voynich-Forscher mussten sich noch mit der Unannehmlichkeit herumschlagen, dass die Übertragung der unbekannten Buchstaben des Manuskripts in computerlesbare Zeichen nicht ganz einfach ist (die Schrift ist manchmal etwas undeutlich). Doch nach mehreren Versuchen liegt inzwischen eine als gelungen geltende Übertragung (Transkription) vor, die für Interessierte im Internet zum Download bereitsteht. Diese als European Voynich Alphabet (EVA) bezeichnete Transkription stammt von den beiden Voynich-Manuskript-Experten René Zandbergen und Gabriel Landini.

Was ergibt nun das Buchstabenzählen? Zunächst einmal fällt auf, dass das Voynich-Alphabet aus etwa 25 Zeichen besteht. Dies entspricht etwa der Anzahl der Buchstaben im uns bekannten lateinischen Alphabet. Der häufigste Voynich-Buchstabe hat einen Anteil von etwa 13 Prozent. Es folgen Zeichen mit ungefähr 10, 9, 9 und 7 Prozent Anteil. Diese Häufigkeiten erinnern tatsächlich an eine Sprache, und nicht etwa an bedeutungslosen Unfug oder gar an ein Verschlüsselungsverfahren. Die größte Verwandtschaft besteht zweifellos mit Latein und Englisch, die recht ähnliche Buchstabenhäufigkeiten aufweisen. Bisher hat es jedoch noch niemand geschafft, aus dem Voynich-Manuskript etwas Lateinisches oder Englisches herauszulesen.

1999 veröffentlichte der Kartograf Robert L. Williams eine weitere statistische Untersuchung des Voynich-Texts in der Cryptologia. Er hatte nicht alle Buchstaben des Manuskripts gezählt, sondern nur die Anfangsbuchstaben der jeweiligen Wörter. Dabei ergab sich eine ähnliche Verteilung wie in der altgriechischen Sprache. Williams behauptete sogar: „Diese Übereinstimmung ist zu genau, um zufällig zu sein." Er vermutete daher, dass dem Voynich-Manuskript ein Code zu Grunde liegt, der auf griechischen Wörtern basiert. Williams war recht optimistisch, dass mit dieser Erkenntnis das Rätsel zu lösen war. Bisher hat es jedoch noch niemand geschafft, im Voynich-Manuskript hellenistisches Sprachgut zu identifizieren.

Bereits mehrere Autoren haben Überlegungen zur Entropie (Informationsgehalt) des Voynich-Texts angestellt. Die Entropie einer Buchstabenfolge lässt sich mit Hilfe geeigneter Formeln berechnen. Wendet man diese auf den Voynich-Text an, dann zeigt sich, dass dieser Entropie-Werte aufweist, die im Bereich gängiger Sprachen liegen. Der Informationsgehalt ist also geringer als bei einer Zufallsfolge, dafür jedoch höher als bei einer Zeichenfolge, die aus regelmäßigen Mustern besteht. Die größte Ähnlichkeit ergibt sich kurioserweise mit der Hawaiianischen Sprache. Doch auch hawaiianische Wortfolgen hat bisher niemand im Voynich-Manuskript gefunden.

Da im Voynich-Manuskript Wortzwischenräume zu erkennen sind, kann man sich auch mit Worthäufigkeiten beschäftigen. Auch in dieser Hinsicht unterscheidet sich der Voynich-Text nicht grundlegend von Texten in anderen europäischen Sprachen. Man kann anhand der Worthäufigkeiten sogar Argumente dafür finden, dass das Voynich-Manuskript auf Deutsch verfasst wurde. Sie ahnen es: Keinerlei Hinweise existieren, die diese These untermauern.

Die bisher erwähnten statistischen Untersuchungen sprechen alle dafür, dass das Voynich-Manuskript in einer natürlichen Sprache verfasst ist. Mit anderen Worten: Die Schrifthypothese erscheint auf den ersten Blick am wahrscheinlichsten. Man kann es jedoch – wie so oft im Zusammenhang mit dem Voynich-Manuskript – auch anders sehen: Da sich bei den unterschiedlichen Untersuchungen keine bestimmte Sprache herauskristallisiert, sehen einige die Schrifthypothese als wenig wahrscheinlich an.

Nicht besonders wahrscheinlich erscheint auch eine Verschlüsselung – sofern man eine einfache Buchstabenersetzung ausklammert. Eine Verschlüsselung, die über eine Buchstabenersetzung hinausgeht, sorgt stets dafür, dass die statistischen Kennzahlen anders aussehen als bei einer natürlichen Sprache – was hier nicht der Fall ist. Außerdem steckte die Kryptologie im 15. Jahrhundert noch in den Kinderschuhen – es ist nur schwer vorstellbar, dass damals jemand mit einer Methode verschlüsselte, die heute noch so viele Rätsel aufgibt.

Auch die Unsinnshypothese lässt sich durch die Statistik zunächst nicht stützen. Viele halten es außerdem für unwahrscheinlich, dass im 15. Jahrhundert jemand in der Lage war, Unsinn zu produzieren, dessen Buchstabenhäufigkeiten, Wortlängen, Entropien usw. eine so große Ähnlichkeit mit natürlicher Sprache haben. Von Sprachstatistik hatte man damals noch keine große Ahnung.

Einen interessanten Ansatz, der neue Erkenntnisse über den Voynich-Text bringen könnte, verfolgt derzeit der Sprachwissenschaftler und Voynich-Manuskript-Experte Kevin Knight. Knight machte im Oktober 2011 Schlagzeilen, als er zusammen mit zwei Kollegen die Dechiffrierung eines anderen verschlüsselten Buchs verkünden konnte: des so genannten Codex Copiale. Dieses Werk aus den 1730er Jahren ist wie das Voynich-Manuskript vollständig mit unlesbaren Buchstabenfolgen gefüllt – es enthält jedoch keine Bilder. Im Gegensatz zum Voynich-Manuskript war der Codex Copiale der Öffentlichkeit bis zur Entschlüsselung vollkommen unbekannt. Das Buch stammt aus den Beständen eines Archivs in Ostberlin und ging nach der Wende in Privatbesitz über (die genauen Umstände sind noch ungeklärt). Der neue Besitzer informierte nur einige ausgewählte Personen über das seltsame Werk – darunter die deutsche Sprachwissenschaftlerin Christiane Schaefer. Diese hörte Anfang 2011 einen Vortrag von Knight über Computer-Programme, welche Sprachen übersetzen – eine Technik, die in den letzten Jahren deutliche Fortschritte gemacht hat, wie man beispielsweise an den mittlerweile durchaus passablen Resultaten von Google-Translate erkennen kann. Knight erwähnte in seinem Vortrag, dass man mit den für das Übersetzen entwickelten Methoden möglicherweise auch verschlüsselte Texte knacken könnte – und Christiane Schaefer konnte ihm ein geeignetes Studienobjekt auf dem Tablett servieren: den Codex Copiale. Zusammen mit Beáta Megyesi machen sich Knight und Schaefer nun daran, ihn zu dechiffrieren.

Die Erfolgschancen standen gut, denn mit 75.000 Buchstaben auf über 100 Seiten gab es ausreichend Analysematerial, zumal der Text gut zu lesen war. Den drei Forschern fiel zunächst auf, dass im Text des Codex Copiale deutlich mehr als 26 unterschiedliche Buchstaben vorkommen (unter anderem griechische und lateinische Buchstaben sowie abstrakte Zeichen). So etwas kann daran liegen, dass zwischen Groß- und Kleinschreibung unterschieden wird, doch das ist bei verschlüsselten Texten eher selten. Wahrscheinlicher erschien es, dass der Urheber für denselben Buchstaben mehrere Geheimtextbuchstaben (Homophone) verwendete, oder dass einige Buchstaben zwecks Verwirrung des Entschlüsslers überhaupt keine Bedeutung hatten (Blender). Wie sich zeigte, traf Letzteres zu: Als die Forscher testweise alle lateinischen Buchstaben wegließen, ergaben die statistischen

Untersuchungen eine Ähnlichkeit mit der deutschen Sprache. Bei einer genaueren Untersuchung mit den für das Übersetzen entwickelten Methoden fanden sich deutsche Begriffe wie CEREMONIE DER AUFNAHME oder GEHEIMABTEILUNG.

Mit diesem Einstieg gelang es dem Forscher-Team schließlich, das Buch vollständig zu dechiffrieren. Der Codex Copiale entpuppte sich als Dokument eines Geheimbunds (ähnlich den Freimaurern) aus den 1730er Jahren. Ob Historiker daraus irgendwelche Schlüsse ziehen können, war bei Redaktionsschluss dieses Buchs noch nicht bekannt. Es spielt auch keine große Rolle, denn Verschlüsselungsexperten interessieren sich in der Regel kaum für den Inhalt gelöster Nachrichten – sie wenden sich nach getaner Arbeit lieber neuen Aufgaben zu. Auch die drei Copiale-Löser haben sich längst neue Herausforderungen gesucht. Sie wollen sich vor allem um drei bisher ungelöste Verschlüsselungsrätsel kümmern, die in diesem Buch beschrieben werden: die verschlüsselten Bekennerbriefe des Zodiac-Killers, die Kryptos-Skulptur und natürlich das Voynich-Manuskript. Mit Letzterem ist Kevin Knight seit Jahren bestens vertraut. Man darf gespannt sein, ob die von ihm angewendeten Übersetzungsmethoden auch in diesem Fall greifen.

EIN HOAX?

Das Sprachstatistik-Argument hat dafür gesorgt, dass die Unsinnshypothese lange vernachlässigt wurde. Dazu beigetragen hat zweifellos auch die Tatsache, dass es sich dabei um die langweiligste der drei möglichen Hypothesen handelt – ein Manuskript ohne echten Inhalt reißt nun einmal niemanden vom Hocker. Doch die chronische Erfolglosigkeit der Voynich-Forscher hat der Unsinnshypothese in den letzten Jahren deutlichen Auftrieb verschafft. Zu Recht, denn es gibt in diesem Zusammenhang durchaus Erklärungsversuche, denen man nachgehen sollte. So könnte der Voynich-Urheber mit Fragmenten eines echten Texts gearbeitet haben, die er zu bedeutungslosem Unfug zusammensetzte. Oder vielleicht hat der unbekannte Meister gewisse Regeln seiner Muttersprache unbewusst so sehr verinnerlicht, dass er sinnlosen Text produzieren konnte, der diese Regeln noch teilweise beachtete.

Unter den statistischen Untersuchungen gibt es durchaus auch einige, die für die Unsinnshypothese sprechen. So sind die Wortlängen im Voynich-Text äußerst ungewöhnlich. Kein Wort hat mehr als zehn Buchstaben und keines weniger als drei – dies passt zu keiner bekannten Sprache. Ein schwerwiegendes Argument gegen eine Sprache sind außerdem seltsame Wortwiederholungen. So findet man in der transkribierten Form des Voynich-Texts beispielsweise häufig Wortfolgen wie „qokeedy qokeedy qokedy qokedy qokeedy". Es ist schwer zu erklären, wie so etwas in einem sinnvollen Text auftauchen könnte.

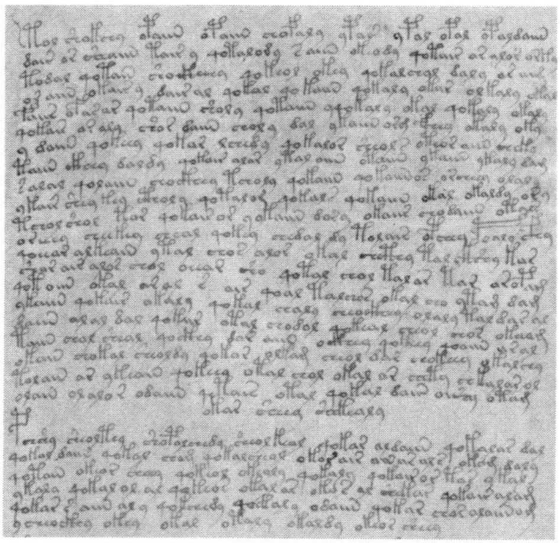

(21) Ist der Voynich-Text in Wirklichkeit nur eine lange, sinnlose Buchstabenfolge? Die Unsinnshypothese hat in den letzten Jahren immer mehr Anhänger gewonnen.

Ein Vertreter der Unsinnshypothese ist der österreichische Physiker Andreas Schinner. Er veröffentlichte in der Cryptologia die komplexesten statistischen Untersuchungen des Voynich-Texts, die es bisher gibt. Schinner führte gleich eine ganze Reihe von Analysen durch:

- Eine Analyse von Schinner zeigte, dass bestimmte Wiederholungseffekte innerhalb einer Zeile des Manuskripttexts nicht vorkommen, zeilenübergreifend jedoch vorhanden sind.

- Eine zweite Analyse ergab für das Voynich-Manuskript eine höhere Autokorrelation (dies ist ein Maß für die Häufigkeit der Wiederholungen in einem Text) als bei einem Vergleichstext.
- Die dritte Analyse zeigte, dass die Wiederholung ähnlicher Wörter im Voynich-Manuskript regelmäßiger ist als in Vergleichstexten.
- Die vierte Analyse ergab, dass bei speziell ausgewählten Wörtern ebenfalls eine hohe Regelmäßigkeit vorhanden ist.

Zusammenfassend zeigte Schinners Arbeit, dass im Voynich-Text statistische Effekte auftauchen, die in verschiedenen (sinnvollen) Vergleichstexten nicht vorhanden sind. Dies ist ein Argument dafür, dass der Text keinen sinnvollen Inhalt hat.

Nicht nur Schinners Arbeit zeigt: Es gibt einerseits massenweise statistische Untersuchungen zum Voynich-Manuskript, während andererseits bisher kaum untersucht wurde, wie die jeweiligen statistischen Resultate zustande gekommen sein könnten. Dieses Dilemma schreit geradezu nach zusätzlicher Forschung. Es würde sich beispielsweise lohnen, von Menschen erzeugte Zufallsbuchstabenfolgen mit dem Voynich-Text statistisch zu vergleichen. Gleiches könnte man mit Buchstabenfolgen machen, die in irgendeiner Form aus Wortfragmenten zusammengesetzt sind. Eine weitere nahe liegende Frage lautet: Gibt es (unkonventionelle) Verschlüsselungsverfahren, die entsprechende statistische Ergebnisse liefern? Darüber hinaus müsste man untersuchen, ob Lyrik, Rezepte, Gebete oder Zaubersprüche statistische Eigenschaften haben, die den gesuchten nahe kommen. Vielleicht ist es sogar möglich, einen gewöhnlichen Text so zu bearbeiten, dass das Ergebnis dem Voynich-Text ähnelt. Ich hoffe, dass in den nächsten Jahren vermehrt in diese Richtung geforscht wird.

Immerhin ein Autor ist inzwischen dieser Forderung nachgekommen: der britische Linguist Gordon Rugg. Dieser führte ein Experiment durch, in dem er eine Tabelle mit zufälligen Zeichenkombinationen zusammenstellte, die er als Vor-, Mittel- oder Nachsilben verwendete (Details finden sich im Anhang). Über diese Tabelle schob er eine Schablone, die aus jeweils einer Vor-, Mittel- oder Nachsilbe ein Phantasiewort generierte. Auf diese Weise erhielt Rugg eine Buchstabenfolge, die eine gewisse

Ähnlichkeit mit dem Text des Voynich-Manuskripts aufwies. Diese Untersuchung ist zwar noch nicht der Weisheit letzter Schluss, doch sie ist ein guter Anfang auf der Suche nach der möglichen Entstehungsweise des Manuskripts.

WELCHEN ZWECK HATTE DAS VOYNICH-MANUSKRIPT?

Neben dem Inhalt des Voynich-Manuskripts ist auch dessen geplanter Verwendungszweck völlig unklar. Angesichts der vielen Pflanzen, die darin abgebildet sind, erscheint eine Art Kräuterbuch mit einigen zusätzlichen Inhalten noch am wahrscheinlichsten. Doch da die abgebildeten Pflanzen in der Realität nicht existieren und die sonstigen Bilder ebenfalls kaum einen Sinn ergeben, sind ernsthafte Zweifel an dieser Interpretation angebracht. Einige Voynich-Interessierte vertreten die These, das gesamte Buch sei eine Abhandlung zum Thema Abtreibung. Die abgebildeten dickbäuchigen Frauen wären demnach schwanger, und die Pflanzen wären zur Herbeiführung eines Schwangerschaftsabbruchs geeignet. Die Verschlüsselung des Texts und die Verfremdung der Pflanzen hätten den Zweck, den wahren Inhalt des Buchs zu verbergen. Allerdings hat diese Theorie erhebliche Schwachpunkte. Warum beispielsweise benötigt man für eine Abtreibung Hunderte von Pflanzen? Und warum muss man für die Erklärung einer Abtreibung Dutzende von Schwangeren zeichnen, deren Darstellung sich kaum unterscheidet?

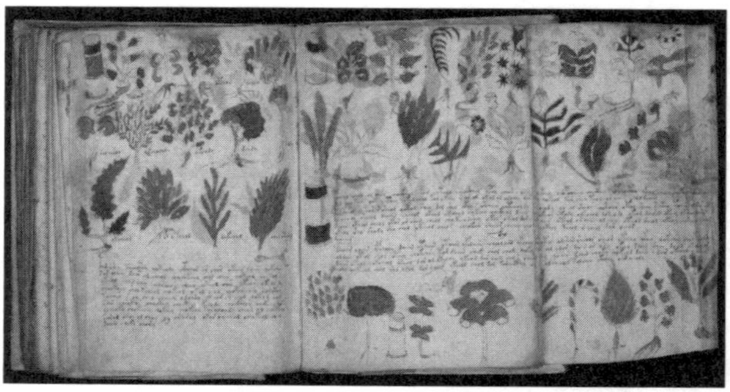

(22) Angesichts der wirren Bilder und des unverständlichen Texts ist es unklar, welchen Zweck das Voynich-Manuskript erfüllen sollte.

Es gibt noch zahlreiche weitere Theorien, die sich mit dem geplanten Verwendungszweck des Voynich-Manuskripts beschäftigen. Die Erklärungen reichen hierbei von verschlüsselten religiösen Abhandlungen bis zu allerlei magischen Texten. Keine dieser Theorien ist überzeugend. Im Gegenteil: Meiner Meinung nach konnte bisher niemand schlüssig erklären, warum jemand ein ganzes Buch in unbekannten Buchstaben schreiben und gleichzeitig unzählige nichtssagende Bilder hineinmalen sollte. Die wahrscheinlichste Erklärung lautet daher aus meiner Sicht: Das Voynich-Manuskript war nie für eine ernsthafte Nutzung gedacht.

Doch warum sollte jemand ein äußerst aufwendiges und dennoch völlig nutzloses Werk schaffen? Die nahe liegende Antwort: um einen finanzkräftigen Käufer anzusprechen. Ohne Zweifel gab es im 15. Jahrhundert Adelige und Patrizier, die für ein vermeintlich geheimnisvolles Buch eine hohe Summe zahlten. Sollte diese Erklärung zutreffen, dann wäre das Voynich-Manuskript etwas Ähnliches wie die 1983 aufgetauchten Hitler-Tagebücher, die sich schnell als Fälschung erwiesen. Für diese angeblichen Tagebücher zahlte die Zeitschrift Stern seinerzeit 9,3 Millionen Mark. Warum sollte sich eine ähnliche Geschichte nicht bereits im 15. Jahrhundert abgespielt haben?

WER WAR DER AUTOR?

Zu den vielen ungeklärten Fragen im Zusammenhang mit dem Voynich-Manuskript gehört, wer das seltsame Werk geschrieben hat. Wilfried Voynich selbst hielt, wie William Newbold, den bereits erwähnten englischen Mönch und Universalgelehrten Roger Bacon (1214–1294) für den Autor – den für viele bedeutendsten Wissenschaftler des Mittelalters (er wird manchmal auch als englischer Leonardo da Vinci bezeichnet). Allerdings galt die Bacon-Hypothese schon vor der Radiocarbon-Untersuchung als äußerst zweifelhaft, und seitdem man das Alter des Voynich-Manuskripts kennt, kann man sie endgültig ad acta legen.

Auf weitere Kandidaten stößt man im Umfeld von Kaiser Rudolf II. von Habsburg, der das Manuskript möglicherweise eine Zeit lang besessen hat – beispielsweise auf den Wissenschaftler und Magier John Dee (1527–1608) sowie den Alchemisten Edward Kelley (1555–1594). War einer von ihnen der Urheber? Die Radiocarbon-Datierung spricht dagegen. Andere brachten den Diplomaten Anthony Ascham (1614–1650) oder den böhmischen Dichter Raphael Mischowsky (1580–1644) mit dem Voynich-Manuskript in Verbindung – ohne dass es überzeugende Hinweise gäbe. Seit der Altersbestimmung müssen auch diese ohnehin vagen Theorien als widerlegt gelten.

Der Brite Nick Pelling, ein ausgewiesener Experte für historische Verschlüsselungsrätsel, brachte den italienischen Künstler Antonio Averlino (1400–1469) ins Spiel. Laut Pellings Theorie handelt es sich beim Voynich-Text um verschlüsselte Aufzeichnungen Averlinos, die dieser 1465 auf eine Reise nach Istanbul mitnehmen wollte. Das Erscheinungsbild des Manuskripts sowie die zahlreichen Zeichnungen wären demnach nur eine geschickte Tarnung. Immerhin lässt sich das Jahr 1465 wenigstens halbwegs (bis auf wenige Jahrzehnte) mit der Radiocarbon-Datierung in Einklang bringen. Allerdings ist Pellings Argumentation so spekulativ, dass sie bisher keine größere Anhängerschaft gefunden hat.

Angesichts dieser Faktenlage bin ich mir ziemlich sicher: Das Voynich-Manuskript wurde von einer Person angefertigt, die wir heute nicht mehr kennen. Möglicherweise wird man den unbekannten Meister nie ermitteln können. Immerhin bietet der vermutete Entstehungsort einen Anhaltspunkt. Sollte das Manuskript tatsächlich in Norditalien entstanden sein, dann müsste man sich dort auf die Suche begeben. Vielleicht findet ein Frührenaissance-Experte den einen oder anderen Kandidaten, und vielleicht lässt sich der Verdacht in einigen Fällen sogar erhärten. Es gibt also noch viel zu forschen.

DIE PSYCHIATRIE-HYPOTHESE

Wenn ich einen Vortrag zum Voynich-Manuskript halte, kommt immer wieder eine Frage auf: Könnte es sein, dass das Voynich-Manuskript von einer psychisch kranken Person geschaffen wurde? Infrage käme beispielsweise ein Autist oder ein Schizophrener. Mehrere Gesprächspartner haben mich in diesem Zusammenhang auf die Prinzhorn-Sammlung (dies ist eine

Sammlung von Kunstwerken psychisch kranker Menschen) oder den schizophrenen Künstler Adolf Wölfli hingewiesen.

In der Tat wird diese Psychiatrie-Hypothese bereits seit Jahrzehnten in der Voynich-Szene diskutiert. Allerdings gibt es meines Wissens bisher keine kompetente Untersuchung zu diesem Thema. Dabei kann schon ein Laie erkennen, dass die Psychiatrie-Hypothese einiges für sich hat. Nicht nur Wölfli und die Prinzhorn-Sammlung zeigen, dass es psychisch Kranke gibt, die erstaunliche Kunstwerke schaffen. Es ist daher durchaus vorstellbar, dass eine derartige Person die Bilder des Voynich-Manuskripts gemalt und den Rest mit sinnlosem Phantasietext gefüllt hat. Sollte dies der Fall sein, dann würde dies einiges erklären. Insbesondere wüsste man dann, warum weder die Bilder noch der Text einen erkennbaren Sinn haben.

Mangels geeigneter Quellen zur Psychiatrie-Hypothese sichtete ich die Literatur zum Thema Psychiatriekunst. Das bekannteste Buch ist „Die Bildnerei der Geisteskranken" von Hans Prinzhorn (dies ist der Begründer der Prinzhorn-Sammlung). Allerdings stammt dieses Werk aus dem Jahr 1922 und ist damit reichlich veraltet. Deutlich aktueller sind „Grenzgänger zwischen Kunst und Psychiatrie" von Hartmut Kraft und „Schizophrenie und Kunst" von Leo Navratil. Leider behandelt ein Großteil der einschlägigen Literatur nur Themen wie Kunsttherapie, die psychischen Krankheiten berühmter Künstler oder die Wechselwirkungen zwischen Psychiatriekunst und der Kunstgeschichte – nicht aber die Frage, woran man die Kunst psychisch Kranker erkennen kann.

Eine nahe liegende Vermutung besagt, dass das Voynich-Manuskript von einem Autisten verfasst wurde. Autisten haben typischerweise sehr eingeschränkte Interessen, die sie jedoch häufig mit großer Hingabe pflegen. Außerdem neigen Autisten zu stereotypen und ritualisierenden Verhaltensweisen. Dazu gehört es beispielsweise, Gegenstände in einem bestimmten Muster anzuordnen, ohne dass es einen erkennbaren Sinn hätte. Auch Autisten, die detailverliebte Bilder zeichnen, sind keine Seltenheit. Solche Eigenschaften scheinen auf den Voynich-Autor zu passen. Ich befragte zu diesem Thema Stefan Dzikowski, Vorstandsmitglied von „autismus Deutschland". Er sagte mir: „Ich halte es aus meiner mehr als 35-jährigen Tätigkeit als Therapeut für autistische Menschen durchaus für möglich, dass das Voynich-Manuskript von einem Menschen mit Autismus geschaffen worden ist.“ Zwar sind Autisten nicht gerade bekannt für größere Gesamtkunstwerke, die über einen längeren Zeitraum entstehen und eine entsprechende Planung voraussetzen. Doch laut Stefan Dzikowski ist dies eine Fehleinschätzung: „Die Aussage, autistische Menschen schaffen Einzelwerke nicht nach großen, übergeordneten Ideen, ist mit Sicherheit falsch. Das autistische Spektrum ist viel zu groß, um überhaupt derartige Pauschalaussagen treffen zu können.“

Wahrscheinlicher erscheint mir jedoch, dass ein Schizophrener hinter dem Voynich-Manuskript steckt. Schizophrene Menschen leiden unter anderem unter Wahnvorstellungen und Wahrnehmungsstörungen. Sie schaffen sich eine eigene Welt, die in sich stimmig erscheint, jedoch wenig mit der Realität zu tun hat. Die meisten Bilder der bereits erwähnten Prinzhorn-Sammlung stammen von schizophrenen Menschen. Im Vergleich zu den Illustrationen im Voynich-Manuskript wirken die Prinzhorn-Gemälde jedoch deutlich weniger naturalistisch. Stattdessen dominieren Motive, die man in den Expressionismus oder Surrealismus einordnen kann. Allerdings muss man bedenken, dass ein schizophrener Künstler des 15. Jahrhunderts eine völlig andere Lebenswelt vorfand als eine vergleichbare Person 500 Jahre später.

(23) Zwei Bilder von schizophrenen Künstlern (links von Johann Knüpfer aus der Prinzhorn-Sammlung, rechts von Adolf Wölfli). Es ist denkbar, dass auch das Voynich-Manuskript von einem Schizophrenen geschaffen wurde.

Ein Blick in das erwähnte Buch „Schizophrenie und Kunst" von Leo Navratil lässt weitere Zweifel an der Schizophrenie-Vermutung aufkommen. Navratil beschreibt in seinem Werk eine Reihe von Stilelementen, die typisch für die Zeichnungen Schizophrener sind. Dazu gehören unter anderem die Überbetonung oder Vernachlässigung von Konturen, die Deformation von dargestellten Objekten und die Nichtbeachtung des Seitenrands. Kein einziges der zahlreichen Kriterien passt zum Voynich-Manuskript. Doch auch hier muss man eine Einschränkung machen: Die Kunst schizophrener Menschen ist ausgesprochen vielfältig und folgt keinen festen Regeln. Das Voynich-Manuskript könnte dementsprechend auch ein untypisches Werk eines Schizophrenen sein.

Das wohl offensichtlichste Argument für die Schizophrenie-Vermutung: Es gibt Fälle von schizophrenen Menschen, die eigene Sprachen oder eigene Codes schaffen. In seinem Buch berichtet Hans Prinzhorn beispielsweise von einem Schizophrenen namens August Klotz. Für diesen entsprach jeder Buchstabe des Alphabets einer bestimmten Zahl (z. B. A=8, D=11, L=10, N=4). Mit Hilfe dieses Codes wandelte Klotz beliebige Wörter in Zahlen um, indem er die einzelnen Buchstabenwerte zusammenzählte. Das Wort LAND erhielt beispielsweise den Wert 33 (es gilt: 10+8+4+11=33). Klotz bildete oft lange Wortketten, indem er jeweils zu einem Wort die zugehörige Summe berechnete, um aus dieser nach kaum nachvollziehbaren Regeln das nächste Wort zu bilden (beispielsweise führte er mit der jeweiligen Zahl eine Berechnung durch und suchte danach ein zum Ergebnis passendes Wort). Das Berechnen der Summen und das Suchen passender Wörter bewältigte Klotz sehr schnell, und ihm passierten kaum Fehler.

Es gehört nicht viel Phantasie dazu, um sich vorzustellen, dass der Voynich-Text auf ähnliche Weise entstanden ist. Dies würde erklären, warum der Text bezüglich der Buchstaben- und Worthäufigkeiten eine große Ähnlichkeit mit natürlicher Sprache aufweist, während sich im Satzaufbau deutliche Unterschiede ergeben. Auch die Tatsache, dass im Voynich-Text besonders kurze und besonders lange Wörter fehlen, könnte hier ihre Ursache haben – vielleicht vermied der Urheber kurze Wörter, weil sie zu trivial, und lange, weil sie zu umständlich waren. Sollte der Text des Voynich-Manuskripts tatsächlich auf einem derartigen Code basieren, dann dürfte es schwierig bis unmöglich sein, die genaue Vorgehensweise des Urhebers zu rekonstruieren.

Es gibt jedoch ein gewichtiges Argument, das gegen die Psychiatrie-Theorie spricht: Tierhaut, auf die das Voynich-Manuskript geschrieben ist, war im 15. Jahrhundert ein teures Material. Schätzungen zufolge benötigte man die Häute von etwa 15 Schafen oder Schweinen (leider ist nicht bekannt, mit welcher Tierart wir es zu tun haben), um die Blätter des Manuskripts herzustellen. Dabei ist zu beachten: Das Voynich-Manuskript ist auf Vellum geschrieben – dies ist eine besonders aufwendig verarbeitete und damit teure Tierhaut. Es war sicherlich nicht alltäglich, dass eine Person, die man für verrückt hielt, ein derart edles Material verarbeiten durfte.

Dennoch würde ich die Psychiatrie-Theorie damit nicht vollends ablehnen – zumal es möglich und üblich war, Geschriebenes von Tierhaut zu löschen und diese wiederzuverwenden. Ich könnte mir beispielsweise eine Schreibstube in einem Kloster vorstellen, in der Mönche mit dem Vervielfältigen von schriftlichen Werken beschäftigt waren. Vielleicht gab es einen Störenfried, der sich am besten ruhigstellen ließ, wenn er seine eigene Schreibarbeit verrichten durfte. Und vielleicht ahmte dieser Störenfried die Arbeit seiner Mönchskollegen in seiner eigenen Phantasiewelt nach. Vielleicht entstand so ein Manuskript, das ein Rätsel aufgab, zu dem es keine Lösung gibt.

EIN LÖSUNGSVORSCHLAG

Wenn Sie die bisherigen Ausführungen gelesen haben, werden Sie mir sicherlich in einem Punkt zustimmen: Fast alle wesentlichen Fragen zum Voynich-Manuskript lassen sich nicht zuverlässig beantworten. So wissen wir nicht, wer das Buch geschrieben hat, welchen Zweck es erfüllen sollte, was drin steht und was die Bilder bedeuten. Über den Entstehungsort können wir nur mutmaßen, und die Entstehungszeit ist lediglich auf einige Jahrzehnte genau bekannt.

Da angesichts der dürftigen Faktenlage keine eindeutige Aussage möglich ist, müssen wir uns mit Plausibilitätsüberlegungen zufriedengeben. Leider haben viele der Arbeiten zum Voynich-Manuskript eher den Charakter von Unplausibilitätsüberlegungen – man denke nur an die zahlreichen „Lösungen“, die veröffentlicht wurden. Diesen teilweise recht phantastischen Hypothesen möchte ich im Folgenden einige Gedanken entgegensetzen, die von einer skeptischen Grundeinstellung geprägt sind. Ich übernehme für die Richtigkeit keine Gewähr und bin mir bewusst, dass neue Forschungsergebnisse schon morgen zu anderen Schlüssen führen können.

Zunächst einmal halte ich es für wahrscheinlich, dass die Radiocarbon-Datierung das Alter des Voynich-Manuskripts korrekt wiedergibt. Zwar gibt es noch keine wissenschaftliche Veröffentlichung dazu, doch die beteiligten Personen und Institute erscheinen mir seriös und die Methode zuverlässig. Das Voynich-Manuskript ist also in der ersten Hälfte des 15. Jahrhunderts entstanden. Ob man über die Schwalbenschwanzzinnen zusätzlich auf Norditalien als Entstehungsort schließen kann, ist noch endgültig zu klären, erscheint jedoch nicht völlig abwegig.

Betrachten wir nun die Optik. Die zahlreichen Bilder im Voynich-Manuskript sind einerseits recht vielfältig, andererseits aber auch penetrant nichtssagend. Der Zweck der Illustrationen liegt völlig im Dunkeln, und bisher konnte noch niemand belegen, dass sie überhaupt einen Sinn haben. Man mag dies damit erklären, dass der Urheber bewusst Bilder ohne erkennbare Aussage verwendete – schließlich ist ja auch der Text verschlüsselt und damit erst einmal aussagelos. Doch selbst unter diesen Umständen ist der Nutzen der Bilder unklar. Ich vermute, dass ihr einziger Zweck darin besteht, das Manuskript interessanter und geheimnisvoller wirken zu lassen.

Ähnlich verhält es sich mit dem Text . Obwohl es längst zahlreiche statistische Untersuchungen gibt, haben sich bisher mit dem besten Willen keine bestimmte Sprache und kein Verschlüsselungsverfahren herauskristallisiert. Auch der Text scheint mir daher keinerlei Sinn zu verbergen. Allerdings bleibt die Frage offen, wie im 15. Jahrhundert ein solch durchkomponierter Text entstanden sein könnte.

Die beiden Annahmen, dass sowohl Bilder als auch Text keinen Sinn haben, sprechen für einen Scharlatan als Urheber, der einem reichen Zeitgenossen für viel Geld ein scheinbar rätselhaftes Buch verkaufen wollte. Er brachte Bilder aus verschiedensten geheimnisumwitterten Themenbereichen unter, um es interessant erscheinen zu lassen. Die nackten Frauen malte er ins

Manuskript, weil schon damals das Prinzip „sex sells" galt. Darüber hinaus hatte er sicherlich Grund dazu, klare Aussagen zu vermeiden. Auch die Idee, für sein Buch eine neue Schrift zu erfinden und damit bedeutungslose Buchstabenfolgen aufzuschreiben, erhöhte sicher den Wert des Dokuments auf dem Markt der mysteriösen Dokumente. Erstaunlich ist jedoch, wie gut es der Urheber verstanden hat, den Buchstabenfolgen die Eigenschaften echter Sprache einzuhauchen.

Statt eines geschäftstüchtigen Unsinnsproduzenten könnte aber auch ein Schizophrener oder anderweitig psychisch Kranker der Urheber gewesen sein. Vielleicht ein schizophrener Mönch, der von seinen Kollegen mit Tierhaut und Tinte versorgt wurde, damit er ihnen nicht auf die Nerven ging.

Dass der Verfasser des Voynich-Manuskripts ein Prominenter wie Leonardo da Vinci oder John Dee gewesen sein soll, ist nicht überzeugend. Darauf deutet schlichtweg nichts hin. Außerdem lebten die gehandelten prominenten Urheber alle zu einer Zeit, die sich nicht mit der Radiocarbon-Datierung in Einklang bringen lässt. Das Voynich-Manuskript dürfte also von einem unbekannten Künstler geschaffen worden sein.

Trotz der inzwischen zahlreichen Forschungsarbeiten über das Voynich-Manuskript sehe ich noch Bedarf für weitere Untersuchungen. Es ist ein Dokument, das fasziniert, das Sogkraft ausübt und über das weder kunstgeschichtlich noch kryptologisch bereits das letzte Wort gesprochen ist. Wir werden in den nächsten Jahren noch viel vom Voynich-Manuskript hören.

2 Der Codex Rohonci
Ein weiteres rätselhaftes Buch

Ein altes, verschlüsseltes Buch, dessen Code noch niemand geknackt hat – das hört sich nach dem Voynich-Manuskript an (siehe Kapitel 1). Es gibt jedoch noch ein zweites Werk, auf das diese Beschreibung passt: den Codex Rohonci.[7] Dieser hat zwar eine völlig andere Geschichte als das Voynich-Manuskript, doch er ist mindestens genauso mysteriös und faszinierend. Niemand kann den Codex Rohonci lesen, da er in einer unbekannten Schrift verfasst ist. Man weiß nicht, wer das Buch geschrieben hat, wo es entstanden ist und wer sein ursprünglicher Besitzer war. Außerdem ist völlig unklar, welchen Zweck es erfüllen sollte. Es finden sich zwar zahlreiche Bilder darin, doch diese bringen kaum Licht ins Dunkel. Kein Zweifel: Der Codex Rohonci ist eines der spektakulärsten Rätsel, das die Kryptologie zu bieten hat.

DER MYSTERIÖSE KODEX

Der Codex Rohonci stand lange im Schatten des Voynich-Manuskripts. Letzteres ist so spannend und vielschichtig, dass ein zweites Buch mit ähnlichen Eigenschaften nahezu zwangsläufig wie ein überflüssiger Abklatsch wirkt. Selbst Kryptologie-Historiker haben den Codex Rohonci über Jahrzehnte hinweg geradezu ignoriert. Erst in den letzten Jahren hat sich zumindest unter Experten herumgesprochen, dass mit dem Codex Rohonci ein

[7] Es gibt auch andere Schreibweisen, beispielsweise „Codex Rohonczi“. Das „z“ ergibt jedoch nur im Ungarischen einen Sinn. Im Deutschen sind daher Bezeichnungen wie „Codex Rohonci“, „Rohoncer Kodex“, „Kodex von Rohonc“ oder auch „Rechnitzer Kodex“ sinnvoller.

zweites verschlüsseltes Buch existiert, das einen Vergleich mit dem Voynich-Manuskript nicht zu scheuen braucht.

Als ich mich vor ein paar Jahren zum ersten Mal mit dem Codex Rohonci beschäftigte, musste ich meinen Wissensdurst mit einem (ziemlich kurzen) Wikipedia-Eintrag stillen – weitere Informationsquellen auf Deutsch oder Englisch fand ich nicht. Bei Wikipedia erfuhr ich, dass der Codex Rohonci mindestens 170 Jahre alt ist und aus Ungarn stammt. Sein Besitzer ist seit 1838 die Ungarische Akademie der Wissenschaften, in deren Gebäude in Budapest das Manuskript aufbewahrt wird. Ihr wurde es von einem Adligen vermacht, der im westungarischen Rechnitz lebte. Diese Stadt, die auf Ungarisch Rohonc heißt, gab dem Codex Rohonci seinen Namen.

(24) Der Codex Rohonci (Nachbildung): Niemand weiß, was die seltsamen Buchstaben bedeuten.

Mit einem Code hat ein Kodex im Übrigen nichts zu tun. Vielmehr bezeichnet man so ein handgeschriebenes Buch, dessen Seiten in Form eines Papierstapels zusammengeheftet sind – dies ist eine besonders einfache Form der Buchbindetechnik. Bereits zur Zeit der alten Römer galt diese als Alternative zu den damals noch üblichen Schriftrollen. Im Mittelalter wurde der Kodex sogar zur wichtigsten Buchform überhaupt. Nach Erfindung des Buchdrucks kamen jedoch andere Methoden der Bindung auf, wodurch der Kodex an Bedeutung verlor. Zwar gibt es auch heute noch Bücher, deren Blätter stapelgeheftet sind, doch die Bezeichnung Kodex ist nur für historische Schriften üblich.

Wem die spärlichen Wikipedia-Informationen zum Codex Rohonci nicht genügten, dem blieb bis vor einigen Jahren nichts anderes übrig, als sich mit einigen ungarischen oder rumänischen Zeitschriftenartikeln herumzuschlagen. In den Standardwerken zur Kryptologie-Geschichte sowie in der Fachzeitschrift Cryptologia glänzte der Kodex dagegen mit Abwesenheit. Diese Lage empfand ich als unbefriedigend. Also beschloss ich im Jahr 2009, selbst einen Artikel über den Codex Rohonci für die Cryptologia zu schreiben. Das war sicherlich kein einfaches Unterfangen, denn ich musste hierfür die rumänische und ungarische Literatur auswerten. Bei einigen Quellen dieser Art wusste ich noch nicht einmal, wie ich an sie herankommen sollte (man denke etwa an ungarische Zeitschriftenartikel aus den sechziger Jahren) – vom Lesen dieser Texte ganz zu schweigen.

Als Erstes machte ich mich daran, den Informatiker und Sicherheitsexperten Arno Wacker, mit dem ich befreundet bin, als Mitstreiter zu gewinnen. Als Rumäniendeutscher konnte Arno immerhin die rumänischen Artikel lesen. Wir mussten jedoch zusätzlich nach jemandem Ausschau halten, der uns die ungarischen Quellen übersetzen würde. Einen ersten Eindruck konnten wir uns zwar mit dem Google-Übersetzer verschaffen (sofern uns die Texte vorlagen), doch das reichte natürlich nicht. Während Arno an seiner Universität nach einem ungarischen Studenten Ausschau hielt, klickte ich mich in der Zwischenzeit durch verschiedene Web-Seiten, um herauszufinden, ob ich die gesuchten ungarischen Artikel über eine Budapester Bibliothek beschaffen konnte.

Bevor wir uns in die weitere Arbeit stürzten, wollten Arno und ich uns noch umhören, ob bereits jemand anderer an einer Veröffentlichung zum Codex Rohonci arbeitete. Doch die geplante Anfrage bei der Cryptologia-Redaktion erübrigte sich. Als ich im Frühjahr 2010 die neue Ausgabe der Zeitschrift in den Händen hielt, fand ich dort einen Artikel mit dem Titel „Why Don't We Decipher an Outdated Cipher System? The Codex of Rohonc". Natürlich ärgerte ich mich zunächst, dass mir jemand das Thema weggeschnappt hatte, doch dann beschloss ich, mich lieber zu freuen. Immerhin bekamen wir nun Informationen, die Arno und ich hätten mühsam zusammentragen müssen, auf dem silbernen Tablett serviert. Der Artikel ließ auch wirklich keine Wünsche offen.

Verfasst hatte den Cryptologia-Artikel der ungarische Historiker Benedek Láng. Da ich bereits aus einem anderen Grund eine Reise nach Ungarn geplant hatte, schrieb ich ihn an und schlug ein Treffen vor. Tatsächlich trafen wir uns im September 2010 in Budapest und fachsimpelten stundenlang über den Codex Rohonci, das Voynich-Manuskript und allerlei andere Themen. Als Historiker hatte Benedek naturgemäß einen anderen Blick auf die Kryptologie-Geschichte als ein Informatiker und Kryptologe wie ich. Leider gibt es bisher vergleichsweise wenige studierte Historiker, die sich mit der Geschichte der Verschlüsselungstechnik beschäftigen – was durchaus zu bedauern ist.

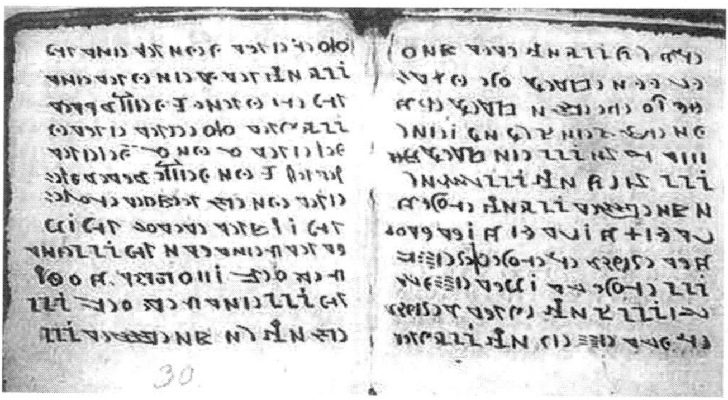

(25) Die meisten Seiten des Codex Rohonci enthalten nur Text.

Höhepunkt meines Treffens mit Benedek Láng war zweifellos ein gemeinsamer Besuch der Ungarischen Akademie der Wissenschaften. In der dortigen Bibliothek konnten wir uns den Codex Rohonci im Original anschauen. Es war ein erhebender Augenblick, als ich das rätselhafte Buch erstmals in den Händen hielt. Obwohl ich das Format kannte (12×10 Zentimeter) war ich überrascht, wie klein die Seiten sind. Ansonsten sah das Werk für mich aus wie ein normales – wenn auch altes und zerfleddertes – Buch. Die Bindetechnik hatte ich mir etwas primitiver vorgestellt.

Der Codex Rohonci erwies sich als nicht mehr in bester Verfassung. Einige Seiten fehlten, viele weitere waren lose. Es wäre kein Problem gewesen, sich ein paar der abgetrennten Blätter in die

Tasche zu stecken und mitzunehmen. Die ursprüngliche Reihenfolge der Seiten ließ sich in vielen Fällen nicht mehr rekonstruieren. Zwar sind auf den Seiten Zahlen aufgebracht, doch diese stammen vermutlich aus dem 19. Jahrhundert, und schon damals zeigte der Kodex Auflösungserscheinungen. Für eine zweifellos mögliche Restaurierung hat sich offenbar bisher niemand stark gemacht. Wer auch? Benedek Láng war vermutlich der Erste seit Jahrzehnten, der sich mit dem seltsamen Buch beschäftigt hatte. Als er es zum ersten Mal in der Bibliothek betrachtete, bemerkte er ein Grinsen auf dem Gesicht der Bibliotheksangestellten. Das kleine, seltsam verpackte Buch mit den lustigen Illustrationen sah für sie nach belanglosem Kindergekritzel aus. Wie sollte sie ahnen, dass sie es mit einem kryptologischen Rätsel von Weltrang zu tun hatten?

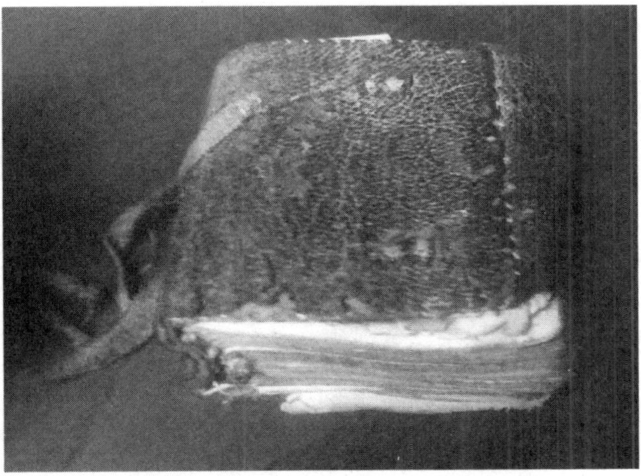

(26) Dieses mit einer Handy-Kamera aufgenommene Bild ist derzeit das einzige öffentlich verfügbare Foto, das den Codex Rohonci im Ganzen zeigt.

Ich blätterte noch eine Weile ehrfurchtsvoll durch die kleinformatigen Seiten, schaute mir die Illustrationen an, die ich bereits aus dem Internet kannte, und machte ein paar Fotos mit der Handy-Kamera (andere Fotoapparate waren leider nicht erlaubt). Erwartungsgemäß fielen die Bilder nicht besonders gut aus. Doch egal, meine erste Begegnung mit diesem faszinierenden Buch konnte mir keiner mehr nehmen. Mit Benedek Láng, der mir dieses Erlebnis ermöglichte, stehe ich bis heute in freundschaftlichem Kontakt.

BENEDEK LÁNGS ERKENNTNISSE

Wie beim Voynich-Manuskript sind auch beim Codex Rohonci die meisten wesentlichen Fragen ungeklärt. Man weiß nicht, wer es geschrieben hat. Man weiß nicht, was der Inhalt bedeutet. Und man weiß nicht, welchen Zweck es erfüllen sollte. Außerdem liegt völlig im Dunkeln, wer das Manuskript vor 1838 besessen hat und wo es entstanden ist. Immerhin lässt sich das Alter des verwendeten Papiers recht genau bestimmen. Es enthält ein Wasserzeichen, das gemäß dem Katalog des Papierforschers Charles-Moïse Briquet zwischen 1529 und 1540 in Venedig verwendet wurde. Zwar ist nicht klar, ob das Papier sofort beschrieben wurde oder erst (möglicherweise Jahrhunderte) später. Allerdings war Papier zur damaligen Zeit ein teurer Werkstoff, den man normalerweise nicht lange unverbraucht herumliegen ließ. Es ist daher wahrscheinlich, dass der Codex Rohonci im 16. Jahrhundert entstanden ist.

(27) Der Codex Rohonci (unten) hat ein deutlich kleineres Format als das Voynich-Manuskript (oben).

Mit 448 Seiten ist der Codex Rohonci dicker als das Voynich-Manuskript. Letzteres hat ein Format von 22,5×16 Zentimetern, während der Codex Rohonci wie erwähnt nur 12×10 Zentimeter misst. Jede Seite des Kodex hat zwischen neun und 14 Zeilen, die in unbekannten Buchstaben bzw. Symbolen geschrieben sind. Interessanterweise schließen die Zeilen stets auf der rechten Seite einheitlich ab, was darauf hindeutet, dass der Verfasser von rechts nach links schrieb. Wortzwischenräume sind nur schwer eindeutig zu identifizieren. Im Gegensatz zum Voynich-Manuskript besitzt der Codex Rohonci einen Ledereinband. Auf diesem befindet sich jedoch weder ein Bild noch Text. Die Seiten des Codex Rohonci sind nicht nummeriert, wenn man von den offensichtlich später mit Bleistift aufgebrachten Zahlen absieht.

(28) 87 Illustrationen sind im Codex Rohonci enthalten.

Wie das Voynich-Manuskript ist auch der Codex Rohonci mit zahlreichen Bildern illustriert. Insgesamt gibt es 87 Illustrationen, die teilweise eine ganze Seite füllen. Im Gegensatz zum Voynich-Manuskript sind die Bilder jedoch nicht in Farbe gemalt. Die künstlerische Qualität ist bescheiden. Dafür sind die Motive in den meisten Fällen identifizierbar: Es handelt sich um Szenen aus der Bibel, vorwiegend aus den Evangelien. So sind auf einem Bild die Weisen aus dem Morgenland (die heiligen drei Könige) im Stall von Bethlehem zu erkennen, in einem anderen ist der Einzug Jesu in Jerusalem dargestellt. Auch die Verurteilung durch Pontius Pilatus und die Kreuzigung lassen sich leicht zuordnen. Etwas schwieriger verhält es sich mit einigen Illustrationen im hinteren Teil des Kodex. Möglicherweise stellen sie ebenfalls Szenen aus dem Neuen Testament dar, es sind jedoch auch andere Motive denkbar.

Benedek Láng hat die Bilder des Codex Rohonci zusammen mit einem Kunsthistoriker begutachtet und dabei einige interessante Dinge festgestellt. So sprechen die abgebildeten Gebäude, Gegenstände und Kleidungsstücke dafür, dass der Kodex in Rumänien, Ungarn oder einem sonstigen Balkanland entstanden ist. Eventuell käme auch Mitteleuropa infrage. Südeuropa oder der Orient scheiden dagegen als Ursprungsort aus. Mit ähnlichen kunsthistorischen Argumenten konnte Láng die wahrscheinliche Entstehungszeit in das 16. oder 17. Jahrhundert einordnen. Dies deckt sich mit dem Wasserzeichen, das für eine Herstellung im 16. Jahrhundert spricht. Leider hat bisher niemand irgendwelche Bildinhalte entdeckt, die genauere Rückschlüsse zulassen.

Was den Text anbelangt, gibt es beim Codex Rohonci (wie beim Voynich-Manuskript) drei Möglichkeiten: Entweder es handelt sich um einen gewöhnlichen Text, der in einer unbekannten Schrift verfasst ist (dies entspräche einer ungewollten Verschlüsselung), oder es steckt eine bewusste Verschlüsselung dahinter, oder der Text hat überhaupt keinen Sinn. Denkbar ist wiederum auch eine Kombination zweier Varianten. So könnte sich beispielsweise ein Sinn ergeben, wenn man nur jeden fünften Buchstaben liest, während der Rest mit sinnlosem Inhalt aufgefüllt ist.

IST DAS RÄTSEL LÄNGST GELÖST?

Ähnlich wie beim Voynich-Manuskript haben auch beim Codex Rohonci bereits mehrere Personen behauptet, den Text entschlüsselt zu haben. Allerdings haben diese vermeintlichen Lösungen bisher eher für Erheiterung als für Anerkennung gesorgt – keine davon hat einer genauen Überprüfung standgehalten.

Die erste angebliche Dechiffrierung präsentierte in den achtziger Jahren die rumänische Philologin Viorica Enăchiuc. Sie hatte 1982, also während der Ceauşescu-Diktatur, erstmals vom Codex

Rohonci gehört. Ein linientreuer Wissenschaftsfunktionär stellte ihr eine Kopie des Kodex zur Verfügung und ermunterte sie, sich damit zu beschäftigen. Bereits im Jahr darauf veröffentlichte Enăchiuc in einer parteinahen Zeitschrift die Grundlagen einer angeblichen Lösung. Ihrer Ansicht nach war der Kodex in einem Vulgärlatein verfasst, und der Text stammte aus dem 11. oder 12. Jahrhundert (da das Wasserzeichen auf eine spätere Entstehung hindeutet, müsste der Kodex demnach eine Abschrift sein). Die Schrift war ihrer Meinung nach mit der dakischen Schrift verwandt, die im heutigen Rumänien vor Ankunft der Römer – also über ein Jahrtausend vor der vermuteten Entstehung des Codex Rohonci – verwendet wurde. Enăchiuc gab mehrere übersetzte Seiten an, wobei sie kurioserweise davon ausging, dass die Textzeilen des Kodex von unten nach oben gelesen werden müssen.

Immerhin drei Universitätsprofessoren schätzten Viorica Enăchiucs Arbeit als seriös ein und befürworteten eine weiterreichende Veröffentlichung. Allerdings war kein Latein-Experte darunter, wodurch die Behauptung, der Kodex sein in einem Vulgärlatein geschrieben, in der Luft hing. Trotz der positiven Reaktionen ließ sich Enăchiuc fast zwei Jahrzehnte Zeit, bevor sie sich wieder zum Codex Rohonci äußerte. Angeblich hatte die Obrigkeit sie daran gehindert, etwas zum Thema zu veröffentlichen. Während des Ceauşescu-Regimes kam es öfters vor, dass ein Wissenschaftler seine Forschungsergebnisse nicht publizieren durfte, wenn diese nicht ins kommunistische Weltbild passten.

Erst im Jahr 2002 veröffentlichte Enăchiuc schließlich ein 850-seitiges Buch, das angeblich die gesamte Lösung des Codex Rohonci enthielt. Enăchiuc zufolge ist der Kodex ein Dokument, das Ereignisse im Rumänien des 12. und 13. Jahrhunderts beschreibt – also eine rumänische Chronik. Diese sei demnach in der damals schon veralteten dakischen Schrift verfasst, und die Bilder zeigten Szenen aus dem Text. Die Veröffentlichung von Enăchiucs Buch wurde vom rumänischen Kulturministerium unterstützt und brachte die Autorin sogar ins Fernsehen.

Man muss jedoch kein Experte sein, um schnell Schwachstellen in Enăchiucs „Lösung“ zu finden. So sind im Text des Kodex Worttrennungen zu erkennen, die darauf hindeuten, dass der Autor von oben nach unten geschrieben hat – und nicht etwa umgekehrt. Außerdem lassen sich die meisten Bilder recht gut mit Szenen aus dem Neuen Testament in Einklang bringen – es braucht schon einiges an Phantasie, darin Helden aus der frühen Geschichte Rumäniens zu erkennen. Nebenbei wirkt das angebliche Vulgärlatein alles andere als lateinisch.

Angesichts dieser Ungereimtheiten musste Enăchiuc für ihre Theorie einiges an Häme einstecken. So veröffentlichte die Zeitschrift Observator Cultural noch im Erscheinungsjahr des Buchs einen Artikel, dessen Autor Dan Ungureanu nur Spott für Viorica Enăchiuc übrig hatte. Das Ergebnis der angeblichen Übersetzung wirkte seiner Meinung nach reichlich unverständlich, und die Sprache hatte keine Ähnlichkeit mit irgendetwas Bekanntem. Zudem hatte es die Autorin in angeblich zwanzigjähriger Arbeit nicht geschafft, die Bedeutung der verwendeten Buchstaben zu ermitteln und eine Grammatik zu erarbeiten. Ungureanus Fazit: „Nichts passt zusammen."

Wie Dan Ungureanu in seinem Artikel ausführt, steht Enăchiucs Arbeit in einer langen Tradition pseudowissenschaftlicher Umtriebe in Rumänien. Schon zu Ceauşescus Zeiten machten viele Wissenschaftler eher durch ihre Linientreue Karriere als durch ihre fachlichen Leistungen. Ein besonders groteskes Beispiel ist Ceauşescus Ehefrau Elena, die als vielgepriesenes Genie der rumänischen Akademie der Wissenschaften vorsaß. Dabei hatte ihre „Genialität" noch nicht einmal für einen Schulabschluss gereicht. Ungureanu ordnet beide Veröffentlichungen Enăchiucs in diesen pseudowissenschaftlichen Zusammenhang ein.

Welche Zustände in Rumänien herrschen, zeigt die große Szene von „Dakologen", die behaupten, die Geschichte des Landes sei ganz anders verlaufen, als es die Schulwissenschaftler sich vorstellen. Demnach sollen die Dakier (die Vorfahren der Rumänen) ein Weltreich beherrscht haben, gegen das das Imperium Romanum wie ein größerer Abenteuerspielplatz wirkt. Von Amerika bis nach Japan reichte ihr angebliches Reich. Die Schrift, geschriebene Gesetze und zahlreiche andere kulturelle Errungenschaften wurden nach Ansicht der Dakologen auf dem Gebiet des heutigen Rumänien erfunden. Der bekannteste Vertreter der Dakologie ist der Arzt Napoleon Săvescu, Gründer der „Dacia Revival International Society". Săvescus Webseite www.dacia.org, die „die wahre Geschichte der dakischen Nation" erzählt, würde wohl auch als Beschreibung eines Mystery-Adventure-Spiels durchgehen. Erstaunlicherweise ist die Dakologie in Rumänien durchaus populär – es gibt sogar Politiker, die sich allen Ernstes dazu bekennen. Benedek Láng, der von der Arbeit Enăchiucs ebenfalls nichts hält, bestätigte mir, dass es in Ungarn und der Slowakei ähnliche Umtriebe gibt. Seriöse Historiker aus diesen Ländern halten teilweise die Termine ihrer Treffen geheim, um nicht von Dakologen und anderen Spinnern unterwandert zu werden.

Neben Viorica Enăchiuc vermeldeten noch zwei weitere Codex-Rohonci-Forscher eine erfolgreiche Dechiffrierung. So behauptete 1995 der Ungar Attila Nyíri, die Lösung gefunden zu haben, nachdem er zwei Seiten des Kodex untersucht hatte. Er betrachtete den Text auf den Kopf gestellt (!) und ordnete jedem Symbol einen Buchstaben zu, der diesem ähnlich sah. Allerdings ging es dabei nicht immer einheitlich zu. Teilweise übersetzte Nyíri das gleiche Symbol mit unterschiedlichen Buchstaben oder umgekehrt. Manchmal änderte er sogar die Buchstabenreihenfolge. Was bei dieser „Entschlüsselung“ herauskam, konnte man mit viel gutem Willen als Gebetstext interpretieren. Allerdings konnte kaum jemand Nyíris Lösung nachvollziehen, weshalb man davon ausgehen muss, dass sie nicht korrekt ist. Leider gelang es mir nicht, mit Attila Nyíri Kontakt aufzunehmen.

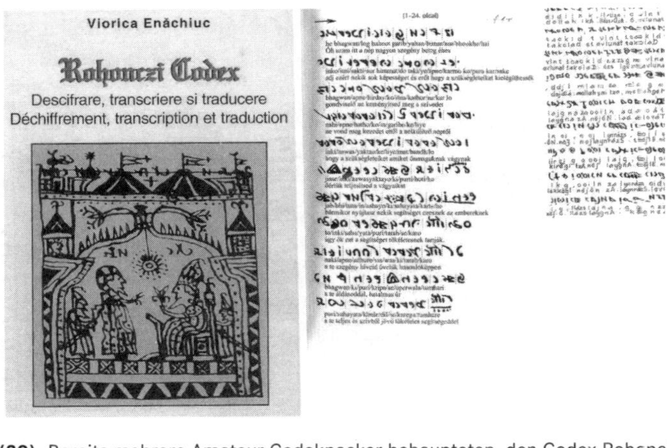

(29) Bereits mehrere Amateur-Codeknacker behaupteten, den Codex Rohonci entschlüsselt zu haben. Die Rumänin Viorica Enăchiuc veröffentlichte sogar ein Buch, das ihre „Lösung“ vorstellt (links). Daneben sind zwei weitere „Entschlüsselungen“ (von Nyíri und Singh) zu sehen. Keine dieser Arbeiten erwies sich als schlüssig.

Die Krönung der vermeintlichen Entschlüsselung des Codex Rohonci lieferte der Inder Mahesh Kumar Singh. Ihm zufolge entstammt der Text einer indischen Sprache und ist in einer alten indischen Schrift niedergeschrieben. Singh schaffte es immerhin, 24 Seiten des Kodex zu „übersetzen". Das Ergebnis könnte man als apokryphes Evangelium bezeichnen. Allerdings landete auch Singhs Arbeit ziemlich schnell dort, wo sie hingehört: auf der kryptologischen Müllhalde.

ERNSTHAFTE DECHIFFRIERUNGSVERSUCHE

Während man die bisherigen Lösungen des Codex Rohonci kaum ernst nehmen kann, gibt es zum Glück auch seriöse Forschungsergebnisse. Insbesondere der bereits erwähnte Historiker Benedek Láng hat mit seinem Cryptologia-Artikel einige interessante Ansätze aufgezeigt. Diese zeigen, dass die Chancen, den Kodex eines Tages dechiffrieren zu können, nicht schlecht stehen – zumal mehrere Hundert Seiten an Analysematerial zur Verfügung stehen. Findige Codeknacker haben bereits deutlich kürzere Geheimtexte gelöst. Allerdings reichen die bisherigen kryptologischen Untersuchungen zum Codex Rohonci noch nicht aus.

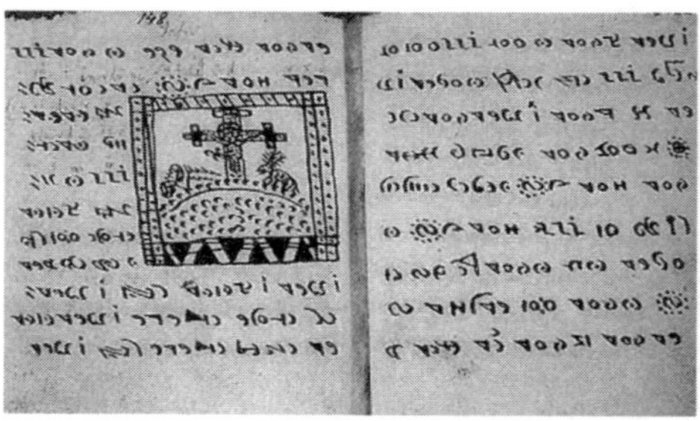

(30) Etwa 150 unterschiedliche Buchstaben kommen im Alphabet des Codex Rohonci vor. Dies spricht dafür, dass einige der Symbole für ganze Wörter stehen.

Leider hat bisher noch niemand eine computerlesbare Abschrift (Transkription) des Kodex veröffentlicht. Dies erschwert statistische Untersuchungen. Klar ist immerhin: Die Anzahl der Symbole im Alphabet des Codex Rohonci beträgt etwa 150 und ist damit deutlich größer als im hierzulande verwendeten Alphabet. Auch im Voynich-Manuskript kommen nicht mehr als 25 Symbole vor. Es gibt auffällig viele kurze Wörter mit einem, zwei oder drei Buchstaben. Benedek Láng berichtet in seinem Artikel von einigen weitergehenden Untersuchungen, die er und einige andere ungarische Autoren angestellt haben. Schon vor Jahrzehnten führten Codex-Rohonci-Forscher (ohne Computer-Unterstützung) eine Vokalsuche und eine Analyse der Buchstabenhäufigkeiten durch. Zudem weiß man, dass sich einige lange Passagen des Texts an entfernten Stellen wiederholen. Auch einige grammatische Regeln sind inzwischen identifiziert. Zu einem Durchbruch hat das bisher jedoch nicht geführt.

(31) Lautet die Inschrift über dem Kreuz INRI? Bisher hat dieser Ansatzpunkt noch nicht zur Lösung des Codex Rohonci geführt.

Etwas erfolgreicher war Benedek Lángs Analyse in einigen anderen Punkten. Da die Illustrationen des Codex Rohonci einen klar identifizierbaren Inhalt haben, konnte er im Text nach passenden Wörtern suchen. Beispielsweise ist auf einigen Bildern Pontius Pilatus zu erkennen. Tatsächlich fand Benedek Láng bei jedem dieser Bilder ein Schriftzeichen, das an anderer Stelle nicht vorkommt. Möglicherweise steht dieses Zeichen also für „Pontius Pilatus". Auch Kandidaten für „Jerusalem" und „Jesus" hat Benedek Láng aufgespürt (auch hier handelt es sich um einzelne Schriftzeichen, nicht um ganze Wörter). Dies sind heiße Spuren, die in den nächsten Jahren unbedingt weiter erforscht werden müssen. Hilfreich sind zudem einige Wörter oder kurze Textpassagen, die innerhalb der Bilder stehen. Am auffälligsten ist eine mit vier Buchstaben beschriebene Tafel, die am Kreuz Jesu angebracht ist. Sollte dies die bekannte Inschrift INRI sein? Zwar ist das vierte Zeichen nicht mit dem ersten identisch, doch das ist bei vielen Verschlüsselungsverfahren auch nicht notwendigerweise zu erwarten. Auch hier gibt es noch genügend Raum für weitere Forschung.

Die genannten Untersuchungsergebnisse erinnern einen Verschlüsselungsexperten unweigerlich an einen so genannten Nomenklator. Als Nomenklator bezeichnet man ein Verschlüsselungsverfahren, das einerseits für jeden Buchstaben des Alphabets und andererseits für einige ganze Wörter je ein Symbol (z. B. eine Zahl) vorsieht. Ein sehr einfacher Nomenklator ergibt sich beispielsweise aus folgender Tabelle:

A	01
B	02
C	03
...	
Z	26
BERLIN	27
HAMBURG	28

Der Satz KOMME AUS HAMBURG NACH BERLIN verschlüsselt sich damit in 11 15 13 13 05 01 21 19 28 14 01 03 08 27. Nomenklatoren kamen im 14. Jahrhundert in Italien auf und waren noch im Zweiten Weltkrieg weit verbreitet. Zeitweise zählte diese Art des Verschlüsselns zu den populärsten überhaupt. Vor allem Diplomaten und Geheimdienste nutzten Nomenklatoren ausgiebig. Einfache Varianten kamen mit einigen Dutzend Symbolen aus, während andere mehrere Hundert Symbole umfassten.[8]

Stammen die 150 Symbole des Codex Rohonci also aus einem Nomenklator? Durchaus möglich. Die Anzahl der Symbole wäre für einen Nomenklator des 16. Jahrhunderts keineswegs ungewöhnlich. Auch die Tatsache, dass einige Symbole nur sehr

8 Die Abgrenzung zwischen einem Nomenklator und einem Wörter-Code (siehe Prolog) ist nicht ganz einfach. Theoretisch gilt: Ein Wörter-Code verschlüsselt nur ganze Wörter, während ein Nomenklator auch einzelne Buchstaben verschlüsselt. Nach dieser Definition gäbe es allerdings kaum Wörter-Codes, da man in der Praxis selten auf das Verschlüsseln einzelner Buchstaben verzichten kann. Von einem Nomenklator spricht man daher meist nur, wenn die Zahl der aufgeführten Wörter nicht mehr als einige Hundert beträgt. Was darüber hinausgeht, gilt als Wörter-Code.

selten vorkommen (vielleicht handelt es sich um Namen) ist für diese Verschlüsselungsform äußerst typisch. Es gibt zudem viele Nomenklatoren, die für häufige Buchstaben mehrere Symbole bereitstellen, aus denen der Verschlüssler wählen kann. Dies könnte erklären, warum die beiden Is in INRI unterschiedlich dargestellt sind. Dass es eigene Symbole für „Jesus" und „Pontius Pilatus" gibt, spricht ebenfalls für einen Nomenklator. Es bleibt zu hoffen, dass Experten in naher Zukunft dieser Hypothese nachgehen. Mit den heutigen Methoden (inklusive ausgeklügelten Computer-Programmen) ist das Knacken eines Nomenklators mit 150 Symbolen sicherlich kein Hexenwerk.

IST ES EINE KURZSCHRIFT?

Als mögliche Alternative zu einem Nomenklator betrachtet Benedek Láng in seinem Artikel eine Kurzschrift. Das Schreiben in Kurzschrift (Stenografieren) dient nicht der Geheimhaltung, sondern soll es dem Nutzer ermöglichen, möglichst schnell zu schreiben – so schnell, wie ein Mensch redet. Das Stenografieren war vor Aufkommen des Computers weit verbreitet und gehörte beispielsweise zu den Fähigkeiten, die eine Sekretärin beherrschen musste. Wie bedeutend Kurzschriften einst waren, zeigt sich in ihrer langen und vielfältigen Geschichte. Seit dem 16. Jahrhundert haben unzählige Gelehrte unterschiedliche Kurzschrift-Alphabete und -Techniken entwickelt. In der Regel ist eine Kurzschrift aus möglichst einfachen Symbolen zusammengesetzt, die sich flüssig aneinanderreihen lassen. Fast alle Kurzschriften sehen für häufig verwendete Wörter eigene Zeichen vor, was die Schreibgeschwindigkeit erhöhen soll. Oft gibt es für denselben Buchstaben unterschiedliche Symbole, damit sich der Schreiber dasjenige aussuchen kann, das am besten in den Schreibfluss passt.

Alte Kurzschrift-Dokumente sind häufig schwer zu lesen. Dies liegt vor allem an der großen Vielfalt unterschiedlicher Kurzschriftsysteme, die früher kursierten und die heute oft vergessen sind. Manchmal müssen Historiker deshalb Verschlüsselungsexperten um Hilfe bitten, wenn sie solche Dokumente entziffern wollen. Manche Autoren nutzten eine Kurzschrift sogar bewusst, um ihren Text vor neugierigen Mitlesern zu schützen – es gab also einen fließenden Übergang zwischen dem Stenografieren und dem Verschlüsseln. Das bekannteste Beispiel hierfür ist das Tagebuch des britischen Staatssekretärs Samuel Pepys, der im 17. Jahrhundert seine täglichen Aufzeichnungen mit einer Kurzschrift verschlüsselte. Dieses Tagebuch ist inzwischen dechiffriert und gilt unter Historikern als äußerst interessante Informationsquelle.

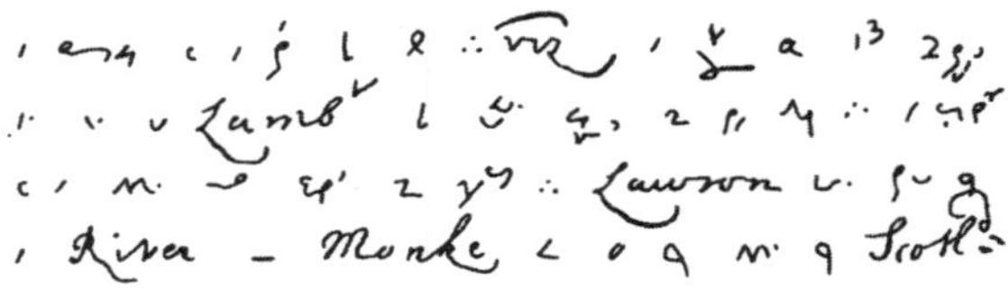

(32) Samuel Pepys verschlüsselte sein Tagebuch in einer heute nicht mehr gebräuchlichen Kurzschrift. Liegt auch dem Codex Rohonci eine Kurzschrift zu Grunde?

Als erster Spezialist für die Entzifferung unbekannter Kurzschriften gilt der Kryptologe Herbert Yardley (1889–1958). Als dieser um 1920 eine Dechiffrier-Einheit für das US-Außenministerium aufbaute, legte er eine eigene Abteilung für die Dechiffrierung von Stenogrammen an. Er sah sich zu diesem Schritt gezwungen, da seine Auftraggeber meist nicht zwischen verschlüsselten und stenografierten Botschaften unterschieden – sie wollten einfach nur einen unlesbaren Text entziffert haben. Yardleys Abteilung entwickelte einen Katalog, der über 50 Kurzschriften auflistete und im Detail beschrieb. Wenn keine davon zu einem untersuchten Text passte, dann mussten Yardleys Mitarbeiter auf die üblichen kryptologischen Dechiffrier-Methoden zurückgreifen. In einem solchen Fall betrachteten sie eine Kurzschrift wie einen Nomenklator. In der Tat ist die Ähnlichkeit zwischen diesen beiden Techniken groß: Sowohl eine Kurzschrift als auch ein Nomenklator sehen für jeden Buchstaben ein oder mehrere Symbole vor, und beide ersetzen teilweise ganze Wörter auf einmal.

Die Frage liegt daher nahe: Ist der Codex Rohonci in einer inzwischen vergessenen Kurzschrift verfasst? Die Beobachtung, dass im Kodex etwa 150 Zeichen vorkommen, von denen einige vermutlich für ein ganzes Wort stehen, passt zu dieser Hypothese. Doch warum ist der Kodex von rechts nach links geschrieben? War vielleicht ein Linkshänder am Werk, der möglicherweise sogar mit einer speziell für Linkshänder entwickelten Kurzschrift arbeitete? Auch die religiösen Inhalte des Kodex sprechen keineswegs gegen eine Kurzschrift. Die ersten stenografischen Gehversuche (im 16. Jahrhundert) hatten sogar den Zweck, Predigten zu protokollieren – das könnte passen. Davon abgesehen haben schon viele Erfinder neuer Schreibtechniken ihre Entwicklung anhand von Bibeltexten oder Gebeten präsentiert – man denke etwa an die Gutenberg-Bibel. Ist der Codex Rohonci also das Protokoll einer Predigt? Oder ein Dokument, das die Leistungsfähigkeit einer Kurzschrift demonstrieren soll? Oder hat es ein Kurzschreiber als Übungsaufgabe angefertigt? Vermutlich lautet die Antwort in allen Fällen: nein. Denn trotz aller Positivargumente hat die Kurzschrift-Hypothese einen entscheidenden Haken: Für eine solche sind die im Kodex verwendeten Buchstaben zu kompliziert aufgebaut. Sie lassen sich nicht flüssig aneinanderreihen.

(33) Das Bild rechts zeigt wahrscheinlich Jesus beim Ritt nach Jerusalem. Vermutlich ist der Codex Rohonci ein religiöses Buch.

Wenn sich die Schrift nicht identifizieren lässt, lässt sich dann vielleicht der Text identifizieren? Die Chancen stehen nicht schlecht. Da die Bilder fast alle Szenen aus dem Leben Jesu von Nazareth zeigen, prüfte Benedek Láng, ob der Text aus einem Evangelium stammt – ohne Erfolg. Er probierte es auch mit zahlreichen inoffiziellen (apokryphen) Evangelien und Jesus-Biografien, doch auch hier ergab sich kein Treffer. Allerdings konnte Láng sicherlich nicht alle Texte prüfen, die infrage kommen. Vielleicht wird irgendwann ein anderer Historiker fündig.

Bleibt schließlich noch eine andere Hypothese: Enthält der Codex Rohonci vielleicht nur bedeutungslose Symbole, die sich gar nicht entschlüsseln lassen? Diese Erklärung, die beim Voynich-Manuskript inzwischen einige Befürworter hat, ist auch beim Codex Rohonci keineswegs ausgeschlossen. Um mehr sagen zu können, ist eine genaue Analyse der Buchstabenhäufigkeiten und einiger anderen Eigenschaften des Texts notwendig. Solange noch keine computerlesbare Übertragung des Kodex vorliegt, sind solche Untersuchungen schwierig. Es gibt also noch einiges zu tun.

ZWEI UNGARN AUF DEM WEG ZUR LÖSUNG?

Benedek Láng wies mich darauf hin, dass es außer ihm noch zwei weitere Codex-Rohonci-Forscher in Ungarn gibt: Levente Király und Gábor Tokai. Beide sind außerhalb ihrer Heimat noch nicht mit diesem Thema in Erscheinung getreten, haben jedoch bereits in ungarischen Zeitschriften dazu veröffentlicht. Kurz vor Redaktionsschluss dieses Buchs konnte ich mich mit Levente Király per E-Mail über den Stand ihrer Forschungen austauschen. Wenn seine Angaben stimmen, stehen die beiden kurz davor, das Rätsel zu lösen.

Király geht davon aus, dass der Text des Codex Rohonci zum großen Teil aus dem Neuen Testament stammt. Dazu kommen einige weitere religiöse Texte und Gebete. Király konnte verschiedene Textteile voneinander abgrenzen und diese teilweise sogar den entsprechenden Bibelstellen zuordnen. In vielen Fällen ist seiner Meinung nach sogar angegeben, um welche Bibelstelle es sich handelt. Auch bei der Analyse der Sprache des Codex Rohonci hat Király einige interessante Ergebnisse erzielt. Er hat Wörter gefunden, die Teilsätze voneinander abtrennen und damit eine ähnliche Funktion wie das Wort „und" haben. Nebenbei entwickelt er derzeit eine Transkription, die schon zu drei Vierteln fertiggestellt sein soll.

Auf Basis der Ergbnisse von Levente Király gelangen seinem Partner Gábor Tokai weitere Entdeckungen. Auf einem der Bilder im Codex Rohonci sind seiner Ansicht nach drei der Zehn Gebote zu erkennen, was ihm einen Einstieg ins Vokabular ermöglichte. Er konnte inzwischen mehrere Hundert Wörter identifizieren, wodurch manche Seiten bereits zu 90 Prozent lesbar sind. Ein Wörterbuch ist in Vorbereitung. Obwohl sie den Text bereits teilweise verstehen, wissen die beiden Forscher noch nicht, mit welcher Sprache sie es zu tun haben.

(34) Laut dem ungarischen Codex-Rohonci-Forscher Gábor Tokai zeigt dieses Bild Gott, Moses und drei der zehn Gebote. Ist das der Schlüssel zur Lösung?

Keine Frage, die Angaben von Király klingen seriös und vielversprechend. Leider gab es bis zum Redaktionsschluss noch keine internationale Veröffentlichung und keine Stellungnahmen von Experten. Dies soll sich jedoch demnächst ändern. Es gibt nichts, auf das ich derzeit mehr gespannt bin.

IST DER KODEX ECHT UND WOZU DIENTE ER?

Unabhängig vom Inhalt stellt sich die Frage, wie alt der Codex Rohonci ist. Seine Existenz ist immerhin seit 1838 zweifelsfrei belegt, was eine Fälschung aus jüngerer Zeit ausschließt. Es könnte jedoch durchaus sein, dass bereits vor 1838 ein Fälscher zugeschlagen hat. Doch was heißt in diesem Fall überhaupt Fälschung? Der Kodex nimmt nicht für sich in Anspruch, zu einer bestimmten Zeit entstanden zu sein, einen bestimmten Inhalt zu haben, von einer bestimmten Person geschrieben worden zu sein oder einem bestimmten Zweck gedient zu haben. Von einer Fälschung kann man daher nur sprechen, wenn jemand den Kodex geschaffen hat, um ihn als wertvolles Dokument auszugeben – also beispielsweise, um ihn zu verkaufen.

Bereits Ende des 19. Jahrhunderts wurde ein möglicher Kandidat diskutiert, der den Kodex gefälscht haben könnte: der ungarische Buchhändler und Antiquar Samuel Literati Nemes (1794–1842). Dieser versorgte seine betuchte Kundschaft mit allerlei antiken Dokumenten und half seinem Glück dabei mit zahlreichen Fälschereien nach. Zweifellos wäre es diesem Ganoven zuzutrauen, ein Buch wie den Codex Rohonci geschrieben zu haben. Allerdings sind von Nemes keine Buchfälschungen bekannt – er fertigte hauptsächlich Landkarten und Urkunden an. Zudem stellt sich die Frage, ob Nemes in der Lage war, das venezianische Wasserzeichen im Codex Rohonci nachzumachen, das auf das 16. Jahrhundert hindeutet. Außerdem wirkt der Codex Rohonci im Vergleich zu anderen Nemes-Fälschungen auffällig unglamourös.

Die wenig spektakuläre Machart des Kodex ist für Benedek Láng sogar ein Argument, das generell gegen eine Fälschung spricht. Seiner Meinung nach hätte ein Fälscher ein solches Dokument mit deutlich mehr Schnörkeln und visuellen Effekten versehen. Seitdem ich den Codex Rohonci selbst in den Händen gehalten habe, kann ich dieses Argument nachvollziehen. Das kleinformatige Büchlein mit den wenig kunstvollen Zeichnungen lädt nicht gerade dazu ein, viel Geld dafür auszugeben. Allerdings sollte man solche Überlegungen nicht überbewerten. Es muss ja nicht unbedingt ein Meisterfälscher am Werk gewesen sein. Vielleicht hat der unbekannte Urheber sogar bewusst auf auffällige Verzierungen verzichtet, um keinen Verdacht zu erregen.

Falls der Kodex echt sein sollte, stellt sich die Frage, was für einen Bestimmungszeck er hatte. Haben christliche Abweichler darin ihre Form der Jesus-Geschichte festgehalten und sie aus Angst vor kirchlichen Repressalien verschlüsselt? Aber wäre es dann nicht besser gewesen, die verräterischen Bilder wegzulassen? Vielleicht hatte die Verschlüsselung auch eine spirituelle Komponente und diente nicht ausschließlich dazu, den Text unlesbar zu machen. Oder sind die Bilder nur Tarnung, und der

Inhalt hat mit der Lebensgeschichte Jesu nichts zu tun? Durchaus möglich, doch es ist völlig unklar, wer eine solche Tarnung zu welchem Zweck verwendet haben könnte.

Bleibt schließlich noch die Frage, wer den Codex Rohonci geschrieben hat. Während beim Voynich-Manuskript von Leonardo da Vinci bis Roger Bacon schon so manche bedeutende Persönlichkeit als möglicher Urheber herhalten musste, gibt es beim Codex Rohonci bisher noch nicht einmal Spekulationen. Solange nicht klar ist, wo das Buch entstanden ist, was der Inhalt bedeutet und welchen Zweck es erfüllen sollte, dürfte es ziemlich schwierig sein, den Autor zu finden.

Wirklich sicher erscheint somit am Ende nur eines: In der Codex-Rohonci-Forschung gibt es noch viel zu tun. Vielleicht liefern uns die beiden ungarischen Forscher Levente Király und Gábor Tokai schon bald die Lösung – vielleicht aber auch nicht. Da sich insgesamt noch nicht allzu viele mit dem Codex Rohonci beschäftigt haben, ist dieser noch für so manche neue Entdeckung gut. Zu den zehn bedeutendsten Kryptogrammen der Welt – und damit in dieses Buch – gehört dieses ungewöhnliche Werk allemal. Ich bin gespannt, was wir in den nächsten Jahren so alles von ihm hören werden.

3 James Hamptons Notizbuch
Die verschlüsselte Botschaft eines ungewöhnlichen Künstlers

James Hampton war zu seinen Lebzeiten völlig unbekannt. Der 1909 geborene US-Amerikaner arbeitete als Berufssoldat, Koch und Hausmeister, und selbst seine Bekannten – von denen er nur wenige hatte – wussten nichts Außergewöhnliches über ihn zu berichten. Daher nahm kaum jemand Notiz, als sich Hampton um das Jahr 1950 eine Garage mietete, in die er sich von da an häufig zurückzog. Er erzählte niemandem, was er hinter verschlossenen Türen trieb. Umso größer war die Überraschung, als nach Hamptons Tod Ende 1964 sein Vermieter in die Garage schaute und dort ein altarähnliches Kunstwerk vorfand, das in Gold- und Silbertönen glänzte. Vermutlich hatte Hampton 14 Jahre lang daran gebaut und 176 Einzelgegenstände zu einem symmetrisch angeordneten Gesamtwerk zusammengefügt. Dabei hatte er nur einfache Materialien wie Alufolie, Spiegel und Pappe verarbeitet, was dem edel wirkenden Werk jedoch nur von Nahem anzusehen war. Der Name der Installation ist selbst bereits ein Kunstwerk: „The Throne of the Third Heaven of the Nations' Millennium General Assembly" („Der Thron des dritten Himmels der allgemeinen Jahrtausendversammlung der Nationen"). Titel und Optik des Kunstwerks legen nahe, dass Hampton mit seiner Kunst ein religiöses Interesse verfolgte.

Hampton hinterließ jedoch nicht nur ein spektakuläres Kunstwerk. In seinem Nachlass fand man auch ein Notizbuch, in dem er 104 Seiten mit unbekannten Buchstaben beschrieben hatte. Bis heute ist es nicht gelungen, diesen seltsamen Text zu dechiffrieren oder sich sonst einen Reim darauf zu machen. Hamptons Notizbuch ist ein äußerst ungewöhnliches Kryptogramm, das von einem ungewöhnlichen Menschen stammt – umso erstaunlicher, dass bisher nur wenige versucht haben, es zu lösen.

(35) James Hampton war zu Lebzeiten völlig unbekannt. Er hinterließ ein mysteriöses Kunstwerk – und ein verschlüsseltes Notizbuch.

(36) James Hamptons Notizbuch ist auf über 100 Seiten mit Text in einer unbekannten Schrift gefüllt. Bisher konnte sich niemand einen Reim auf dieses ungewöhnliche Kryptogramm machen.

DAS NOTIZBUCH

James Hamptons Notizbuch ist mit „The Book of the 7 Dispensations by St. James" („Das Buch der 7 Dispensationen von St. James") betitelt. St. James ist ein von Hampton selbst gewähltes Pseudonym, das an diversen Stellen unverschlüsselt im Text auftaucht. Am Ende jeder Seite des Skripts steht das Wort REVELATION (Offenbarung) im Klartext. Vereinzelt sind weitere Klartextwörter, wie „Jesus", „Virgin Mary" oder „NRNR", in den ansonsten unlesbaren Text eingestreut. Im Gegensatz zum Voynich-Manuskript und dem Codex Rohonci sind in Hamptons Notizbuch keine Zeichnungen enthalten.

Insgesamt kommen im Notizbuch über 40 unterschiedliche Buchstaben vor. Vermutlich schrieb Hampton von links nach rechts, was an der linksbündigen Formatierung zu erkennen ist. Es gibt weder Wortzwischenräume noch Satzzeichen noch Absätze. Jede Seite enthält 25 oder 26 Zeilen, wobei die Zahl der Buchstaben pro Zeile stark variiert. Die Seiten sind nummeriert. Während die Seitennummerierungen im Voynich-Manuskript und dem Codex Rohonczi vermutlich spätere Zusätze sind, stammen die Nummern in Hamptons Notizbuch höchstwahrscheinlich vom Künstler selbst. Hampton unterliefen jedoch einige Fehler. So kommen einige Seitenzahlen gar nicht, andere dagegen doppelt vor. Einige Seiten haben sogar zwei Nummern.

Leider sind einige Seiten des Hampton-Notizbuchs durch Wasser stark beschädigt. Außerdem gibt es einige Tintenflecke. Die meisten der Buchstaben sind jedoch gut zu lesen. Es ist klar zu erkennen, dass Hampton mit zunehmender Übung die Schrift immer besser beherrschte. Daher sind die Buchstaben am Anfang des Notizbuchs oft undeutlich und schwer zu unterscheiden, während der Text im weiteren Verlauf immer leserlicher wird. Leider ist nicht klar, wann und in welchem Zeitraum Hampton den Text verfasst hat.

James Hamptons Notizbuch ist nicht die einzige Stelle, an der die seltsame Schrift auftaucht. Vielmehr fand man im Nachlass des Künstlers einige weitere Schriftstücke, die in den gleichen Buchstaben verfasst sind. Leider gibt es bisher keine vollständige Zusammenstellung dieser Hampton-Dokumente. Die meisten davon befinden sich im Besitz der Archives of American Art in

Washington. Eine digitale Version dieser Unterlagen hat man dort zwar bisher nicht angefertigt, doch immerhin liegt für Interessierte ein Mikrofiche bereit. Nach zahlreichen E-Mails und Telefonaten gelang es mir, an diesen per Fernleihe heranzukommen und die einzelnen Seiten einzuscannen.

(37) Neben seinem Notizbuch hinterließ Hampton noch einige weitere Zettel, die in der seltsamen Schrift beschrieben sind.

Beim Betrachten des Mikrofiches stellte ich fest, dass er Ablichtungen von allen Seiten des Hampton-Notizbuchs enthält (diese gibt es allerdings auch online). Dazu fand ich einige zusätzliche Seiten, die Hampton in ähnlicher Form beschrieben hatte. Auf einige weitere Zettel hatte der Künstler eine Tafel gezeichnet, die an die Zehn Gebote erinnert – inklusive der Nummerierung von I bis X. Mindestens zehn unterschiedliche Versionen dieses rätselhaften Motivs hat Hampton angefertigt, jeweils mit gleicher Beschriftung in Hampton-Buchstaben. Es ist völlig unklar, was der Künstler mit dieser Mehrfacharbeit bezwecken wollte. Die Beschriftung der Tafeln ist ebenfalls rätselhaft: Mit 18 Wörtern ist sie zu kurz, um alle zehn Gebote oder auch nur deren Überschriften zu enthalten. Lässt sich ihr Inhalt trotzdem erraten? Mit Hilfe von Abbildung 39 können Sie selbst Ihr Glück versuchen.

Mehrfach angefertigt hat James Hampton auch einen Zettel, der links mit Hampton-Buchstaben und rechts mit einer Klartext-Bibelstelle beschrieben ist. Leider lassen sich die Hampton-Wörter nicht ohne Weiteres mit dem Bibeltext in Übereinstimmung bringen. Oder ist bisher nur noch niemandem die richtige Idee gekommen? Vielleicht findet ein Leser den richtigen Ansatz. Auf dem Mikrofiche findet sich schließlich noch ein Plan (möglicherweise für das Kunstwerk), der mit Hampton-Buchstaben beschriftet ist. Doch auch mit diesem seltsamen Schriftstück hat bisher niemand den Schlüssel zur Lösung der Hampton-Schrift gefunden.

(38) Auch auf Etiketten, die am Kunstwerk von James Hampton angebracht sind, findet sich die unbekannte Schrift.

Insgesamt sind über 160 Seiten mit Hampton-Text auf dem Mikrofiche enthalten. Darüber hinaus sind am Kunstwerk einige Etiketten in Hampton-Buchstaben beschriftet. Ob Hampton weitere Texte in seiner Schrift verfasst hat, ist nicht bekannt. Analysematerial für findige Knobelspezialisten gibt es jedenfalls genug. Neben Codeknackern könnten möglicherweise Theologen zur Lösung des Rätsels beitragen, denn schließlich ist nicht zu übersehen, dass die Hampton-Texte einen religiösen Inhalt haben.

In jedem Fall bedarf der Titel „Das Buch der 7 Dispensationen von St. James“ noch einer genaueren Untersuchung. Eine

Dispensation in diesem Zusammenhang ein von Gott vorgegebener Zeitabschnitt, der mehrere Jahrhunderte oder gar Jahrtausende umfassen kann. Charakteristisch für eine bestimmte Dispensation ist die Form, in der sich Gott den Menschen offenbart – beispielsweise über persönliches Erscheinen oder über eine heilige Schrift. Ein Dispensationalismus ist demnach eine theologische Lehre, nach der sich die Geschichte der Menschheit in mehrere Dispensationen aufteilen lässt. Verschiedene christliche Theologen haben in den letzten Jahrhunderten zahlreiche Dispensionalismen entwickelt. Diese sollten nicht zuletzt erklären, warum Gott die Menschen im Laufe der Zeit recht unterschiedlich ansprach – zunächst zeigte er sich nur den Juden und trat dabei persönlich in Erscheinung, später sprach er über seinen Sohn eine deutlich größere Zielgruppe an, und schließlich teilte er sich über ein Buch mit.

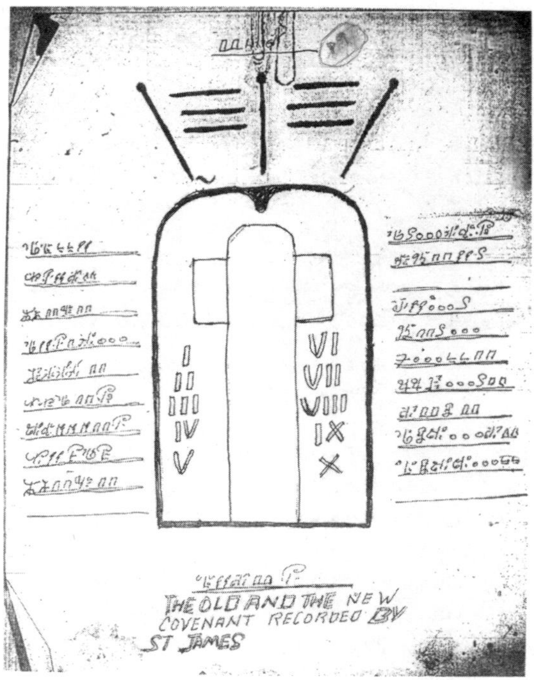

(39) Hat Hampton auf diesem Zettel die Zehn Gebote notiert? Für einen Codeknacker könnte dies ein interessanter Ansatzpunkt sein.

Über die Anzahl der Dispensationen, die die Menschheit in ihrer Geschichte erlebt hat, sind sich die diversen Dispensionalisten nicht ganz einig. Die Vorstellungen reichen von vier bis 14. Da bei Hampton von sieben Dispensationen die Rede ist, muss man nicht lange nach der passenden Quelle suchen: Der US-Priester Cyrus Ingerson Scofield (1843–1921) entwickelte ein Sieben-Dispensationen-Modell, das er 1909 in Form einer kommentierten Bibel veröffentlichte, und erreichte damit eine hohe Popularität unter den bibeltreuen Christen in den USA. Wenn sich Hampton für Dispensationen interessierte, dann dürfte ihm die Lehre von Scofield kaum entgangen sein. Doch warum heißt es in Hamptons Titel „Dispensationen von St. James“? Hat sich Hampton die Lehre von Scofield zu eigen gemacht? Oder hat er selbst einen Dispensationalismus entwickelt?

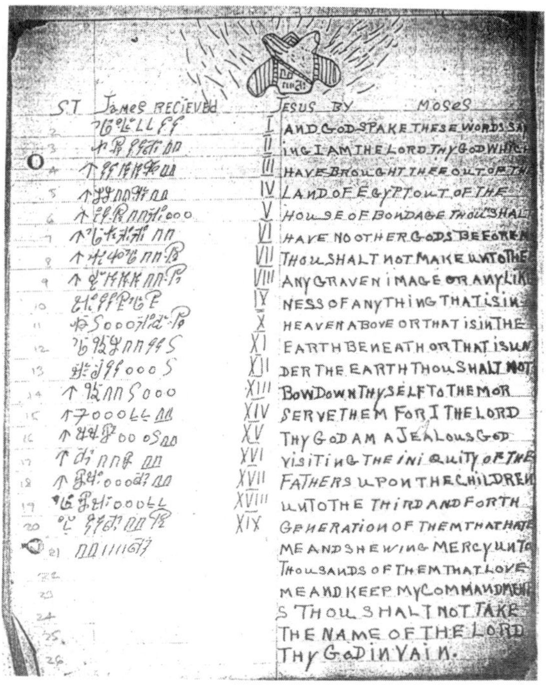
ST JAMES RECIEVED
JESUS BY MOSES
AND GOD SPAKE THESE WORDS SA
ING I AM THE LORD THY GOD WHICH
HAVE BROUGHT THEE OUT OF TH
LAND OF EGYPT OUT OF THE
HOUSE OF BONDAGE THOU SHAL
HAVE NO OTHER GODS BEFORE
THOU SHALT NOT MAKE UNTO THE
ANY GRAVEN IMAGE OR ANY LIK
NESS OF ANYTHING THAT IS IN
HEAVEN ABOVE OR THAT IS IN THE
EARTH BENEATH OR THAT IS UN
DER THE EARTH THOU SHALT NOT
BOW DOWN THYSELF TO THEM OR
SERVE THEM FOR I THE LORD
THY GOD AM A JEALOUS GOD
VISITING THE INIQUITY OF THE
FATHERS UPON THE CHILDREN
UNTO THE THIRD AND FORTH
GENERATION OF THEM THAT HAT
ME AND SHEWING MERCY UNTO
THOUSANDS OF THEM THAT LOVE
ME AND KEEP MY COMMANDMEN
S THOU SHALT NOT TAKE
THE NAME OF THE LORD
THY GOD IN VAIN.

(40) Unverschlüsselter Text neben Wörtern in Hampton-Schrift: Was normalerweise der Traum eines Codeknackers ist, hat in diesem Fall bisher nichts zur Lösung des Rätsels beigetragen.

KRYPTOLOGISCHE UNTERSUCHUNGEN

Bisher gibt es nicht besonders viel Literatur zu Hamptons Notizbuch. Die interessantesten Abhandlungen über dieses Kryptogramm sind auf zwei (leider seit langem nicht mehr aktualisierten) Web-Seiten zu finden, die von Voynich-Manuskript-Experte Dennis Stallings und von Mark Stamp angelegt wurden. Stamp hat zudem eine Transkription des Hampton-Texts angefertigt. Dabei berücksichtigte er, dass viele Hampton-Buchstaben recht kompliziert aufgebaut sind und wie eine Kombination aus zwei oder gar drei herkömmlichen Buchstaben bzw. Ziffern aussehen. Die meisten Hampton-Buchstaben transkribierte er daher als Zeichenpaare, beispielsweise „P2", „GG", „Gi" oder „EE". Hinzu kommen einige Einzelzeichen (z. B. „2") und einige Dreiergruppen (z. B. „qL3"). In allen Fällen versuchte Stamp, mit der Transkription dem Aussehen der Originalbuchstaben möglichst nahe zu kommen. Seite 66 des Notizbuchs sieht beispielsweise in übertragener Form wie folgt aus (das Doppelkreuz besagt, dass der Buchstabe nicht eindeutig erkennbar ist):

```
<<p66 (15, 3)>>
76 N PL P2 vv ee M P1 Ki #Gi q3 3
Ki vv 2 o3 S 14 EE Ki Ki Ki ee N vv
d2 vv 95 vv Ki 4L GG M Gi Y4 14 JJ Gi
ee vv 44 vv Ki 4L vv g Y3 GG LL JJ
ee #A- Ki * dc GG P1 E vv Y3 vv Gi Ki Ki
LL Ki g d3 e * E g Ki P2 P2 Y4 14 LL
P2 E vv 95 Ki Ki E 2 o3 Y4 GG Gi
LL P1 M dc GG T 14 GG 3 14
P1 vv M P1 PL N qL4 Ki g GG Gi Ki
96 P LL d3 vv g Ki g d3 d3 Gi Gi 14
96 P vv P1 qL2 * 4 * Y4 14 Y3 JJ
Ki #4 HH dc 95 vv g * d3 14 Y3
#dc Ki GG 4L qL3 P1 Ki E Y4 14 Y3 GG
EE 2 o3 14 qL3 g P1 GG 14 P vv
N qL3 Ki 44 #PL 96 P P 4L JJ Gi vv
N 96 P vv #dc PL N vv 96 P P 14 44
2 o3 qL3 vv N vv 96 P Y3 14 Y3 44
vv g N qL3 vv g 96 vv EE Y3 14 Y3
```

```
g dc GG ee N P2 96 P Y3 14 Y3 14 #P vv
vv uL qL2 vv g 96 vv qL3 Ki Ki P vv qL3
N T qL3 N P1 96 P vv Ki Ki P2 LL
#d3 dc GG 96 P vv * Gi P2 14
Ki dc GG 96 P vv 4L * #vv Gi 14 Gi
d3 N 96 P vv P2 M S o3 P vv Y3 vv
A- qL3 P vv qL3 14 S 14 96 M 96
```

Wenn Kryptologen einen verschlüsselten Text untersuchen, fangen sie meist mit dem Zählen der Buchstaben an (natürlich verwenden sie dazu einen Computer). Dank der Transkription von Stamp ist dies beim Hampton-Notizbuch inzwischen recht einfach möglich. Dennis Stallings hat eine solche statistische Untersuchung durchgeführt. Dabei fand er heraus, dass die mit vv (21,7 Prozent) und Y3 (17,5 Prozent) transkribierten Hampton-Buchstaben die häufigsten sind. Alle anderen Buchstaben kommen deutlich seltener vor (an dritter Stelle steht das p mit 6,2 Prozent). Eine solche Verteilung passt zu keiner gängigen Sprache. Neben den Buchstaben kann man auch die Buchstabenpaare zählen. Bei Hamptons Notizbuch fällt hierbei auf, dass das aus Y3 und vv bestehende Paar mit 10,4 Prozent sehr oft vorkommt. Zum Vergleich: Im Deutschen und Englischen kommt kein Buchstabenpaar auf mehr als 4,5 Prozent.

Gegen Englisch spricht auch eine Untersuchung von Mark Stamp und seinem Studenten Ethan Le. Die beiden wendeten ein Verfahren aus der Wahrscheinlichkeitsrechnung an und erhielten für Englisch eindeutig andere Resultate als für den Hampton-Text. Stamp ermittelte zudem die Entropie (also den Informationsgehalt) des Hampton-Texts, der sich mit einer geeigneten Formel berechnen lässt. Eine Buchstabenfolge wie AAAAAAAAAA hat beispielsweise einen sehr niedrigen Informationsgehalt, da derselbe Buchstabe mehrfach wiederholt wird. Eine zufällige Folge wie KJFDHQKD hat dagegen einen hohen Informationsgehalt. Geschriebene Sprache liegt stets irgendwo dazwischen. Die Entropie des Hampton-Notizbuchs ist etwas höher als die der englischen Sprache, allerdings nicht wesentlich.

Bisher konnte noch niemand die statistischen Resultate mit einer bestimmten Sprache in Verbindung bringen. Insbesondere Englisch, die Muttersprache Hamptons, hat vollkommen andere statistische Eigenschaften. Denkbar ist laut Dennis Stallings daher, dass Hampton eine so genannte Lautschrift verwendete, also eine Schrift, bei der es für jeden Laut einen Buchstaben gibt (eine deutsche Lautschrift muss beispielsweise für SCH, CH und NG jeweils einen eigenen Buchstaben bereitstellen, während zwischen F und PH nicht unterschieden wird). Die Häufigkeit der Buchstaben und Buchstabenpaare im Notizbuchtext ließe sich mit einer Lautschrift durchaus in Einklang bringen. Dennis Stallings wendete außerdem ein Verfahren an, mit dem sich in einer unbekannten Sprache Vokale und Konsonanten recht gut unterscheiden lassen. Auch hier stimmte das Ergebnis halbwegs mit dem lautgeschriebenen Englisch überein. Weiter kam Stallings jedoch nicht. Weitere Untersuchungen in diese Richtung verliefen nach seiner Aussage sogar ausgesprochen enttäuschend.

Hampton war Afroamerikaner, weshalb er Kenntnisse eines afrikanischen Dialekts besessen haben könnte – auch wenn sich die wenigsten Amerikaner afrikanischer Herkunft mit den Sprachen ihrer Ahnen beschäftigen. Stallings geht auf seiner Web-Seite ein paar diesbezüglichen Hypothesen nach, findet jedoch keine heiße Spur. Wahrscheinlicher ist ohnehin, dass Hampton nicht von einer afrikanischen, sondern von einer pazifischen Sprache beeinflusst wurde. Immerhin war er im Zweiten Weltkrieg als Soldat auf der Insel Guam im Westpazifik stationiert. Dort wird die Sprache Chamorro gesprochen. Es ist sicherlich denkbar, dass Hampton einige Brocken davon aufschnappte. Doch Stallings konnte die Hampton-Notizen damit nicht in Einklang bringen.

Eine weitere interessante Spur ist der englische Dialekt Gullah, der an der Ostküste der USA gesprochen wird. Gullah entstand im 19. Jahrhundert unter Sklaven, die in Reisplantagen arbeiten mussten, und ist mit zahlreichen Begriffen westafrikanischer Herkunft durchsetzt. Die heute noch etwa 125.000 Gullah-Sprecher sind hauptsächlich dunkelhäutig. Hamptons Geburtsort Elloree in South Carolina liegt nur einige Dutzend Kilometer vom Gullah-Verbreitungsgebiet entfernt. Allerdings fand Stallings kaum Hinweise, die die Gullah-Theorie stützen.

Bisher konnte auch noch niemand die statistischen Eigenschaften des Hampton-Texts mit einer bestimmten Art der Verschlüsselung in Verbindung bringen. Allerdings gibt es in dieser Hinsicht noch einigen Raum für weitere Forschung. Für das Verschlüsseln eines ganzen Notizbuchs dürfte Hampton wohl kaum ein besonders kompliziertes Verfahren gewählt haben – die Chancen für einen versierten Codeknacker stehen also nicht schlecht.

KRYPTOLOGISCHER DADAISMUS?

Sollte sich eine exotische Sprache oder eine knifflige Verschlüsselung als Lösung des Hampton-Notizbuchs entpuppen, dann wäre dies zweifellos eine spannende Sache. Es gibt jedoch noch eine dritte Möglichkeit: Hamptons gesamte Notizen könnten schlichtweg aus Unsinn bestehen. Oder anders ausgedrückt: Vielleicht hat der Künstler neben seinem überwältigenden Kunstwerk auch überwältigenden Nonsens produziert. Wie beim Voynich-Manuskript (Kapitel 1) und dem Codex Rohonci (Kapitel 2) müssen wir also auch bei Hamptons Notizbuch die Unsinnshypothese in Betracht ziehen.

Mögliche Gründe für einen solchen kryptologischen Dadaismus gibt es mehrere. Hampton könnte in seinem Notizbuch Wörter festgehalten haben, die er für göttliche Eingebungen hielt. Ein solches „Reden in Engelszungen" ist in bibeltreuen Kreisen häufig anzutreffen. Dennis Stallings hat sich diese Theorie etwas genauer angeschaut. Dabei stieß er auf eine Arbeit des Schweizer Psychologen Théodore Flournoy (1854–1921) aus dem Jahr 1900. Darin geht es um eine Frau namens Hélène Smith, die – beispielsweise in Hypnose – in einer unbekannten Sprache sprach, die sie für die Sprache der Marsbewohner ausgab. In Wirklichkeit handelte es sich dabei um ein Kauderwelsch, das grammatikalisch Smiths Muttersprache Französisch ähnelte. Es ist denkbar, dass auch Hampton – möglicherweise im Zustand religiöser Trance – seine eigene Sprache produzierte. Notierte er seine Gedanken in einer zur Sprache passenden, ebenfalls selbst ausgedachten Schrift? Durchaus möglich. Gegen diese Vermutung spricht jedoch die Art der von Hampton erstellten Dokumente – beispielsweise ein Bauplan oder die Beschriftung seines Kunstwerks. Die Ergebnisse einer vermeintlich göttlichen Offenbarung stelle ich mir etwas weniger technisch vor.

Sollte Hamptons Notizbuch tatsächlich nur Unsinn enthalten, halte ich diese Engelszungen-Theorie für die einzige plausible

Erklärung. Anders als der Autor des Voynich-Manuskripts hatte Hampton sicherlich nicht vor, sein Notizbuch als vermeintliche Rarität zu verkaufen. Es klingt auch nicht besonders wahrscheinlich, dass der Künstler seiner Nachwelt bewusst ein unlösbares Rätsel hinterlassen wollte. Wie dem auch sei – wenn der Inhalt des Hampton-Notizbuchs keinen Sinn hat, so ist dies nur schwer zu beweisen.

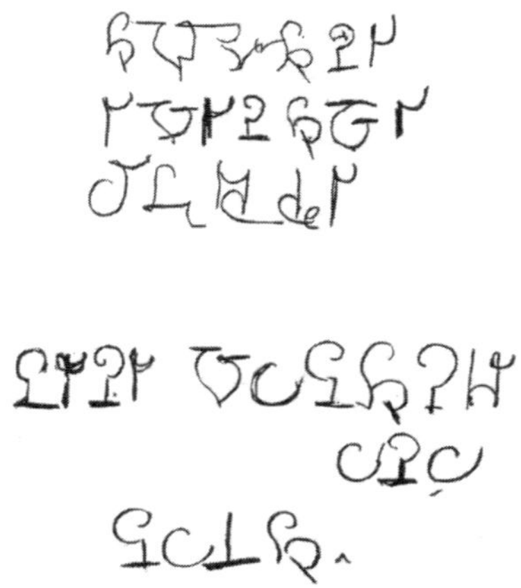

(41) Das Medium Hélène Smith brachte in Hypnose solche Zeilen in einer Phantasieschrift zu Papier. Steckt hinter Hamptons Notizbuch ein ähnliches Phänomen?

Doch egal, was auch dahintersteckt – James Hampton hat mit seinem Notizbuch ein einzigartiges Kryptogramm geschaffen, das bisher noch niemand auch nur annähernd durchdrungen hat. Neben dem Voynich-Manuskript und dem Codex Rohonci ist es das dritte große kryptologische Rätsel in Buchform. Bisher steht es im Schatten anderer Verschlüsselungsrätsel. Ich hoffe, dass dieses Buch dazu beitragen wird, dies zu ändern.

4 Enigma-Funksprüche
Was die Codeknacker des Zweiten Weltkriegs übrig ließen

Der deutsche General Friedrich von Rabenau zählte zu den Mitwissern des Stauffenberg-Attentats auf Adolf Hitler im Juli 1944. Kurz nach dem missglückten Anschlag wurde er verhaftet. Die Spur des Widerstandskämpfers verliert sich im April 1945 im Konzentrationslager Flossenbürg nahe der tschechischen Grenze. Erst im Jahr 2005 gelang es, das weitere Schicksal von Rabenaus zu klären. Des Rätsels Lösung fand sich in einem mit der Verschlüsselungsmaschine Enigma chiffrierten Funkspruch vom 15. April 1945, den die Verschlüsselungsexperten Frode Weierud und Geoff Sullivan knacken konnten. Darin stießen die beiden auf folgende Aussage: „Rabenau auf Marsch nach hier [Flossenbürg] durch amerikanische Tiefflieger Angriff tödlich verletzt." Der Verweis auf die angeblichen amerikanischen Tiefflieger bedeutete damals, dass man eine wichtige Person im Konzentrationslager getötet hatte. Vermutlich wurde Friedrich von Rabenau am Morgen des 15. April 1945 erschossen.

Enigma-Funksprüche aus dem Zweiten Weltkrieg sind auch heute noch eine knifflige Aufgabe für Hobby-Codeknacker. Deren Arbeit ist weit mehr als nur eine Spielerei. Denn ist ein Funkspruch einmal entschlüsselt, ergeben sich häufig interessante Einblicke in die Arbeit der Enigma-Bediener inklusive deren Fehler und Marotten. Und manchmal lassen sich mit Hilfe von dechiffrierten Enigma-Funksprüchen sogar Lücken in der Geschichtsschreibung schließen – der Fall Friedrich von Rabenau ist ein Beispiel dafür. Naturgemäß ist das Knacken von Enigma-Nachrichten heute dank des Computers deutlich einfacher als früher. Trotzdem gibt es nach wie vor ungelöste Funksprüche, die den heutigen Enigma-Dechiffrierern Kopfzerbrechen bereiten. Einige davon werden Sie in diesem Kapitel kennen lernen.

DIE ENIGMA

Die legendäre Enigma, die aussah wie eine Schreibmaschine, war im Zweiten Weltkrieg das wichtigste Verschlüsselungsgerät der Deutschen. Sie wurde in mehreren Zehntausend Exemplaren gebaut und leistete den Funkern von Nordafrika bis Skandinavien und vom Atlantik bis nach Russland wichtige Dienste. Enigmas kamen jedoch nicht nur beim Militär, sondern unter anderem auch im Geheimdienst, bei der Polizei, bei der Bahn und in Konzentrationslagern zum Einsatz. Der Bedarf an Verschlüsselung war enorm in dieser Zeit. Morsefunk, der sich als wichtigstes Kommunikationsmittel durchgesetzt hatte (Sprechfunk war dagegen noch teuer und aufwendig), war für den Feind zu leicht abzuhören. Wichtige Texte wurden daher verschlüsselt, bevor sie über den Äther gingen.

Für das Morsen benötigte man Verschlüsselungsverfahren, die buchstabenweise chiffrierten – im Gegensatz beispielsweise zur Sprachverschlüsselung, die völlig anders funktioniert. Viele einfache Soldaten mussten ihre Mitteilungen mit simplen Papier-und-Bleistift-Verfahren verschlüsseln. Mehrere Hundert dieser Methoden wurden im Zweiten Weltkrieg verwendet. Für die wichtigeren Verschlüsselungsarbeiten kamen dagegen keine manuellen Verfahren, sondern Maschinen zum Einsatz. Mindestens zehn verschiedene Verschlüsselungsmaschinen-Modelle gab es während des Kriegs alleine in Deutschland – darunter die Enigma.

Die Geschichte der Enigma begann mit den Erfahrungenen aus dem Ersten Weltkrieg. Da es damals noch keine praxistauglichen Verschlüsselungsmaschinen gab, mussten alle Soldaten mit Papier und Bleistift chiffrieren. Und das ging oft schief. Praktisch alle Verfahren des Ersten Weltkriegs wurden geknackt, und immer wieder führten Fehler bei der Verschlüsselung dazu, dass der Empfänger eine Nachricht nicht lesen konnte. Manchmal blieb den Beteiligten nichts anderes übrig, als ihre Funksprüche im Klartext zu morsen – oft mit fatalen Folgen. Noch während des Kriegs und vor allem in den Jahren danach machten sich daher mehrere Tüftler unabhängig voneinander Gedanken, wie sich das Verschlüsseln von Botschaften mit Hilfe von Maschinen benutzerfreundlicher und sicherer gestalten ließ. So erlebte die maschinelle Verschlüsselungstechnik in den zwanziger Jahren ihre erste Blüte.

(42) Die Enigma war die wichtigste Verschlüsselungsmaschine der Deutschen im Zweiten Weltkrieg. Sie ist die bekannteste Verschlüsselungsmaschine der Welt.

Erfinder der Enigma war der gebürtige Frankfurter Arthur Scherbius. Er war es auch, der sie nach dem griechischen Wort für Rätsel taufte. Die Enigma arbeitete mit einer Schreibmaschinentastatur (mit den 26 üblichen Buchstaben, ohne Zahlen und Sonderzeichen) und 26 Buchstabenlampen. Drückte man eine Taste, wurde ein Stromkreis geschlossen und eine Buchstabenlampe leuchtete auf. Auf diese Weise wurde der verschlüsselte Buchstabe angezeigt. Wie der Strom von der Tastatur zu den Lampen floss, war von drei radähnlichen Bauteilen (Walzen) abhängig, die man wie ein Kombinationsschloss in unterschiedliche Stellungen bringen konnte. Anders als bei einem Kombinationsschloss waren die Walzen jedoch nicht mit den Zahlen 0 bis 9, sondern 01 bis 26 (in einigen Modellen auch mit den Buchstaben von A bis Z) beschriftet. Die jeweils verwendete Kombination wurde Schlüssel genannt. Nur wenn der Empfänger ebenfalls eine Enigma zur Verfügung hatte und den gleichen Schlüssel einstellte wie der Sender, konnte er die Verschlüsselung rückgängig machen.

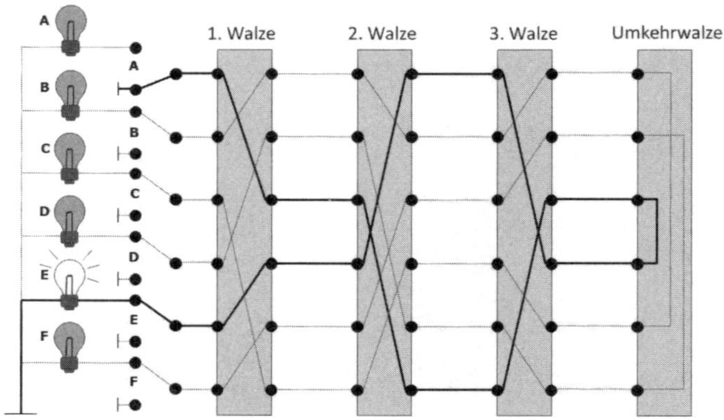

(43) So verschlüsselt die Enigma: Der Bediener schließt per Druck auf eine Buchstabentaste einen Stromkreis. Anschließend fließt der Strom durch drei Walzen, durch die Umkehrwalze und danach wieder zurück. Die Lampe, die nun aufleuchtet, zeigt den verschlüsselten Buchstaben an. Die drei Walzen drehen sich bei der Buchstabeneingabe wie ein Tachometerzähler.

1923 gründete Scherbius eine Firma, um die Enigma zu vermarkten. Der Erfolg war jedoch zunächst bescheiden. Im Militär- und Geheimdienstwesen interessierte sich kaum jemand für das Gerät – schließlich herrschte Frieden –, während Banken und Großunternehmen die hohen Kosten scheuten. Erst nach Scherbius' Tod im Jahr 1929 entschloss sich das deutsche Militär dann doch, die Enigma zu verwenden. Sie gewann beim Verschlüsseln von Morse-Funksprüchen nun schnell an Bedeutung. 1938 verbesserten die deutschen Militärkryptologen die Enigma erstmals, indem sie zwei zusätzliche Walzen einführten. Zwar kamen nach wie vor nur drei gleichzeitig zum Einsatz, doch diese wählte der Funker aus einem Satz von fünf Walzen aus.

Im Zweiten Weltkrieg war die Enigma aus dem militärischen Alltag der deutschen Wehrmacht nicht mehr wegzudenken. Die Zahl der Funksprüche, die die Deutschen mit der Enigma verschlüsselten, dürfte weit über einer Million liegen. Darunter fanden sich neben eher belanglosen Meldungen auch äußerst sensible Nachrichten über Truppenbewegungen, die Standorte von U-Booten oder bevorstehende Bombenangriffe. Für Funker war die Arbeit mit der Enigma Routine. Schon in der Ausbildung wurden sie in der Bedienung des Geräts geschult. Den jeweiligen Schlüssel mussten sie mit Hilfe von Schlüssellisten einstellen, die ihnen ausgehändigt wurden.

(44) Die Tastatur der Enigma entspricht der einer Schreibmaschine. Oberhalb davon finden sich die Buchstabenlampen. Über diesen ist die Abdeckung der drei Walzen zu erkennen.

(45) Aus diesen sieben Enigmawalzen musste der Bediener jeweils drei auswählen und in die Maschine einsetzen.

(46) Über diese gezahnten Räder konnte der Bediener die Walzen in die vereinbarte Position bringen.

(47) Die Enigma M4 arbeitete mit vier Walzen und war dadurch die sicherste Enigma. Die Abdeckung der Walzen und der Buchstabenlampen ist hier aufgeklappt.

Eine besonders wichtige Rolle spielte die Enigma für die U-Boote im Nordatlantik. Für diese war der drahtlose Morsefunk die einzige Möglichkeit, um mit der Heimat Kontakt zu halten. Jedes U-Boot schickte regelmäßig eine Positionsmeldung nach Deutschland, und von dort kamen Anweisungen und Mitteilungen zurück. Es versteht sich von selbst, dass diese Daten verschlüsselt werden mussten. Die Marine stellte daher im Jahr 1942 von der üblichen Drei-Walzen-Enigma auf ein neues Modell mit vier Walzen um (die Enigma M4). Diese gilt bis heute als die sicherste Enigma.

Wie genau die Enigma genutzt wurde, unterschied sich von Einsatzbereich zu Einsatzbereich. In der Regel gab es pro Tag einen Schlüssel (Tagesschlüssel). Dieser wurde jedoch normalerweise nicht direkt zum Verschlüsseln eingesetzt. Stattdessen musste sich jeder Funker für jeden Funkspruch einen neuen Schlüssel ausdenken (Spruchschlüssel). Der Spruchschlüssel wurde mit dem Tagesschlüssel verschlüsselt der Nachricht vorangestellt. Dieses Vorgehen folgt der bis heute in der Kryptologie gültigen Prämisse, dass man wichtiges Schlüsselmaterial nur möglichst selten verwenden sollte.

WIE DIE ENIGMA GEKNACKT WURDE

Die Enigma bedeutete zwar einen großen Fortschritt gegenüber den manuellen Verschlüsselungsverfahren, doch nicht zu knacken war sie bei weitem nicht. Einige der Enigma-Schwachstellen sind selbst für Laien zu erkennen, und es ist erstaunlich, dass die Deutschen sie nicht oder nicht konsequent genug abstellten. Auffällig ist beispielsweise: Die Enigma unterstützt in ihrer einfachsten Version nur 26×26×26 (und damit 17.576) unterschiedliche Schlüssel. Wenn ein Codeknacker die Verdrahtung der Walzen kennt, kann er so lange alle Schlüsselkandidaten durchprobieren, bis er den richtigen findet. Dies ist bei 17.576 Schlüsselkandidaten zwar aufwendig, aber möglich. Benötigt man pro Einstellung eine Minute, dann bewältigen 36 Personen diese Arbeit gemeinsam innerhalb von acht Stunden. Diese Prozedur konnte man bereits vor Aufkommen des Computers mit Hilfe geeigneter Maschinen deutlich beschleunigen. Mit Maschinenunterstützung war es auch möglich, solche Enigma-

Varianten zu knacken, die beispielsweise einen Satz von fünf oder sechs Walzen vorsahen, aus denen jeweils drei ausgewählt werden mussten.

Bereits 1932 gelang es drei polnischen Mathematikern, die Enigma erstmals zu knacken. Sie profitierten davon, dass Arthur Scherbius das Gerät ursprünglich öffentlich angeboten hatte und die Funktionsweise dadurch bekannt war. Über einen Spion erhielten sie zudem Informationen darüber, wie das deutsche Militär die Enigma gegenüber der kommerziellen Version verändert hatte. Es gelang ihnen sogar, mit einer eigens konstruierten Maschine das Durchprobieren der 17.576 Schlüsselkombinationen zu umgehen, was viel Zeit sparte. Über Jahre hinweg konnten die Polen den deutschen Morse-Funkverkehr mitlesen.

(48) In Bletchley Park vor den Toren Londons bauten die Briten im Zweiten Weltkrieg eine riesige Dechiffrierfabrik. Im hier abgebildeten Gutshaus befand sich die Verwaltung.

Als die Deutschen 1938 zwei zusätzliche Walzen einführten, wobei nach wie vor nur drei auf einmal genutzt wurden, stießen die Methoden der drei polnischen Mathematiker an ihre Grenzen. Sie mussten aufgeben, weihten jedoch britische Kollegen ein, und diese wussten die Informationen zu nutzen. In Bletchley Park nahe London ließ die britische Regierung eine ganze Fabrik aus dem Boden stampfen, in der zu Hochzeiten 9.000 Personen ausschließlich am Knacken von Codes arbeiteten. Für die Dechiffrierung der Enigma entwickelte man dort eine Spezialmaschine, die heute meist als Turing-Bombe bezeichnet wird.[9] Sie ist nach

[9] Korrekter wäre der Begriff „Turing-Welchman-Bombe", da auch Gordon Welchman (1906–1985) an der Entwicklung beteiligt war. Die Bezeichnung „Bombe" ist in jedem Fall irreführend, da es sich schließlich um keine Waffe handelt.

dem Mathematiker Alan Turing benannt, der eine wesentliche Rolle bei ihrer Entwicklung spielte.

(49) Mit dieser als Turing-Bombe bezeichneten Maschine knackten die Briten mit großem Erfolg Enigma-Funksprüche.

Die Funktionsweise der Turing-Bombe war im Kern recht einfach. Jede Maschine dieses Typs hatte 108 Enigma-Walzen eingebaut und konnte damit 36 Enigmas simulieren. Jede simulierte Enigma probierte automatisch jeden der 17.576 möglichen Schlüssel durch und überprüfte mit einer elektrischen Schaltung, ob es der richtige war. Da die Deutschen inzwischen in den meisten Fällen mit Sätzen von fünf oder mehr Walzen pro Gerät arbeiteten (von denen jeweils drei gleichzeitig in Betrieb waren), konnten die Briten bei Bedarf pro Turing-Bombe 36 verschiedene Walzenauswahlen prüfen. Bis zum Kriegsende wurden in Bletchley Park mehr als 210 Exemplare der Turing-Bombe in Betrieb genommen. Die Prüfung, ob der richtige Schlüssel gefunden war, erfolgte mit Hilfe von Wörtern oder Wortfolgen, die die britischen Dechiffrierer in der jeweiligen Nachricht vermuteten (war eine solche Vermutung falsch, dann funktionierte es nicht). Eine solche vermutete Wortfolge wird auch Crib genannt.

Die Briten profitierten beim Dechiffrieren von zahlreichen Fehlern, die den Deutschen im Umgang mit der Enigma unterliefen. Diese verwendeten beispielsweise häufig stereotype Formulierungen wie OBERKOMMANDODERWEHRMACHT, was den Briten die benötigten Cribs lieferte. So ermittelten die Briten den Tagesschlüssel des D-Day (des Tags der Landung der Alliierten in der Normandie) bereits zwei Stunden nach Mitternacht mit Hilfe des Cribs WETTERVORHERSAGEBISKAYA, der am Golf von Biskaya über den Äther gegangen war. Außerdem wählten die Funker häufig schlechte Spruchschlüssel wie ABC oder AAA. Diese konnten die Briten oft erraten, ohne die Turing-Bomben zu bemühen.

Zu den größten Sorgen der Briten gehörte, dass die Deutschen von ihren Dechiffriererfolgen erfahren könnten. Schon ein entsprechendes Gerücht hätte die deutschen Kryptologen vermutlich dazu veranlasst, ihre Enigmas zu verbessern oder auf andere Verfahren umzustellen. Aus diesem Grund galt in Bletchley Park strengste Geheimhaltung. „Wer redet, wird erschossen", hieß die Devise, wie mir einige Bletchley-Park-Veteranen erzählten, die ich 2009 bei einer Gedenkveranstaltung traf. Die meisten Mitarbeiter der Dechiffrierfabrik wussten nicht oder nur vage, welchen Zweck ihre Arbeit überhaupt hatte. Neben Premierminister Winston Churchill waren nur einige wenige hochrangige Politiker und Offiziere überhaupt in die Vorgänge in der Dechiffrierfabrik eingeweiht. Selbst dieser erlauchte Kreis bekam jedoch keine Original-Funksprüche zu Gesicht, sondern lediglich in Bletchley Park erstellte Zusammenfassungen.

Mit der Zeit bekamen die Briten zwar die Drei-Walzen-Enigma recht gut in den Griff. Doch sie stießen auf große Probleme, als die deutsche Marine 1942 auf die Vier-Walzen-Enigma umstellte. Mit dieser waren die Turing-Bomben überfordert. Zwischen Februar und Dezember 1942 konnten die Briten daher so gut wie keine U-Boot-Nachrichten dechiffrieren. Diese Zeitspanne wird auch als Black-out-Phase bezeichnet. Erst als der britische Zerstörer HMS Petard im Mittelmeer das deutsche U-Boot U 559 aufbrachte und dort Schlüsselunterlagen erbeutete, konnten die Experten in Bletchley Park die Black-out-Phase beenden. Nun kamen den Briten auch die Amerikaner zu Hilfe. Diese betrieben ab April 1943 eine Hochgeschwindigkeitsvariante der Turing-Bombe, die speziell gegen die M4 gerichtet war. 121 Exemplare davon wurden gebaut. Diese Geräte werden nach ihrem Chefkonstrukteur Joseph Desch auch als Desch-Bomben bezeichnet.

(50) Die Desch-Bombe ist die US-amerikanische Weiterentwicklung der Turing-Bombe. Sie war auf das Lösen der Vier-Walzen-Enigma ausgerichtet.

Die Vorteile, die die Alliierten aus der Dechiffrierung der Enigma zogen, waren enorm. Im Atlantik konnten sie ganze Schiffskonvois an den deutschen U-Booten vorbeilotsen und ihrerseits Jagd auf diese machen. Dies sicherte die Versorgung Großbritanniens, das ansonsten in ernsthafte Schwierigkeiten geraten wäre. In Nordafrika und bei der Landung in der Normandie wussten die Alliierten genau, wie sie den Deutschen ausweichen konnten und wann sich Angriffe lohnten. Dabei ist noch längst nicht vollständig erforscht, welche weiteren Schlüsse die Briten und Amerikaner aus den dechiffrierten Nachrichten zogen und welche Konsequenzen das hatte. Sicher ist jedoch: Ohne die Entzifferung der Enigma hätte der Zweite Weltkrieg länger gedauert, und vielleicht wäre die erste Atombombe dann auf Deutschland gefallen.

DIE ENIGMA NACH DEM KRIEG

Mit Ende des Kriegs endete in Deutschland die Ära der Enigma. Da die Soldaten die Anweisung hatten, die Geräte nicht in Feindeshand gelangen zu lassen,[10] wurden die meisten Exemplare zerstört. Ein Zeitzeuge erzählte mir beispielsweise, er habe seine Enigma kurz vor Kriegsende mit dem Hammer bearbeitet und anschließend in den Sumpf geworfen. Ein anderer berichtete, wie er auch nach dem 8. Mai 1945 noch eine Weile mit der Enigma verschlüsselte, um sich mit seinen Kameraden auf einen sicheren Weg von Ungarn in die britische Besatzungszone zu verständigen. Als er das geschafft hatte, zerschlug auch er das Gerät mit einem Hammer. Für die vergleichsweise wenigen Enigma-Exemplare, die das Kriegsende überstanden, interessierte sich zunächst kaum jemand.

Als in der Bundesrepublik Anfang der fünfziger Jahre wieder Kryptologie betrieben wurde, spielte die Enigma keine Rolle mehr. Die Spezialisten der Zentralstelle für das Chiffrierwesen in Bonn setzten auf andere Technik – obwohl zu diesem Zeitpunkt noch niemand etwas von Bletchley Park wusste. Auch das Zentrale Chiffrierorgan in Ost-Berlin wandte sich anderen Maschinentypen zu. Nur die Polizei in der DDR arbeitete noch bis Anfang der fünfziger Jahre mit der Enigma. Andere Verschlüsselungsmaschinen, die wie die Enigma mit verdrahteten Walzen arbeiteten, wurden noch bis in die Sechziger gebaut (beispielsweise die KL-7, die in Abbildung 51 zu sehen ist). Allerdings hatten diese Geräte meist acht oder zehn Walzen und waren mit einigen anderen Verbesserungen ausgestattet. Viele dieser Verschlüsselungsmaschinen sind selbst nach heutigen Maßstäben sicher.

Auch in Bletchley Park bedeutete das Ende des Kriegs eine Zäsur. Fast alle Angestellten wurden in ihr ziviles Leben entlassen. Die Turing-Bomben wurden demontiert, ihre Bauteile wiederverwertet. Zum Leidwesen heutiger Enigma-Forscher ließ Winston Churchill nahezu alles schriftliche Material vernichten. Die Briten verkauften einige erbeutete Enigma-Exemplare an Entwicklungsländer, natürlich ohne auf die Sicherheitsmängel

[10] Schriftliche Verschlüsselungsunterlagen mussten zur Not aufgegessen werden. Die Funker übten sogar, Papier zu kauen.

der Maschine hinzuweisen. Nach wie vor galt für alle Bletchley-Park-Veteranen das Gebot der Geheimhaltung. Die Drohung, Geheimnisverräter zu erschießen, wurde nicht aufgehoben.

(51) Die KL-7 funktionierte ähnlich wie die Enigma. Mit acht gleichzeitig eingesetzten Walzen, die sich in unregelmäßiger Form weiterschalteten, war sie jedoch erheblich sicherer. Sie wurde zwischen 1952 und 1983 in der NATO eingesetzt.

In Washington, wo die Desch-Bomben liefen, ging der Betrieb nach Kriegsende in kleinerem Maßstab noch zehn Jahre weiter. Die US-Amerikaner nutzten die Geräte, um den Polizei-Funkverkehr der DDR zu dechiffrieren, wo noch einige Enigmas im Einsatz waren. Allerdings stellte die DDR-Polizei Anfang der fünfziger Jahre auf andere Geräte um, und so fand 1955 der letzte produktive Einsatz einer Desch-Bombe statt. Von den 121 gebauten Exemplaren hat vermutlich nur eines überlebt. Es steht heute im NSA Cryptologic Museum in der Nähe von Baltimore und wird regelmäßig für Besucher in Gang gesetzt. Wo die schriftlichen Unterlagen aus Dayton und Washington verblieben sind, ist nicht bekannt.

Ende der sechziger Jahre kursierten erstmals Gerüchte, wonach die Briten die Enigma im Zweiten Weltkrieg geknackt hatten. 1974 kam schließlich durch ein Buch des Bletchley-Park-Veteranen Frederik Winterbotham („The Ultra Secret") das ganze Ausmaß ans Licht. Die erstaunte Öffentlichkeit erfuhr nun, dass die Briten praktisch den gesamten Enigma-Funkverkehr des Heeres und der Luftwaffe sowie große Teile des Marine-Funkverkehrs dechiffriert hatten. Bei der Zentralstelle für das Chiffrierwesen in Bonn, die für die Verschlüsselungstechnik der Bundesrepublik zuständig war, war das Entsetzen groß. Bei der Behörde waren zahlreiche Kryptologen des Zweiten Weltkriegs beschäftigt, die nun eingestehen mussten, die Sicherheit der Enigma deutlich überschätzt zu haben. Von den Vorgängen in Washington, wo die Desch-Bomben betrieben wurden, wusste man vorläufig noch nichts. Ihre Geschichte wurde erst in den achtziger Jahren öffentlich.

Je mehr über die Enigma bekannt wurde, desto mehr Menschen waren von der Maschine fasziniert. Erstmals wurde einer breiten Öffentlichkeit bewusst, was für eine schicksalhafte Rolle die Kryptologie spielen konnte. Das Verschlüsseln und Codeknacken, das viele allenfalls als Spielerei aus Kindertagen kannten, entpuppte sich als eine Angelegenheit, die über Leben und Tod entschied. Viele wunderten sich über die unglaublichen Fehler, die die Deutschen im Zusammenhang mit der Enigma gemacht hatten, und staunten über die genialen Lösungsmethoden der Briten. Die Technikgeschichte war um ein faszinierendes Kapitel reicher.

Ein Ende des Enigma-Booms, der nach Bekanntwerden der Vorgänge in Bletchley Park einsetzte, ist bis heute nicht in Sicht. Historiker wie der US-Amerikaner David Kahn und zahlreiche Hobbyforscher förderten immer neue Erkenntnisse ans Licht. Sammler und Museen interessierten sich zunehmend für Original-Enigmas, die bis dahin kaum jemand beachtet hatte. Oft wurden sie fündig: Obwohl die deutschen Soldaten bei Kriegsende zahlreiche Exemplare eigenhändig zerstörten, haben vermutlich über 1.000 Geräte den Krieg überlebt. Im Deutschen Museum in München, im Heinz Nixdorf MuseumsForum in Paderborn und an vielen anderen Orten kann man heute Enigmas besichtigen. Die Preise für Originalgeräte haben längst schwindelerregende Höhen erreicht. Eine Enigma kostete noch um das Jahr 2000 etwa 30.000 Euro. Inzwischen werden bereits Summen von über 70.000 Euro verlangt.

Wer keine Enigma besitzt, aber trotzdem damit verschlüsseln will, findet im Internet eine beachtliche Auswahl an Computersimulationen. Die anspruchsvolleren bieten die Möglichkeit, jede beliebige Originalwalze zu konfigurieren. Auf diese Weise lässt sich – sofern man den Schlüssel kennt – nahezu jeder Originalfunkspruch aus dem Zweiten Weltkrieg entschlüsseln. Wem eine Software nicht reicht, der kann mehrere Enigma-Modelle und Nachbauten käuflich erwerben. Die originalgetreusten Enigmakopien stammen von dem Stuttgarter Klaus Kopacz, der sicherlich nicht übertrieb, als er mir verriet: „Meine Maschinen entsprechen genauer dem Original als viele Originalgeräte, die schlecht restauriert bei Sammlern oder in Museen stehen." Wer eines von Kopacz' mechanischen Wunderwerken erstehen will, muss dafür allerdings einen fünfstelligen Betrag auf den Tisch blättern.

Längst gibt es zur Enigma so viel Literatur, dass eine Einzelperson kaum noch alles lesen kann. Der Kryptohistoriker David Kahn schuf mit „Seizing the Enigma" ein Standardwerk, dem zahlreiche weitere Enigma-Bücher folgten. Der (hervorragende) deutschsprachige Wikipedia-Eintrag zur Enigma füllt fast 50 DIN-A4-Seiten. Auch in meinem eigenen Buch „Codeknacker gegen Codemacher" gibt es ein Kapitel zum Thema. Interessant zu lesen sind zudem diverse Doktorarbeiten – beispielsweise „Mythos Enigma: Die Chiffriermaschine als Sammler- und Medienobjekt" des Schweizers Dominik Landwehr. Darin geht es weniger um die Maschine selbst als um die Menschen, die sich damit beschäftigen. Die Enigma-Begeisterung ist inzwischen bis nach Hollywood vorgedrungen: Neben „Enigma" mit Kate Winslet hat auch der U-Boot-Film „U-571" einen Bezug zur berühmten Verschlüsselungsmaschine.

AUF DER JAGD NACH ENIGMA-NACHRICHTEN

Unter den vielen Enigma-Enthusiasten finden sich auch einige, die sich speziell für Enigma-verschlüsselte Originalfunksprüche interessieren. Diese mussten sich jedoch zunächst mit einem nicht ganz unerheblichen Problem herumschlagen: Enigma-Funksprüche gab es lange Zeit keine. Auf den ersten Blick erscheint dies absurd, denn schließlich gingen im Laufe des Zweiten Weltkriegs über eine Million Enigma-verschlüsselte Mitteilungen über den Äther, und die meisten davon wurden sowohl vom Sender als auch vom Empfänger aufgeschrieben. Da die Alliierten häufig mithörten, landeten viele der Funksprüche zusätzlich in Bletchley Park und in Washington. Meist gelang es den dortigen Dechiffrierern, den Klartext zu ermitteln, wodurch sich im Laufe der Zeit eine riesige Sammlung von verschlüsselten Funksprüchen mit zugehörigem Klartext anhäufte.

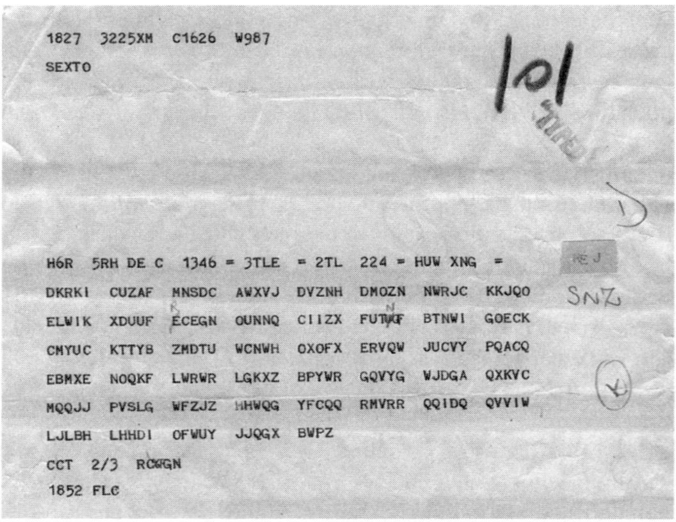
1827 3225XM C1626 W987
SEXTO

H6R 5RH DE C 1346 = 3TLE = 2TL 224 = HUW XNG =
DKRKI CUZAF MNSDC AWXVJ DVZNH DMOZN NWRJC KKJQO
ELWIK XDUUF ECEGN OUNNQ CIIZX FUTWF BTNWI GOECK
CMYUC KTTYB ZMDTU WCNWH OXOFX ERVQW JUCVY PQACQ
EBMXE NOQKF LWRWR LGKXZ BPYWR GQVYG WJDGA QXKVC
MQQJJ PVSLG WFZJZ MHWQG YFCQQ RMVRR QQIDQ QVVIW
LJLBH LHHDI OFWUY JJQGX BWPZ
CCT 2/3 RCWGN
1852 FLC

(52) Dieser Aufschrieb eines Enigma-Funkspruchs stammt aus Bletchley Park. Leider ist nur ein Bruchteil der zahlreichen Enigma-Originalfunksprüche erhalten geblieben.

Doch leider ist von diesem Reichtum an Enigma-Originalfunksprüchen nicht viel übrig geblieben. Die Gründe dafür liegen auf der Hand. So hatten die deutschen Funker die Anweisung, ihre Notizen nach Gebrauch zu vernichten. Die Dechiffrierer in Bletchley Park archivierten die bearbeiteten Funksprüche zwar, doch ließ der britische Premier Winston Churchill nach Ende des Kriegs nahezu alles Material einstampfen. Auch die Amerikaner taten uns nicht den Gefallen, die von ihnen dechiffrierten Enigma-Funksprüche für die Nachwelt aufzubewahren (zumindest haben sie bisher keine solchen veröffentlicht).

Noch Mitte der neunziger Jahre hatten Enigma-Forscher aus den genannten Gründen so gut wie gar keine Original-Funksprüche zur Verfügung, die sie analysieren konnten. Ihnen standen lediglich die zusammenfassenden Berichte zur Verfügung, die die Experten in Bletchley Park erstellt und an die eingeweihten Offiziere und Politiker geschickt hatten. 500.000 solcher Berichte finden sich in einem Archiv in London, was wohl einer vollständigen Überlieferung entsprechen dürfte. Leider sind diese Berichte für die heutigen Enigma-Codeknacker nahezu wertlos. Es handelt sich dabei um Zusammenfassungen von Übersetzungen von Dechiffrierungen – verschlüsselte Funksprüche sind dagegen keine dabei. Eine weitere mögliche Quelle sind die Logbücher deutscher Kriegsschiffe, doch auch dort findet man jeweils nur den Klartext.

Erst in den letzten 15 Jahren wurden einige Original-Funksprüche aufgespürt, an denen sich Codeknacker seitdem versuchen können. Ein wichtiges theoretisches Fundament dafür lieferte der in diesem Buch mehrfach erwähnte Krypto-Experte James Gillogly. 1995 beschrieb er in einem Artikel in der Fachzeitschrift Cryptologia ein von ihm entwickeltes Verfahren zum Dechiffrieren von Enigma-Nachrichten. Es ist zwar deutlich aufwendiger als die Turing-Bomben der Briten im Zweiten Weltkrieg, doch dafür ist es auch erheblich wirkungsvoller. Mit Hilfe eines Computers ist es recht einfach auszuführen. Wie die Turing-Bombe sieht auch die Gillogly-Methode vor, so lange alle denkbaren Enigma-Einstellungen nacheinander durchzuprobieren, bis die richtige gefunden ist (die Verdrahtung der Walzen muss bekannt sein). Doch während die Briten stets ein paar Wörter des Klartexts kennen oder erraten mussten, um die jeweilige Einstellung zu prüfen, erreicht die Gillogly-Methode dasselbe mit Hilfe einer statistischen Untersuchung. Diese Methode funktioniert also ohne Cribs. Allerdings erfordert sie, dass die zu dechiffrierende Nachricht etwa 300 Buchstaben oder mehr umfasst, da sonst die Statistiken kein eindeutiges Ergebnis liefern.

James Gillogly hatte 1995 noch keinen Original-Enigma-Funkspruch zur Verfügung, an dem er seine Methode ausprobieren konnte. Er erstellte daher eine aus 647 Buchstaben bestehende fiktive Nachricht, die er aus einigen echten, unverschlüsselten Original-Nachrichten zusammensetzte und mit einer Original-Enigma verschlüsselte. Auf das Ergebnis wendete er sein eigenes Dechiffrier-Verfahren an. Es funktionierte. Damit war bewiesen, dass Gilloglys Methode ihren Zweck erfüllte. Allerdings stand die

Bewährungsprobe an einem echten Enigma-Funkspruch noch aus.

In einer der folgenden Ausgaben der Cryptologia verwies der Enigma-Experte Ralph Erskine darauf, dass die Gillogly-Methode viele Original-Enigma-Funksprüche nicht knacken könnte, da sie zu kurz waren. In der deutschen Marine galt im Zweiten Weltkrieg eine Sicherheitsvorschrift, wonach eine Enigma-Nachricht maximal 320 Buchstaben lang sein durfte. Im Heer und in der Luftwaffe lag die Grenze bei 250 Buchstaben. Die 300 für die Gillogly-Methode notwendigen Buchstaben gab es daher nur in Ausnahmefällen.

Erskine gab außerdem drei originale Enigma-Funksprüche an, die von einem deutschen U-Boot stammten – die ersten Enigma-Original-Funksprüche, die in der Literatur auftauchten. Allerdings handelte es sich bei ihnen um ausgesprochen harte Brocken. Sie wurden mit der besonders sicheren Vier-Walzen-Enigma M4 der Marine verschlüsselt, während sich Gilloglys Ausführungen auf eine Drei-Walzen-Enigma bezogen hatten. Zudem umfassten die drei Nachrichten jeweils etwa 220 Zeichen, was für die Gillogly-Methode zu kurz war. Daher fand sich zunächst niemand, der sich ernsthaft an den drei Funksprüchen versuchte.

DAS PROJEKT „BREAKING GERMAN WEHRMACHT CIPHERS"

Im Februar 2001 gelang den beiden anfangs erwähnten Enigma-Forschern Frode Weierud und Geoff Sullivan ein interessanter Fund: Unter der Mitwirkung von Michael van der Meulen – einem weiteren renommierten Enigma-Kenner – stießen sie im Nachlass eines Weltkriegsveteranen auf etwa 800 verschlüsselte Nachrichten, die auf deutschen Formularen aus dem Zweiten Weltkrieg notiert waren und bei denen es sich daher wahrscheinlich um Enigma-Funksprüche handelte. Offensichtlich hatten einige deutsche Funker diese Funksprüche vor dem Versenden oder beim Empfangen aufgeschrieben und die Zettel entgegen der üblichen Praxis aufbewahrt.

Frode Weierud hatte sich zu diesem Zeitpunkt längst einen Namen in der Enigma-Szene gemacht. Der Norweger, der in

Genf lebt und als Software-Entwickler am dortigen Kernforschungszentrum CERN arbeitet, beschäftigt sich schon seit den siebziger Jahren in seiner Freizeit mit der Enigma und deren Geschichte. Nicht nur auf Grund zahlreicher Veröffentlichungen zählt er zu den bedeutendsten Enigma-Experten überhaupt. Ich bin ihm in den letzten zehn Jahren mehrmals begegnet, auch anlässlich der Recherche für dieses Kapitel tauschte ich mich ausführlich mit ihm aus.

(53) Der Norweger Frode Weierud hat zusammen mit seinem Partner Geoff Sullivan bereits mehrere Hundert Enigma-Originalfunksprüche geknackt.

2002 begannen Weierud und Sullivan mit der Dechiffrierung der 800 aufgefundenen Nachrichten und riefen dazu das Projekt „Breaking German Wehrmacht Ciphers“ ins Leben. Zunächst katalogisierten sie die Nachrichten, was recht einfach war, da auf jedem Formular eine handschriftlich notierte Nummer stand. Auch das jeweilige Sendedatum inklusive Uhrzeit war eingetragen. Die Nachrichten stammten aus dem Jahr 1941 (zwischen Juni und Oktober) sowie aus dem April 1945. Die Formulare der beiden Zeitabschnitte unterschieden sich: Diejenigen von 1941 waren in Frakturschrift gedruckt, während die Vordrucke von 1945 in der moderner aussehenden lateinischen Schrift abgefasst waren. Beide Formulare enthielten eine Spalte „Ort“, die jedoch keine Einträge enthielt. Als Absender und Empfänger waren wenig aussagekräftige Bezeichnungen wie „Ib“ oder „L6 AK“ eingetragen. „Wir wussten zunächst überhaupt nicht, wie wir die Funksprüche einordnen konnten“, berichtete mir Frode Weierud. „Zu diesem Zeitpunkt war noch nicht einmal klar, ob es sich überhaupt um Enigma-Verschlüsselungen handelte.“

Weierud und Sullivan fertigten nun Transkriptionen der Funksprüche an. Mit anderen Worten: Sie tippten die Nachrichten ab, um eine für den Computer verarbeitbare Form zu erhalten: „Das war eine langwierige und zähe Angelegenheit. Zum einen lagen uns die ausgefüllten Formulare nur als undeutliche Kopien vor, und zum anderen schrieben die Funker nicht immer leserlich. Immerhin verwendeten alle von ihnen ausschließlich Kleinbuchstaben, die sie auf halbwegs einheitliche Weise niederschrieben – vermutlich hatte man ihnen dies in der Ausbildung so beigebracht.“

Eine erste statistische Untersuchung der transkribierten Funksprüche ergab, dass die meisten tatsächlich mit der Enigma verschlüsselt worden waren. Einige weitere Sprüche waren wahrscheinlich mit dem so genannten Doppelkasten erstellt, einem damals üblichen manuellen Verschlüsselungsverfahren. Beim Knacken der Enigma-Nachrichten setzten Weierud und Sullivan auf das Verfahren von James Gillogly. Allerdings setzt dieses voraus, dass die Verdrahtung der Walzen bekannt ist. Diese zu ermitteln ist heute oft nicht besonders schwierig, da man den genauen Aufbau aller wichtigen Enigma-Varianten in der Literatur nachlesen kann. Die beiden Enigma-Forscher hatten jedoch keine Ahnung, mit welcher Enigma-Variante sie es zu tun hatten. „Uns blieb nichts anderes übrig als zu raten“, berichtete Frode Weierud. „Unsere Vermutung war, dass es sich um eine Heer-Enigma[11] handelte. Dies war zum einen die mit Abstand am häufigsten eingesetzte Enigma, und zum anderen wussten wir, dass entsprechende Formulare im Heer genutzt worden waren.“

Weierud und Sullivan schrieben ein Computer-Programm, das das Gillogly-Verfahren umsetzte – und stellten fest, dass sie es tatsächlich mit einer Heer-Enigma zu tun hatten. Die Gillogly-Methode funktionierte aber nur schlecht, da die untersuchten Nachrichten zu kurz waren. Weierud und Sullivan gelang es jedoch, das Verfahren zu verbessern, indem sie die statistischen Prüfungen verfeinerten, mit denen die Richtigkeit eines Schlüs-

---

11 Das Heer, die Luftwaffe und die Marine nutzten jeweils eigene Enigma-Varianten.

sels getestet wurde. Auf diese Weise konnten sie auch Funksprüche von deutlich weniger als 250 Buchstaben knacken. Im Dezember 2003 starteten sie den ersten Programmlauf.

BARBAROSSA-FUNKSPRÜCHE

Weierud und Sullivan kümmerten sich zunächst um die Nachrichten von 1941. Sie fingen mit den ältesten der 500 Funksprüche an und arbeiteten sich zu den neueren vor. Ihr Computer-Programm versuchte sich stets an mehreren Geheimtexten gleichzeitig. Der erste Funkspruch, den die beiden dechiffrieren konnten, stammte vom 13. Juli 1941. Er lautete in entschlüsselter Form:

```
FHPQX AN X PANZ X GRUPPE X VIER X SIEGFRIED SIEG-
FRIED TONI X DIV X STEHT SEIT X EINS ZWO X SIEBEN
X EINS EINS NULL NULL X UHR MIT ANFAENGEN AM UNTER-
KUNFTSRAUM X KANN NIQT EINFLIESZEN X DA X DRITTE X
INF X DIV X UND X AQTE X PANZ X DIV X BLOQIEREN UND
RAUM BELEGT HALTE X DIV X KDR X
```

Schnell gelangen Weierud und Sullivan weitere Dechiffrierungen. Dabei zeigte sich: Die Nachrichten aus dem Jahr 1941 hatten alle mit dem Unternehmen Barbarossa zu tun, dem Feldzug Hitlers gegen die Sowjetunion. Die in den Sprüchen erwähnten Armeeeinheiten gehörten zur damals neu formierten Heeresgruppe Nord, die in Russland operierte. Da das Unternehmen Barbarossa im Juni 1941 begann, bezogen sich die Funksprüche auf Ereignisse in der Anfangsphase dieses Feldzugs.

Wenn Weierud und Sullivan mit der Gillogly-Methode nicht weiterkamen, griffen sie auf den Trick der Bletchley-Park-Leute zurück: Sie versuchten, Wörter zu erraten, die im Klartext vorkamen (Cribs). Das war nicht besonders schwierig, denn in den bis dahin dechiffrierten Nachrichten fanden sich viele stereotype Buchstabenfolgen. Beispielsweise unterzeichnete das Armeekommando Ib seine Funksprüche stets mit XROEMEINSBERTA.[12] Als hilfreich erwies sich auch SS-Obersturmbannführer Friedrich Hartjenstein, dessen Nachname häufig in den Funk-

[12] Das X steht für ein Leerzeichen, der Rest für „Römisch Eins Berta".

sprüchen auftauchte, beispielsweise in der Form XGEZXHARTJENSTEINXHAUPTSTUFX („gez“ bedeutet hierbei „gezeichnet“).

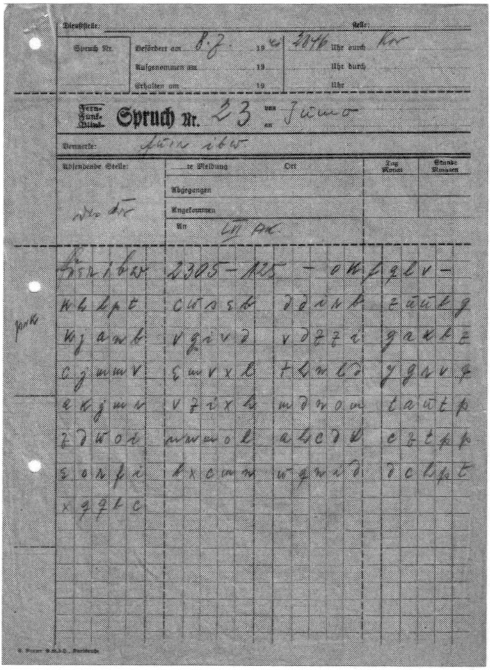
Dienststelle:
Spruch Nr.
Befördert am ... 19 ... Uhr durch
Aufgenommen am ... 19 ... Uhr durch
Erhalten am ... 19 ... Uhr
Fern- Funk- Blink- Spruch Nr. 23 von Juno an
Vermerke:
Absendende Stelle:
Meldung
Ort
Tag Monat
Stunde Minuten
Abgegangen
Angekommen
An

(54) Dieser Enigma-Funkspruch stammt aus der Anfangsphase des Unternehmens Barbarossa. Er ist auf den 8. Juli 1941 datiert.

Bis Mitte 2011 hatten Weierud und Sullivan etwa 340 der 500 Barbarossa-Nachrichten entziffert. Die Inhalte betrafen hauptsächlich die Verwaltung und die Logistik einiger Teile der Heeresgruppe Nord. Die Marschrouten der jeweiligen Einheiten lassen sich mit den Nachrichten gut verfolgen, zumal viele Ortsnamen genannt werden. Die Inhalte sind wohl nur für detailverliebte Historiker von Belang. Interessanter war es laut Frode Weierud dagegen, die Arbeitsweisen der Funker zu betrachten. „Da deren Namen auf den Formularen standen, ließen sich ihre Gewohnheiten gut untersuchen“, berichtet er. „So gab es einen Funker namens Krüger und einen namens Beyer. Ersterer verwendete auffällig oft KRU als Spruchschlüssel, Letzterer häufig BEY." Die Arbeit von Weierud und Sullivan bestätigte also, was es in vielen Quellen nachzulesen gibt: Die Enigma-Bediener waren oft leichtsinnig, was den Briten das Dechiffrieren erleichterte.

Unter den Funksprüchen vom September 1941 stießen Weierud und Sullivan auf fünf, die sich von den restlichen unterschieden. Die Namen der Funker auf den Formularen tauchten sonst nirgends auf, für die angegebenen Funkfrequenzen galt das Gleiche. Das Computerprogramm von Weierud und Sullivan lieferte für diese fünf Sprüche keine brauchbaren Ergebnisse. Die Untersuchungen deuteten darauf hin, dass es sich um Nachrichten handelte, die mit einem anderen Enigma-Typ mit anderen Walzen verschlüsselt wurden. Bisher ist völlig unklar, wie diese Funksprüche zu dechiffrieren sind.

DIE FUNKSPRÜCHE AUS DEM KZ FLOSSENBÜRG

Nach den Erfolgen beim Dechiffrieren der Nachrichten von 1941 machten sich Weierud und Sullivan an die zweite Tranche. Die Nachrichten von 1945 waren einfacher zu lösen als die zuerst untersuchten. Mit der verbesserten Gillogly-Methode gelang es den beiden Enigma-Forschern, alle 320 Funksprüche zu knacken. Wie sich zeigte, stammten sie aus der Funkstation des Konzentrationslagers Flossenbürg. Sowohl ausgehende als auch eingehende Nachrichten fanden sich darunter. Die meisten betrafen die Kommunikation mit der Inspektion der Konzentrationslager (IKL) in Oranienburg bei Berlin. Da das Konzentrationslager Flossenbürg am 23. April 1945 befreit wurde und die überlieferten Funksprüche aus der Zeit zwischen dem 1. und 15. April 1945 stammen, gehören sie zu den letzten, die in diesem Konzentrationslager verschickt und empfangen wurden.

Zu den interessantesten Flossenbürg-Nachrichten, die Weierud und Sullivan dechiffrierten, gehörte die anf[illegible] Meldung des Todes von Friedrich von Rabenau. [illegible] ren Funksprüchen geht es um die französisc[illegible] kämpferin Simone Michel-Lévy. Diese hatte zuv[illegible] Rolle in der Résistance, der französischen Wi[illegible] gung während des Zweiten Weltkriegs, gespielt. Michel-Lévy hatte bei der französischen Post- und Telekommunikationsbehörde gearbeitet und diese Stellung genutzt, um einen effektiven Nachrichtenaustausch innerhalb der Résistance zu ermöglichen – eine lebensgefährliche Nebentätigkeit. Am 5. November 1943 wurde sie verraten und verhaftet. Über mehrere Stationen landete sie im Konzentrationslager Holleischen, wo sie Zwangsarbeit verrichten musste. Nach einem Sabotageakt wurde sie am 10. April 1945 ins nahe gelegene Flossenbürg verlegt und dort gehängt. Als Todesdatum geben Unterlagen aus dem Konzentrationslager den 13. April an.

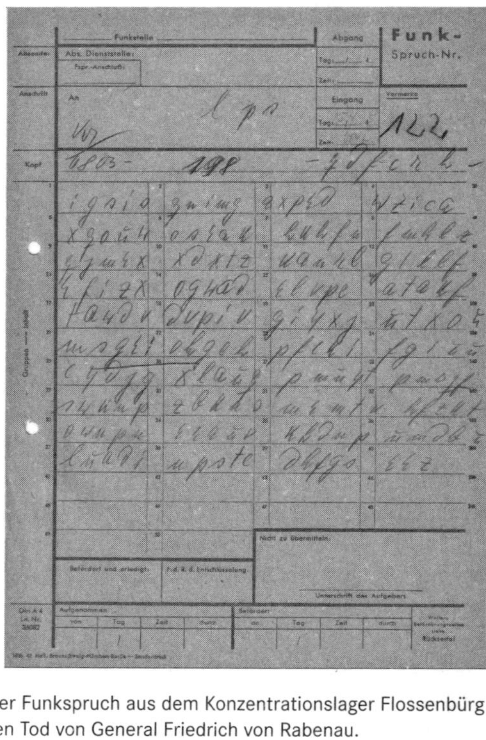

(55) Dieser Funkspruch aus dem Konzentrationslager Flossenbürg vermeldete den Tod von General Friedrich von Rabenau.

Die Arbeit von Weierud und Sullivan ergab: Am 5. April 1945 befahl ein chiffrierter Funkspruch die Hinrichtung von Simone ichel-Lévy und zwei weiteren weiblichen französischen Gefangenen; am 15. April bestätigte eine Antwort die Ausführung des Befehls. Am 23. April – also nur zehn Tage nach dem Tod der drei Frauen – erreichte die US-Armee das Konzentrationslager Flossenbürg und befreite die überlebenden Gefangenen.

Eine weitere interessante Nachricht, die Weierud und Sullivan dechiffrieren konnten, stammte vom 9. April 1945. Sie war vom Lagerkommandanten Max Koegel unterzeichnet, ging an das Reichssicherheitshauptamt (RSHA) in Prag und hatte folgenden Wortlaut:

```
Mit Bitte an RSHA Prag. Geheim.
Betreff: Graf Gottfried von Bismarck-Schönhausen.
Bezug: Dort Fernschreiben Nr. 117001 von 2.4.45.
Obengenannter wurde am 11.12.44 durch den Krimi-
nalsekretär Vogt des RSHA nach Fürstenberg über-
stellt.
Koegel
```

Der in diesem Schreiben erwähnte Graf Gottfried von Bismarck-Schönhausen ist für Historiker kein Unbekannter. Es handelt sich um einen Enkel des Reichskanzlers Otto von Bismarck und um den Großvater der Politikergattin Stephanie zu Guttenberg (geborene Gräfin von Bismarck-Schönhausen). Graf von Bismarck-Schönhausen machte zunächst in der SS Karriere, geriet jedoch nach dem Hitler-Attentat am 20. Juli 1944 in Schwierigkeiten, weil er mehrere der Verschwörer kannte. Obwohl man ihm keine Beteiligung nachweisen konnte, wurde er im Oktober 1944 verhaftet und ins Konzentrationslager Sachsenhausen eingeliefert. Im Gegensatz zu vielen anderen KZ-Häftlingen überlebte er. Er konnte sich jedoch nicht lange daran erfreuen, 1949 starb er bei einem Autounfall.

Alle verfügbaren Quellen besagen, dass Graf von Bismarck-Schönhausen 1945 von der Roten Armee aus dem KZ Sachsenhausen befreit wurde. Es gab bisher keine Hinweise darauf, dass er Sachsenhausen zwischen seiner Inhaftierung und seiner Befreiung verlassen hat. Umso erstaunlicher ist der Inhalt der beschriebenen Nachricht. Sie deutet darauf hin, dass Graf von Bismarck-Schönhausen eine Zeit lang in Flossenbürg inhaftiert war und von dort nach Fürstenberg an der Havel (nahe dem Konzentrationslager Ravensbrück) überstellt wurde. Was es mit den

Aufenthalten in Flossenbürg und Fürstenberg genau auf sich hatte, bleibt unbekannt.

PROJEKT M4

Frode Weierud und Geoff Sullivan sind nicht die Einzigen, die Enigma-Nachrichten aus dem Zweiten Weltkrieg dechiffrieren. Ein weiteres Projekt dieser Art rief 2006 der deutsche Hobby-Kryptologe Stefan Krah ins Leben. Ziel seines Vorhabens war es, die drei Enigma-verschlüsselten Nachrichten zu knacken, die Ralph Erskine zehn Jahre zuvor in seinem Cryptologia-Leserbrief veröffentlicht hatte. Alle drei Nachrichten hatte der britische Zerstörer HMS Hurricane am 25. November 1942 im Atlantik abgehört. Man konnte also davon ausgehen, dass sie von einem deutschen U-Boot stammten. U-Boote setzten zur damaligen Zeit die Enigma M4 ein, die mit vier Walzen arbeitete. Die Funksprüche stammten aus der Black-out-Phase, also aus den zehn Monaten, in denen die Briten die Vier-Walzen-Enigma nicht knacken konnten.

Krah nannte sein Projekt M4, nach dem gleichnamigen Enigma-Typen. Er verwendete dieselben Dechiffrier-Techniken wie Weierud und Sullivan. Da Krah das genaue Datum der Funksprüche kannte, konnte er recht genau sagen, welche Konfiguration der Enigma eingesetzt worden war. Ihm half dabei eine Doktorarbeit des deutschen Weltkriegsteilnehmers Heinz Ulbricht,[13] die detaillierte Informationen dazu enthält. Da Krah mit ausgesprochen aufwendigen Berechnungen hantierte (immerhin ging es um die Vier-Walzen-Enigma), initiierte er für das Projekt M4 ein Online-Netzwerk, an das sich beliebig viele Internet-Anwender anschließen und Rechenzeit zur Verfügung stellen konnten. Er schrieb eine geeignete Software und kündigte sein Projekt in einem Internet-Forum an. Auf Anhieb fanden sich 45 Computer-Nutzer, die sich beteiligten. Das Projekt startete am 9. Januar 2006.

Die Anzahl der Teilnehmer stieg schnell an. Schon nach zwei Monaten hatte Stefan Krah die Unterstützung von 2.500 Dechiffrier-Assistenten, die seine Software installiert und sich in das

[13] Heinz Ulbricht machte 2006 Schlagzeilen, weil er mit 80 Jahren promoviert wurde. Sein Thema war die Enigma.

Netzwerk eingeklinkt hatten. Die geballte Rechenkraft verfehlte ihre Wirkung nicht. Am 20. Februar 2006 verkündete Krah die Dechiffrierung von Nachricht 2. Der Geheimtext lautete:

```
FCLC QRKN NCZW VUSX PNYM INHZ XMQX SFWX WLKJ AHSH
NMCO CCAK UQPM KCSM HKSE INJU SBLK IOSX CKUB HMLL
XCSJ USRR DVKO HULX WCCB GVLI YXEO AHXR HKKF VDRE
WEZL XOBA FGYU JQUK GRTV UKAM EURB VEKS UHHV OYHA
BCJW MAKL FKLM YFVN RIZR VVRT KOFD ANJM OLBG FFLE
OPRG TFLV RHOW OPBE KVWM UQFM PWPA RMFH AGKX IIBG
FCLC QRKM VA
```

Und so sah die Lösung aus:

```
VON VON J LOOKS JHFFTTT EINS EINS DREI ZWO YYQNNS
NEUN INHALT XX
BEI ANGRIFF UNTER WASSER GEDRUECKT Y WABOS X LETZ-
TER GEGNER STAND NUL ACHT DREI NUL UHR MARQU ANTON
JOTA NEUN ACHT SEYHS DREI Y ZWO ZWO NUL GRAD Y ACHT
SM Y STOSSE NACH X EKNS VIER MB FAELLT Y NNN NNN
OOO VIER Y SICHT EINS NULL
```

Stefan Krah brachte dies in folgende etwas leserlichere Form (Looks war der Name des U-Boot-Kommandanten):

```
Von Looks:
Funktelegramm 1132/19 Inhalt:
Bei Angriff unter Wasser gedrueckt, Wasserbomben.
Letzter Gegnerstandort 08:30 Uhr, Marqu AJ 9863,
220 Grad, 8 Seemeilen, stosse nach. 14 Millibar
faellt, NNO 4, Sicht 10.
```

Dieser Klartext deckte sich mit einem Funkspruch, den ein Projektteilnehmer zuvor im Logbuch des betreffenden U-Boots ausfindig gemacht hatte. Krah prüfte nun, ob er mit dem gefundenen Schlüssel auch die Nachrichten 1 und 3 entschlüsseln konnte, doch das war nicht der Fall. Seine Hoffnungen lagen nun also wieder auf seinem Rechnernetz, und dieses ließ ihn nicht im Stich. Am 7. März 2006 konnte Krah die Dechiffrierung von Nachricht 3 vermelden. Diese sah im Geheimtext wie folgt aus:

```
YKRB MGVA TMKF NWZX FFII YXUT IHWM DHXI FZEQ VKDV
MQSW BQND YOZF TIWM JHXH YRPA CZUG RREM VPAN WXGT
KTHN RLVH KZPG MNMV SECV CKHO INPL HHPV PXKM BHOK
CCPD PEVX VVHO ZZQB IYIE OUSE ZNHJ KWHY DAGT XDJD
JKJP KCSD SUZT QCXJ DVLP AMGQ KKSH PHVK SVPC BUWZ
FIZP FUUP YKRB MGVA VA
```

Dies war der Klartext:

```
VVV J SCHREEDER J AUF GELEITKURS FUENF FUENF GRAD
NICHTS GEFUNDEN Y MARSCAIERE BEFOHLENES QUADRAT X
STANRORT MARQU ANTON JOTA DREI NEUN NEUN FUENF X
SSS OOO VIER Y SEE DREM Y EINSNUL YY EINS NUL BE-
DECKT Y ZWO ACHT MB STEIGT Y NBBEL SICHT EINS SMT
```

Laut Stefan Krah war er wie folgt zu interpretieren:

```
0425 Ausgang FT. 0246/21/203: Auf Geleitkurs 55
Grad nichts gefunden, marschiere befohlenes Qu.
Standort Marqu. AJ 3995. SO 4, See 3, 10/10 be-
deckt, 28 mb steigend, Nebel, Sicht 1 sm.
Schroeder
```

Nach diesen schnellen Erfolgen zog sich die Dechiffrierung der verbleibenden Nachricht 1 erst einmal hin. Im Mai 2008 unterbrach Krah den Projektablauf, um die aufgebaute Infrastruktur vorübergehend einer anderen Enigma-Nachricht zu widmen. Dabei handelte es sich um den letzten Funkspruch des deutschen Kriegsschiffs Scharnhorst, abgeschickt am 26. Februar 1943. Die Nachricht stammte aus den Beständen von Bletchley Park. Ein dortiger Enigma-Forscher hatte sie entdeckt und an Frode Weierud sowie Geoff Sullivan weitergegeben. Diese baten Stefan Krah um Amtshilfe. Mit Erfolg: Krahs über viele Rechner verteilte Enigma-Knack-Software fand in weniger als 22 Stunden die Lösung.

Anschließend kümmerte sich Krah wieder um Nachricht 1:

```
CLXP LWRU HCEY ZTCS OPUP PZDI UQRD LWXX FACT TJMB
HDVC JJMM ZRPY IKHZ AWGL YXWT MJPQ UEFS ZBCT VRLA
LZXW VXTS LFFF AUDQ FBWR RYAP SBOW JMKL DUYU PFUQ
```

```
DOWV HAHC DWAU ARSW TXCF VOYF PUFH VZFD GGPO OVGR
MBPX XZCA NKMO NFHX PCKH JZBU MXJW XKAU OD?Z UCVC
XPFT CDXP LWRU VA
```

Die erwies sich jedoch als äußerst hartnäckig. Sie ist bis heute nicht gelöst. Das Interesse am Projekt M4 ließ angesichts des ausbleibenden Erfolgs mit der Zeit nach. Der letzte Eintrag im von Stefan Krah geführten Projekt-Blog datiert vom 28. Dezember 2008. Die automatisch aktualisierte Statistikseite meldete bis zum 13. November 2009 Aktivitäten. Seitdem kann man das Projekt M4 als beendet betrachten.

DIE ENIGMATISCHEN ACHT

In den letzten Jahren sind eine Reihe weiterer ungelöster Enigma-Originalfunksprüche aufgetaucht. Der bereits erwähnte Enigma-Experte Ralph Erskine, mit dem ich während meiner Recherchen sprach, schickte mir eine Liste von Enigma-Geheimtexten, von denen einige bisher noch nicht einmal veröffentlicht wurden. Erskine geht außerdem davon aus, dass im Archiv der Naval Security Group sowie in weiteren US-Archiven noch einiges mehr zu finden ist.

Angesichts der immer zahlreicher auftauchenden Enigma-Originalfunksprüche ist die Lage inzwischen etwas unübersichtlich geworden. Leider führt bisher niemand eine öffentlich zugängliche Liste der erhalten gebliebenen Nachrichten. In dieser müssten beispielsweise auch 250 ungelöste Funksprüche aus Bletchley Park verzeichnet sein, von denen mir Frode Weierud erzählte. Inzwischen gelöst sind dagegen vier zwischenzeitlich aufgetauchte Nachrichten, die mit einer so genannten Tirpitz-Enigma verschlüsselt worden waren, wie sie zwischen Deutschland und Japan eingesetzt wurde. Einige weitere aufgefundene Funksprüche warten dagegen förmlich darauf, dass sich jemand um sie kümmert. Außerdem bin ich mir sicher, dass in den nächsten Jahren weitere auftauchen werden.

Um die Sache etwas spannender zu machen, habe ich im Anhang exemplarisch acht Enigma-Nachrichten aufgeführt, die noch nicht gelöst sind. Diese „Enigmatischen Acht“ stehen stellvertretend für die Gesamtheit der ungelösten Enigma-

Geheimtexte. Ich bin gespannt, wie sich die Dechiffrierung der enigmatischen Acht in den nächsten Jahren entwickeln wird.

Frode Weierud hat seinen Schwerpunkt derweil auf einen anderen Bereich verlegt: Er forscht zur Geschichte der Enigma. Zwar gibt es zu diesem Thema längst zahlreiche Veröffentlichungen, doch auch hier tun sich noch große Lücken auf. Weierud interessiert sich vor allem für den Enigma-Erfinder Arthur Scherbius, für dessen „Chiffriermaschinen-Aktiengesellschaft" sowie für die Firma Heimsoeth & Rinke, die ab 1934 die Produktion der Enigma übernahm. Sollte ein Leser Informationen hierzu besitzen, wäre Weierud sehr daran interessiert. Darüber hinaus sucht er nach wie vor nach Enigma-Originalfunksprüchen. Um diese kann er sich zwar momentan nur nebenbei kümmern, doch das wird sich ändern. Den Grund nennt er mit einem Schmunzeln: „In ein paar Jahren gehe ich in den Ruhestand."

5 Der Doppelwürfel
Die Methode der Spione auf dem Prüfstand

Mitte der fünfziger Jahre gelang es der Zentralstelle für das Chiffrierwesen in Bonn, einige verschlüsselte Funksprüche aus der DDR zu knacken. Die ermittelten Klartexte gaben allerdings zunächst nicht viel her. Am interessantesten erschienen noch zwei Geburtstagsgrüße aus dem Jahr 1956 sowie ein Glückwünsch zur Geburt eines Sohns im Jahr darauf. Nach Lage der Dinge waren diese Mitteilungen an ein Agentenehepaar in der Bundesrepublik gerichtet, das für die DDR spionierte. Nach diesem Paar zu fahnden kam jedoch der Suche nach einer Stecknadel im Heuhaufen gleich. Die DDR schleuste zu diesem Zeitpunkt gleichsam nach dem Gießkannenprinzip Agenten in den Westen und hoffte, dass sie Karriere machen und irgendwann Zugang zu geheimen Daten haben würden. Das gesuchte Ehepaar konnte daher praktisch überall leben und nahezu überall beschäftigt sein.

Erst 16 Jahre später kam Bewegung in den Fall. Dem Verfassungsschutz fiel zu dieser Zeit auf, dass bei mehreren Spionagefällen ein enger Mitarbeiter von Bundeskanzler Willy Brandt als Randfigur auftauchte: Günter Guillaume. Der vage Verdacht veranlasste den Verfassungsschutz, noch einmal die alten Funksprüche aus den fünfziger Jahren aus der Schublade zu holen. Dies erwies sich als Volltreffer. Die beiden Geburtstagsgrüße passten auf den Tag genau zu den Geburtsdaten von Guillaume und seiner Frau. Außerdem hatten die beiden einen Sohn, der am fraglichen Tag des Jahres 1957 geboren worden war. Kurze Zeit später wurde das Ehepaar Guillaume wegen Spionage verhaftet.

Ironie des Schicksals: Die Geburtsdaten, die zur Enttarnung der Guillaumes führten, waren falsch. Es handelte sich um die fiktiven Daten, die in den falschen Papieren der beiden angegeben waren.

Das Verschlüsselungsverfahren, das die Stasi zur Kommunikation mit den Guillaumes nutzte, hieß bei den deutschen Staatskryptologen in Ost und West Doppelwürfel.[14] Der Doppelwürfel ist zweifellos eines der spannendsten Verschlüsselungsverfahren überhaupt – einerseits, weil er eine interessante Geschichte hat, und andererseits, weil er trotz seiner Einfachheit extrem schwer zu knacken ist. Das in diesem Kapitel vorgestellte Kryptogramm wird daher vielleicht nie gelöst werden.

SICHER, EINFACH, WERKZEUGLOS

Der Doppelwürfel ist so einfach, dass auch ein Laie ihn ausführen kann, und zwar ohne Hilfsmittel außer Papier und Stift. Trotzdem gilt das Verfahren als äußerst sicher. Ein solches sicheres, einfaches und werkzeugfreies Verschlüsselungsverfahren, nennen wir es SST (secure, simple, toolless), ist vor allem für Geheimdienste unverzichtbar – ein Spion in feindlicher Umgebung will schließlich nicht mit einem Verschlüsselungsgerät oder einem sonstigen verräterischen Hilfsmittel erwischt werden.

Mit dem Aufkommen des Computers und des Internets hat der Doppelwürfel zwar einen Großteil seiner Bedeutung eingebüßt. Trotzdem wird das Verfahren noch heute verwendet – etwa dann, wenn ein Agent sich nicht mit einem Verschlüsselungsprogramm auf seinem Computer verdächtig machen will.

Die verschlüsselten Nachrichten, die ein Spion empfängt, stammen meist von seinem Agentenführer. Um solche Botschaften zu übermitteln, haben sich im Kalten Krieg so genannte Zahlensender bewährt. Dabei handelt es sich um Kurzwellenradiosender, deren Programm aus vorgelesenen Zahlen- oder Buchstabenkolonnen besteht. Der Agent benötigt für den Empfang lediglich ein handelsübliches Radio – dies ist unverdächtig. Jeder Agent weiß im Voraus, wann die für ihn bestimmten Botschaften verlesen werden (meist werden sie im Abstand von einigen Stunden wiederholt). Er notiert sie und entschlüsselt sie anschließend, beispielsweise mit dem Doppelwürfel. Trotz des mittlerweile weit verbreiteten Internets ist bisher kein Rückgang der Zahlensender zu beobachten.

---

[14] International ist die etwas umständlichere Bezeichnung Doppelspaltentransposition üblich.

Will ein Spion seinerseits eine geheime Nachricht verschicken, kann er das Internet nutzen, beispielsweise in Form einer harmlos wirkenden E-Mail an eine Tarnadresse. Auch tote Briefkästen sind noch in Gebrauch, während Briefe mit Zusatznachrichten in Geheimtinte inzwischen wohl der Vergangenheit angehören. In jedem Fall sollte die Mitteilung des Agenten verschlüsselt sein. Früher war der Doppelwürfel oder ein anderes SST-Verfahren dafür erste Wahl. Inzwischen dürften wohl meist Computerprogramme diese Aufgabe übernommen haben.

SO FUNKTIONIERT DER DOPPELWÜRFEL

Wie der Doppelwürfel funktioniert, ist schnell erklärt. Als Beispiel verschlüsseln wir folgenden Satz: ERWARTE MORGEN ABEND NACHSCHUB. Das Verfahren erfordert zwei Schlüsselwörter. Als erstes Schlüsselwort verwenden wir SPIONAGE. Im ersten Schritt wird der zu verschlüsselnde Satz wie folgt unter das Schlüsselwort geschrieben:

S	P	I	O	N	A	G	E
E	R	W	A	R	T	E	M
O	R	G	E	N	A	B	E
N	D	N	A	C	H	S	C
H	U	B					

Als Nächstes werden die Spalten dieser Tabelle so vertauscht, dass die Buchstaben des Schlüsselworts alphabetisch geordnet sind:

A	E	G	I	N	O	P	S
T	M	E	W	R	A	R	E
A	E	B	G	N	E	R	O
H	C	S	N	C	A	D	N
			B			U	H

Nun werden die Buchstaben des zu verschlüsselnden Texts spaltenweise ausgelesen: Das Ergebnis lautet wie folgt: TAH MEC EBS WGNB RNC AEA RRDU EONH. Auf dieses Zwischenergebnis wird nun das gleiche Verfahren noch einmal angewendet, dieses Mal mit dem zweiten Schlüsselwort. Verwenden wir beispielsweise das Schlüsselwort AGENT, dann erhalten wir: TCGCRN HBBEU AENADH MSRAE EWNRO. Das Entschlüsseln entspricht dem umgekehrten Ablauf: Erst wird mit dem zweiten Schlüsselwort, und danach mit dem ersten umgeordnet.

Damit der Doppelwürfel auch wirklich sicher ist, müssen einige Voraussetzungen erfüllt sein. So sollte die Länge des Klartextes so beschaffen sein, dass in beiden Würfelkästen die letzte Zeile nicht die ganze Kastenbreite ausfüllt. Außerdem müssen die beiden Schlüsselwörter eine unterschiedliche Länge haben, und die beiden Schlüsselwortlängen sollten keinen gemeinsamen Teiler aufweisen (ein Schlüsselwort der Länge 6 und ein zweites der Länge 9 wären ungeeignet). Für eine hohe Sicherheit ist eine Schlüsselwortlänge von über 20 Buchstaben notwendig. Für jede Nachricht sollte man ein neues Schlüsselwortpaar verwenden. Und selbstverständlich wäre der Geheimagent gut beraten, nicht unbedingt den Namen seiner Geliebten als Schlüsselwort zu benutzen.

DER DOPPELWÜRFEL UND ANDERE SST-VERFAHREN

Obwohl inzwischen Dutzende von Kryptologie-Büchern und Tausende von Kryptologie-Fachartikeln erschienen sind, gibt es bisher nur wenige öffentlich zugängliche Informationen zu den von mir so getauften SST-Verfahren. Zweifellos gehört der Doppelwürfel zu den besten Methoden dieser Art. Es gibt jedoch noch andere.

Ein interessantes SST-Verfahren nutzte die Sowjetunion in den fünfziger Jahren. Die Amerikaner nannten es VIC, da es von einem Spion mit dem Tarnnamen Victor verwendet wurde. Der russische Originalname ist nicht bekannt. Das FBI stieß 1953 auf eine VIC-verschlüsselte Nachricht, die in einem ausgehöhlten 5-Cent-Stück versteckt war. Den US-Spezialisten gelang es zunächst nicht, die Verschlüsselung zu knacken. Erst 1957, als das FBI den Spion Reino Häyhänen alias Victor enttarnt hatte, konnten die Dechiffrierer Erfolg vermelden. Das VIC-Verfahren wird im Anhang erklärt.

Eine schon jahrhundertealte Idee besteht darin, zum unauffälligen Verschlüsseln ein Buch zu verwenden. Ein Ausdruck wie „31/17“ kann dann den 17. Buchstaben auf Seite 31 bezeichnen. Es gibt zahlreiche weitere Möglichkeiten, ein Buch zum Verschlüsseln zu nutzen. Verdächtig macht sich ein Spion dabei kaum – Bücher im Regal oder im Gepäck sind ja schließlich nichts Ungewöhnliches.

Ein weiteres SST-Verfahren schlug 1999 der Kryptologe Bruce Schneier vor. Sein Verschlüsselungsverfahren Solitaire – benannt nach dem Ein-Personen-Kartenspiel, das auf Deutsch Patience heißt – benötigt als Hilfsmittel nur ein handelsübliches Kartendeck. Schneiers Kalkül: Mit einem Stapel Spielkarten in der Tasche macht sich ein Spion nicht verdächtig. Und wer beim Verschlüsseln ertappt wird, kann immer noch sagen, er lege gerade eine Patience. Schneier entwickelte Solitaire auf Bitte des Bestsellerautors Neal Stephenson, der es in die Handlung seines Romans „Cryptonomicon“ einbaute.

Solitaire gilt derzeit als das sicherste SST-Verfahren. Allerdings ist es zu umständlich, um es in größerem Umfang einzusetzen. Für jeden zu verschlüsselnden Buchstaben muss der Anwender zwei Karten im Stapel verschieben, den Stapel einmal dreiteilen, einmal zweiteilen und am Ende eine bestimmte Karte heraussuchen. Dabei darf er keinen Fehler machen, ansonsten ist die ganze Arbeit umsonst. Schneier kennt dieses Manko seiner Erfindung. Er empfiehlt daher, sich für das Verschlüsseln eines Texts einen ganzen Abend Zeit zu nehmen.

Manche Geheimdienste im Kalten Krieg setzten statt auf lupenreine SST-Verfahren lieber auf Verschlüsselungsmethoden, die mit speziellen Formularen oder Tabellen arbeiten – in der Hoffnung, dass ein Stück Papier mit ungewöhnlichem Aufdruck nicht verdächtig wirkt. Eine wichtige Rolle spielte hier der so genannte One-Time-Pad. Bei diesem Verfahren wird eine Folge von Zufallsbuchstaben buchstabenweise zum Klartext addiert. Der One-Time-Pad ist zwar sehr sicher und recht einfach, doch ein Geheimagent musste umfangreiche Tabellen von Zufallsbuchstaben bei sich tragen, wenn er auf diese Weise verschlüsseln oder entschlüsseln wollte. Das entsprechend bedruckte Papier musste er gut verstecken, damit es nicht auffiel.

DIE ANFÄNGE DES DOPPELWÜRFELS

Die Geschichte des Doppelwürfels reicht zurück in das frühe 20. Jahrhundert. Im Ersten Weltkrieg verwendeten die Deutschen ein Verfahren namens Übchi. Es entsprach dem Doppelwürfel, wobei jedoch zweimal dasselbe Schlüsselwort verwendet wurde. Da die Deutschen zudem mit recht kurzen Schlüsselwörtern arbeiteten und diese oft mehrere Tage lang beibehielten, war Übchi bei weitem nicht so sicher wie ein sachgerecht angewendeter Doppelwürfel. Die Franzosen hatten daher kaum Mühe, Übchi zu knacken. Dies war nicht ungewöhnlich, denn nahezu alle bedeutenden Verschlüsselungsverfahren des Ersten Weltkriegs wurden von den Gegnern gelöst.

Nach dem Ersten Weltkrieg erhielt in Deutschland der Ingenieur Wilhelm Fenner die Aufgabe, eine staatliche Kryptologie-Behörde – das so genannte Chiffrierbüro – aufzubauen. Dies tat er mit großem Erfolg. Fenner war ein ausgesprochener Anhänger des Doppelwürfels. Davon berichtete mir Otto Leiberich, der Jahrzehnte später als Direktor der Zentralstelle für das Chiffrierwesen der Bundesrepublik Deutschland eine ähnliche Position wie Fenner einnehmen sollte. Wie Leiberich sich erinnert, sah es Fenner geradezu als notwendig an, dass ein Kryptologe am Anfang seiner Karriere einige Monate „Doppelwürfel-krank" war – sich diesem Verfahren also mit großer Hingabe widmete. Vermutlich war Fenner es auch, der den Begriff „Doppelwürfel" geprägt hat.

(56) Dr. Otto Leiberich begann 1953 seine Karriere in der Zentralstelle für das Chiffrierwesen in Bonn und wurde später deren Direktor. Gemeinsam mit seinen Kollegen beschäftigte er sich intensiv mit dem Doppelwürfel.

Doch die Konkurrenz schlief nicht. 1935 verfasste Solomon Kullback, damals einer der führenden Kryptologen der USA, die erste bekannte Abhandlung zum Doppelwürfel und dessen Dechiffrierung. Der Inhalt dieser Arbeit war natürlich geheim und wurde erst 60 Jahre später veröffentlicht. Doch auch Kullback behandelte vor allem den Doppelwürfel mit zwei gleichen Schlüsselwörtern. Den Fall, dass die beiden Wörter verschieden waren, betrachtete er nur kurz im letzten Kapitel. Das Beispiel, das er dort dechiffrierte, sah ein Fünf-Buchstaben- und ein Sechs-Buchstaben-Schlüsselwort vor. Vor den deutlich längeren Schlüsselwörtern, die im Kalten Krieg verwendet wurden, hätte diese Dechiffrier-Methode kapitulieren müssen.

Im Zweiten Weltkrieg hatte der Doppelwürfel bereits eine gewisse praktische Bedeutung. Einige Mitglieder der französischen Résistance nutzten das Verfahren, um verschlüsselt mit Kontaktleuten in London zu kommunizieren. Allerdings verwendeten sie zweimal das gleiche Schlüsselwort. Ein britischer Kryptologe erkannte die Unsicherheit, die daraus resultierte, und überzeugte die Résistance-Kämpfer davon, lieber auf den One-Time-Pad umzusteigen. Auch die ebenfalls in London aktive tschechoslowakische Exilregierung nutzte den Doppelwürfel für die Kommunikation mit Verbindungsleuten in der Heimat. Die verwendeten Schlüsselwörter stammten aus Büchern und waren 12 bis 17 Buchstaben lang. Dies war für die damalige Zeit recht sicher.

So langsam entdeckten derweil die Geheimdienste die Vorzüge des Doppelwürfels. Der US-Militärgeheimdienst OSS führte ihn während des Zweiten Weltkriegs ein und verwendete Liedzeilen als Schlüssel. Auch das britische Special Operations Executive (SOE) kommunizierte auf diese Weise mit Untergrundkämpfern auf dem europäischen Festland.

DER DOPPELWÜRFEL IM KALTEN KRIEG

Die soeben genannten Beispiele sollen jedoch nicht darüber hinwegtäuschen, dass der Doppelwürfel im Zweiten Weltkrieg nur eine Nebenrolle spielte. Das erscheint aus heutiger Sicht erstaunlich, denn während des Kriegs kamen Hunderte von anderen manuellen Verschlüsselungsverfahren zum Einsatz, die deutlich schlechter waren. Offensichtlich bemerkten nur wenige, dass mit dem Doppelwürfel ein Verfahren zur Verfügung stand, das praktikabel und dennoch kaum zu knacken war. Verschlüsselungsverfahren, die Buchstaben nur umordnen (Umordnungsverfahren), ohne sie zu ersetzen, wurden jahrhundertelang unterschätzt. Der gesunde Menschenverstand lässt vermuten, dass es besser ist, wenn die Buchstaben eines Texts beim Verschlüsseln verschwinden und nicht nur ihre Lage ändern. In diesem Fall liegt der gesunde Menschenverstand jedoch falsch.

In der Zentralstelle für das Chiffrierwesen in Bonn, die 1953 ihre Arbeit aufnahm, war der Doppelwürfel zunächst eines der am intensivsten diskutierten Verschlüsselungsverfahren, wie Otto Leiberich berichtet. Die Bonner Kryptologen führten zahlreiche Tests durch und stellten dabei fest, dass der Doppelwürfel tatsächlich praktikabel und sicher war. Dabei untersuchten sie auch eine Variante, die sie „Doppelwürfel mit gestörtem Komplex“ nannten. Sie sieht vor, in der aufgestellten Tabelle ein Rechteck auszusparen. Das oben genannte Beispiel könnte in diesem Fall so beginnen:

```
S P I O N A G E
E R W A R T E M
O R G E N ■ ■ A
B E N D N ■ ■ A
C H S C H ■ ■ U
B         ■ ■
```

Doch trotz aller Vorzüge des Doppelwürfels schätzten die Bonner Kryptologen den One-Time-Pad als noch sicherer und noch einfacher in der Handhabung ein. Den Nachteil, dass der Verschlüssler eine verräterische Buchstabentabelle mit sich herumtragen muss, nahmen sie in Kauf. Außerdem gab es inzwischen raffinierte Verstecke für Tabellen (z. B. Filmpatronen). Die Zentralstelle in Bonn entschied sich daher gegen die Nutzung des Doppelwürfels. Allenfalls als Übungsaufgabe für neu angestellte Kryptologen spielte das Verfahren in der Folgezeit noch eine Rolle.

Während die Bundesrepublik den Doppelwürfel also schon früh ausmusterte, nutzte man das Verfahren in der DDR umso intensiver. GRANIT nannte man die Doppelwürfelvariante, die später dem Spion Günter Guillaume zum Verhängnis werden sollte. GRANIT sah vor, die beiden benötigten Schlüsselwörter aus einem Buch zu nehmen. In der Regel handelte es sich dabei um ganze Schlüsselsätze, die aus mehreren Dutzend Buchstaben bestanden. Das Verfahren war dadurch sehr sicher. Welches Buch genutzt wurde und an welcher Stelle die jeweiligen Schlüsselwörter standen, wurde vorab festgelegt.

Interessanterweise bezeichnete Markus Wolf, der langjährige Spionage-Chef der DDR, GRANIT in seinen Lebenserinnerungen als „sowjetisches Chiffriersystem". Hatten die DDR-Kryptologen den Doppelwürfel tatsächlich aus der Sowjetunion? Oder war es ihnen peinlich, dass sie das Verfahren in Wirklichkeit von Nazi-Verschlüsselungsexperten (diese kannten es von Wilhelm Fenner) übernommen hatten? Die vermutlich auf Fenner zurückgehende Bezeichnung „Doppelwürfel", die auch in der DDR verwendet wurde, dürfte jedenfalls kaum aus der Sowjetunion stammen.

Bei der Auswahl des Buches ist insbesondere folgendes zu beachten: Das Buch muß so beschaffen sein, daß es sich nicht als Chiffriermittel verrät. Es darf kein Tabellen-, Formel- oder Zeichenbuch sein. Das Buch darf nicht in der DDR oder in einem anderen sozialistischen Staat verlegt sein. Das Buch muß den Interessen des Korrespondenten entsprechen. Ist ein Korrespondent im Besitz nur weniger Bücher, so ist seine Bibliothek systematisch mit Büchern aufzufüllen, die seinem Hauptinteresse entsprechen. Schundliteratur ist - wenn viele Bücher vorhanden sind - ebenfalls als Interessengebiet zu betrachten, vor allem bei Jugendlichen. Dabei muß aber die unter a) angegebene Bedienung eingehalten werden.

Behandlung des als Chiffriermaterial vereinbarten Buches: Das Buch darf nicht versteckt werden, aber auch nicht offen oder separat aufbewahrt werden. Es muß sich unter den zu diesem Fach- oder Interessengebiet gehörenden Büchern befinden und genau wie diese behandelt werden. Das Buch darf nicht durch besondere Abnutzung gegenüber den anderen Büchern hervorstechen, es darf auch nicht neu wirken. Im Buch dürfen im Zusammenhang mit der Chiffrierung keinerlei Zeichen gemacht werden oder Seiten umgeknickt werden. Fingerabdrücke und Bleistiftpunkte unter dem verwendeten Text sind zu vermeiden. Der Korrespondent muß angewiesen werden, in gewissen Zeitabständen und vor allem vor und nach dem Chiffrieren das vereinbarte Buch und andere Bücher zu durchblättern, damit das vereinbarte Buch nicht durch die neuen Fingerabdrücke sofort erkannt wird. Es sollen jedoch nicht jedesmal alle Bücher durchblättert werden, da das bei Untersuchungen ebenfalls auffallen würde.

(57) Der DDR-Geheimdienst verwendete in den fünfziger Jahren Textstellen aus Büchern als Schlüsselwörter für den Doppelwürfel. Diese Originalanweisung erklärt, worauf die zuständigen Geheimdienstmitarbeiter zu achten hatten.

Doch wie ist es den Bonner Kryptologen gelungen, die an Günter Guillaume geschickten Nachrichten zu knacken, obwohl sie mit dem Doppelwürfel in der GRANIT-Variante scheinbar sicher verschlüsselt waren? Es lag (wie so oft) daran, dass die Verschlüssler Fehler machten. So wählte der DDR-Geheimdienst seine Schlüsselwörter häufig aus Gedichtbänden und Literaturklassikern, die von deutscher Lyrik bis zu Shakespeare-Übersetzungen reichten. Dieser Sinn fürs Anspruchsvolle blieb den Kollegen im Westen nicht verborgen. Vielleicht hätte man in Ostberlin mehr auf „Schundliteratur" setzen sollen, die in einer Anweisung (siehe Abbildung 57) ausdrücklich genannt wird. Ein weiterer Fehler der DDR-Experten: Sie suchten sich häufig besonders exponierte Buchstellen aus, etwa den Anfang eines Gedichts. Die so generierten Schlüsselwörter konnten findige Codeknacker in der Zentralstelle für das Chiffrierwesen oftmals erraten. Dabei kam ihnen entgegen, dass es zum Knacken des Doppelwürfels ausreicht, nur eines der beiden Schlüsselwörter zu kennen.

Um die Doppelwürfel-Nachrichten aus der DDR knacken zu können, beschäftigte die Zentralstelle speziell geschulte Linguisten. Diesen standen – in den fünfziger Jahren noch ungewöhnlich – Computer zur Verfügung. Deren Bedienung funktionierte damals vergleichsweise umständlich mit Lochkarten. Angesichts der Unmengen von Literaturstellen, die als Doppelwürfel-Schlüssel infrage kamen, ist es erstaunlich, dass die Codeknacker immer wieder die richtigen fanden und dadurch DDR-Funksprüche lösen konnten. Otto Leiberich erinnert sich außerdem, dass seine Linguisten-Kollegen oft schnell herausfinden konnten, ob sich die Suche nach einem Literaturzitat überhaupt lohnte oder ob ein anderes Schlüsselwortpaar im Spiel war. Leider ist heute nicht mehr bekannt, wie das funktionierte. Hat vielleicht ein Leser eine Idee?

Ebenfalls nicht bekannt ist, welche Literaturstellen dem Spion Günter Guillaume als Schlüsselwörter vorgegeben wurden. In einem anderen Fall ist das Schlüsselwort-Paar jedoch überliefert. Als 1964 der Journalist Diethelm Schröder wegen Spionage für die DDR verhaftet wurde, fand man in seinem Notizbuch folgende Zeilen:

```
Welken muß die Blüte In der Zeiten Flucht Aber im
Gemüte Bleibt die reife Frucht.
```

Dies sind die Anfangszeilen eines Gedichts von Friedrich Martin von Bodenstedt (1819–1892). Mit diesen zwei Versen als Schlüsselwort-Paar konnten die Bonner Kryptologen insgesamt 57 DDR-Funksprüche aus den Jahren 1957 und 1958 entschlüsseln. Der DDR-Geheimdienst hatte also leichtsinnigerweise gegen den Grundsatz verstoßen, jedes Schlüsselwort nur einmal zu verwenden. Erst im Jahr 1958 bemerkten die DDR-Kryptologen, dass GRANIT nicht sicher war. Laut Markus Wolf hatten „westliche Dienste es [GRANIT] mittels EDV geknackt". Dass neben der elektronischen Datenverarbeitung vor allem die Nachlässigkeit seiner Kollegen den Ausschlag gegeben hatte, wusste Wolf nicht oder verschwieg es. Die DDR stieg nun auf den One-Time-Pad um.

DAS DOPPELWÜRFELRÄTSEL

Lange Zeit war der Doppelwürfel nur Spezialisten aus dem Militär und dem Geheimdienstwesen bekannt. Der Erste, der die Öffentlichkeit auf das Verfahren aufmerksam machte, war Otto Leiberich, der 1999 einen Artikel in Spektrum der Wissenschaft über die Arbeit deutscher Kryptologen im 20. Jahrhundert veröffentlichte. Über den Doppelwürfel schrieb er darin: „Dieses Verfahren ist optimal für den Spion, der nicht durch Hilfsmittel oder auch nur Unterlagen zur Verschlüsselung auffallen will." Und weiter: „Der Doppelwürfel [...] gilt als unlösbar; allerdings ist das Verfahren seit vielen Jahren nicht mehr untersucht worden. Ich rege zu neuen Versuchen und, im Erfolgsfall, zur Publikation an." Als Erfolgsfall zu werten wäre laut Leiberich die Entzifferung einer Doppelwürfel-verschlüsselten Nachricht von etwa 500 Zeichen und die Rekonstruktion der beiden Schlüsselwörter. Deren Länge sollte jeweils zwischen 20 und 25 Buchstaben betragen.

Leiberichs Artikel brachte mich auf die Idee, ein kryptologisches Rätsel zu entwickeln. Wie er vorgeschlagen hatte, nahm ich dazu einen Text mit etwas mehr als 500 Buchstaben Länge. Ich entschied mich für etwas Englischsprachiges, da das Thema auch außerhalb von Deutschland von Interesse ist. Der Text sollte mindestens 100 Jahre alt sein, da ich urheberrechtliche Probleme vermeiden wollte. Ich suchte bei Google nach einem Text, der von einem mir nicht bekannten Autor stammte, und übernahm einen knapp 600 Buchstaben umfassenden Abschnitt aus seiner Mitte. Daraufhin schloss ich sofort das Browserfenster, da ich mir weder den Namen des Texts noch des Autors merken wollte. Tatsächlich habe ich beides längst wieder vergessen.

Nun benötigte ich noch zwei Schlüsselwörter. Diese sollten jeweils zwischen 20 und 25 Buchstaben lang sein, allerdings durften die Längen keinen gemeinsamen Teiler haben. Auch die Schlüsselwörter sollten in englischer Sprache sein. Ich dachte mir nach diesen Kriterien zwei Wörter bzw. Sätze aus und verwendete anschließend die Kryptologie-Software CrypTool, um den Text mit dem Doppelwürfel zu verschlüsseln. Hier ist das Ergebnis:

```
VESINTNVONMWSFEWNOEALWRNRNCFITEEICRHCODEEA
HEACAEOHMYTONTDFIFMDANGTDRVAONRRTORMTDHE
OUALTHNFHHWHLESLIIAOETOUTOSCDNRITYEELSOANGP
VSHLRMUGTNUITASETNENASNNANRTTRHGUODAAARAO
EGHEESAODWIDEHUNNTFMUSISCDLEDTRNARTMOOIREEY
EIMINFELORWETDANEUTHEEEENENTHEOOEAUEAEAHUHI
CNCGDTUROUTNAEYLOEINRDHEENMEIAHREEDOLNNIRAR
PNVEAHEOAATGEFITWMYSOTHTHAANIUPTADLRSRSDNOT
GEOSRLAAAURPEETARMFEHIREAQEEOILSEHERAHAOTNT
RDEDRSDOOEGAEFPUOBENADRNLEIAFRHSASHSNAMRLT
UNNTPHIOERNESRHAMHIGTAETOHSENGFTRUANIPARTAOR
SIHOOAEUTRMERETIDALSDIRUAIEFHRHADRESEDNDOION
ITDRSTIEIRHARARRSETOIHOKETHRSRUAODTSCTTAFSTHCA
HTSYAOLONDNDWORIWHLENTHHMHTLCVROSTXVDRESDR
```

Diesen Doppelwürfeltext veröffentlichte ich 2007 erstmals in meinem Buch „Codeknacker gegen Codemacher“. Im Jahr danach erschien der Text außerdem in einem Artikel in der Online-Zeitschrift Telepolis. 2010 reichte ich ihn zusätzlich als Rätsel für den Online-Krypto-Wettbewerb Mystery Twister C3 ein. Bisher hat meines Wissens niemand das Rätsel gelöst. Wer sich daran versuchen will, sollte die Monografie „Cryptanalysis of The Double Transposition Cipher“ von Wayne G. Barker lesen. Der Autor dieses Werks stand in den Diensten des US-Geheimdiensts NSA. Zehn Jahre lang war es als geheim eingestuft. 1995 hob die NSA die Geheimhaltung auf, und die Monografie gelangte in den Buchhandel. Es gibt derzeit keine bessere Literaturquelle zu diesem Thema.

Barker zeigt in seinem Buch, dass man den Doppelwürfel bei Verwendung kürzerer Schlüsselwörter oftmals lösen kann, wenn man ein Wort des Klartexts erraten kann. Ist dies nicht der Fall, helfen häufig typische sowie untypische Buchstabenkombinationen. Im Deutschen sind zum Beispiel ER, EN und SCH recht häufig, während QX, JN oder CMU so gut wie nie vorkommen. Im Englischen sind HE, AN, THE und ING typische Buchstabenkombinationen, die beim Lösen des Doppelwürfels oder eines anderen Umordnungsverfahrens helfen können. Mit einem geeigneten Computerprogramm lassen sich solche Ansätze häufig gut verfolgen.

Im Vorwort seines Buchs schreibt Wayne G. Barker, der Doppelwürfel sei dank seiner Arbeit zukünftig genauso einfach zu lösen wie andere manuelle Verschlüsselungsverfahren. Meiner Meinung nach ist das übertrieben. Die von Barker beschriebenen Methoden funktionieren zwar bei Schlüsselwörtern mit maximal zehn oder vielleicht sogar 15 Buchstaben. Gegen einen sachgerecht verwendeten Doppelwürfel mit Schlüsselwörtern von über 20 Buchstaben Länge sind sie dagegen machtlos. Dies sieht auch Otto Leiberich so. Zum oben angeführten Doppelwürfel-Kryptogramm sagte er: „Für mich wäre es eine Sensation, wenn jemand dieses Rätsel lösen könnte."

6 Der Somerton-Mann
Ein verschlüsselter Text und eine unbekannte Leiche

In Adelaide (Australien) tauchte am 30. November 1948 ein unbekannter Mann auf. In einem feinen Anzug gekleidet, hielt er sich am Strand, dem Somerton Beach, auf, wo er von mehreren Zeugen gesehen wurde. Am nächsten Morgen fand man seine Leiche. Die Identität des Toten, der als Somerton-Mann in die Geschichte eingegangen ist, wurde nie geklärt. Zu den vielen mysteriösen Aspekten des Falls gehört, dass er bis kurz vor seinem Tod eine verschlüsselte Nachricht bei sich trug. Sie ist bis heute nicht dechiffriert.

(58) An der mit dem Kreuz gekennzeichneten Stelle wurde der Somerton-Mann im Jahr 1948 gefunden.

DER UNBEKANNTE TOTE

Es herrschte Sommer in Australien, als der unbekannte Fremde an jenem Novembertag am Somerton Beach gesichtet wurde. Der erste Zeuge sah ihn gegen 19 Uhr im Sand sitzen – möglicherweise rauchte er gerade eine Zigarette. Zwischen 19:30 und 20 Uhr beobachtete ihn ein Ehepaar und wähnte ihn schlafend. Ihnen fiel die unpassende Kleidung des Mannes auf: ein Anzug bei abendlichen Temperaturen von 25 Grad. Am nächsten Morgen saß der Unbekannte immer noch am selben Platz – und war tot. Es fanden sich keine Hinweise auf einen Unfall oder Gewalteinwirkung.

Die Polizei nahm die Ermittlungen auf. Sie fand heraus: Der Somerton-Mann war zum Zeitpunkt seines Todes etwa 40 bis 45 Jahre alt. Es handelte sich um einen Weißen mit gepflegter Erscheinung und gut durchtrainiertem Körper. Gesundheitliche Probleme hatte er vermutlich nicht, auch drogenabhängig dürfte er (vom Rauchen abgesehen) nicht gewesen sein. Seine Hände zeigten keine Spuren körperlicher Arbeit. Der teure Anzug deutete darauf hin, dass er wohlhabend war. Seine Schuhe waren frisch gereinigt.

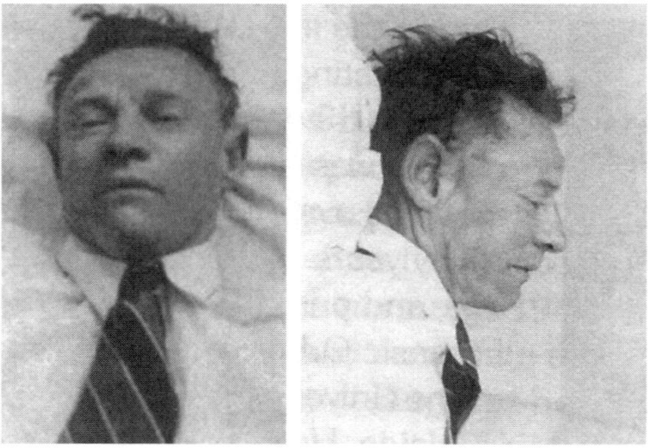

(59) Der Tote von Somerton Beach. Bis heute ist seine Identität ungeklärt.

Was der Polizei die Arbeit erschwerte: Der Somerton-Mann trug keine Ausweispapiere bei sich, und alle Etiketten waren aus seiner Kleidung entfernt. Auch sonst fanden sich keine aussagekräftigen persönlichen Gegenstände bei der Leiche. Anscheinend hatte jemand versucht, die Identifizierung des Mannes zu verhindern.

Eine erste Obduktion ergab wenig Auffälliges. Wahrscheinlich war der Somerton-Mann am 1. Dezember 1948 um etwa 2 Uhr morgens gestorben. Nach inneren Einblutungen in Gehirn, Leber, Milz und Magen hatte schließlich sein Herz aufgehört zu schlagen – dies sprach für ein Gift als Ursache. Es musste sich jedoch um eine Substanz handeln, die man damals noch nicht nachweisen konnte. Die Pathologen hielten Barbiturate oder andere Schlafmittel für möglich. Auffällig war, dass der Tote weder Spuren von Erbrechen noch von Krämpfen zeigte – bei Vergiftungen ungewöhnlich, wenn auch nicht unmöglich. Bis heute hat man kein Gift gefunden, das eindeutig zu den ermittelten Todesumständen passt. Allerdings ist die Palette der existierenden Gifte breit, und nicht jeder Mensch reagiert auf die gleiche Substanz in gleicher Weise. Wenn tatsächlich ein Gift im Spiel war, deuten die Umstände eher auf eine Selbsttötung hin, wobei Mord dennoch nicht auszuschließen ist.

Doch der Somerton-Mann könnte auch eines natürlichen Todes gestorben sein. Einer der Mediziner, der die Leiche obduzierte, hielt dies sogar für wahrscheinlich (auch wenn er die genaue Todesursache nicht benennen konnte). Nach den bekannten Gesetzen der Medien fand diese unspektakuläre Hypothese allerdings in der Presse nur wenig Anklang. Doch auch jenseits aller Sensationsgier ist die Frage berechtigt: Wirft jemand vor seinem natürlichen Tod alle Papiere weg und schneidet die Etiketten aus seiner Kleidung?

In der Tasche trug der Somerton-Mann neben Zigaretten, Streichhölzern und Kaugummi zwei Fahrkarten. Eine davon war gebraucht. Offensichtlich hatte sie der Unbekannte genutzt, um von der Adelaider Innenstadt per Bus zu einer Haltestelle in der Nähe seines späteren Sterbeorts zu gelangen. Die zweite Fahrkarte war ein ungebrauchtes Zugticket, das zu einer Fahrt aus der Innenstadt in den am Strand gelegenen Vorort Henley Beach berechtigte. Der Unbekannte hatte also zwei Tickets bei sich, die vom Zentrum zu einem Strandvorort führten, hatte jedoch nur eines davon genutzt. Wahrscheinlich wollte er einfach nur ans Meer, egal an welchen Strand.

Die Ermittlungen der Polizei zur Identität des Toten verliefen weitgehend im Sande. Nachdem die Zeitungen ein Bild des Unbekannten veröffentlicht hatten, gingen zahlreiche Hinweise ein, doch keiner davon erwies sich als heiße Spur. Abgleiche mit Vermisstenfällen und der australischen Fingerabdruck-Kartei blieben ebenfalls erfolglos. Die australischen Behörden baten sogar Scotland Yard im fernen Großbritannien um Amtshilfe, doch das Rätsel des Somerton-Manns blieb ungelöst. Erstaunlicherweise wurde der unbekannte Tote scheinbar von niemandem vermisst.

Sechs Wochen nach dem Fund der Leiche kam neue Bewegung in den Fall. In der Gepäckaufbewahrung im Bahnhof von Adelaide fiel ein Koffer auf, den längere Zeit niemand abgeholt hatte. Er war am Tag des Auftauchens des Somerton-Manns dort abgegeben worden und enthielt Kleidung, die in Stil und Größe mit der des Unbekannten übereinstimmte. Spätestens als die Polizei eine Garnrolle darin fand, die zu einem Faden im Anzug des Toten passte, war klar: Es war sein Koffer. Doch leider lieferte der Inhalt keinerlei heiße Spur. Es fanden sich nur alltägliche Reiseutensilien, wobei in allen Kleidungsstücken die Etiketten fehlten. Immerhin entdeckte die Polizei auf drei der Kleidungsstücke Schriftzüge, die „T. Keane", „Keane" und „Kean" lauteten und hinter denen man eine Textilreinigung vermutete. Doch selbst diese Spur führte ins Leere. Bis heute hat niemand eine Person namens Keane oder Kean ausfindig gemacht, die etwas mit dem Fall zu tun haben könnte. Die einzige halbwegs interessante Erkenntnis aus der Untersuchung des Koffers bestand am Ende darin, dass ein in ihm enthaltener Mantel ein US-amerikanisches Stichmuster aufwies. Höchstwahrscheinlich war dieses Kleidungsstück in den USA hergestellt und dort auch an den Träger angepasst worden.

Auf Grund des Koffers wusste die Polizei nun, dass sich der Unbekannte am Bahnhof von Adelaide aufgehalten hatte. Vermutlich war er mit einem Nachtzug aus Melbourne, Sydney oder Port Augusta gekommen. Wahrscheinlich hatte er sich dann am Morgen in einer öffentlichen Badeanstalt nahe dem Bahnhof rasiert und geduscht. Anschließend brachte er seinen Koffer zur Gepäckaufbewahrung. Möglicherweise hatte er schon vor dem Aufsuchen der Badeanstalt die Zugfahrkarte gekauft, mit der er um 10:50 Uhr in den Strandvorort Henley Beach hätte fahren können. Vermutlich verpasste er den Zug, weil die Duschanlagen am Bahnhof geschlossen waren und er deshalb in die nahe gelegene Badeanstalt ausweichen musste. Somit fuhr er mit dem Bus nach Somerton Beach. Wollte er sich dort nach der unbequemen Nacht im Zug ausruhen? Oder plante er bereits seinen Freitod? Oder wartete am Strand sein Mörder? Wir wissen es nicht.

WER WAR ER?

Eine der vielen Theorien zum Somerton-Mann besagt, dass der unbekannte Tote ein Spion aus dem Ostblock war. Auch wenn sich dies nach einer Affekt-Hypothese von Verschwörungstheoretikern anhört, hat sie doch etwas für sich: Der Kalte Krieg hatte im Jahr 1948 längst begonnen, und auch Australien konnte sich aus diesem nicht heraushalten. Mindestens eine sowjetische Spionage-Operation in Australien in den vierziger Jahren ist belegt. Vielleicht war der Unbekannte in einer ähnlichen Mission im Auftrag des KGB oder eines anderen Ost-Geheimdiensts unterwegs. Genauso ist es möglich, dass es sich beim Somerton-Mann um einen Agenten eines westlichen Geheimdienstes handelte, der zum Zweck der Spionageabwehr eingereist war.

Für die Spionage-Theorie spricht, dass der Tote von niemandem vermisst wurde. Auch das Fehlen von Kleidungsetiketten ist unter Spionen gebräuchlich. Die fehlenden Ausweispapiere wirken zwar seltsam (Spione haben normalerweise Papiere bei sich, auch wenn es falsche sind), doch vielleicht wurden sie ihm abgenommen. Auch die unbekannte Substanz, an der der Somerton-Mann wahrscheinlich starb, spricht für die Spionage-Theorie. Geheimdienste kennen sich mit Giften aus und haben auch tödliche Substanzen in ihrem Repertoire, die nicht nachweisbar sind. Die Frage hierbei ist: Nahm der Unbekannte das Gift selbst, um sich umzubringen, oder wurde es ihm verabreicht? Selbstmord, vielleicht aus Verzweiflung über einen missglückten Einsatz oder auch aus privaten Gründen (auch Spione sind Menschen), oder Mord, weil er ein Risiko darstellte, bestraft werden sollte oder für die falsche Seite arbeitete. Unbeantwortbare Fragen.

Der Somerton-Mann könnte ebenso ein Einwanderer gewesen sein – einer von unzähligen Europäern, die nach dem Zweiten

Weltkrieg nach Australien kamen. Dass keine Hinterbliebenen ausfindig gemacht wurden, ließe sich so erklären – hielten diese sich doch vielleicht am anderen Ende der Welt auf. Hatte der Unbekannte vielleicht sogar vor seinem Freitod alle Papiere weggeworfen und die Etiketten aus seiner Kleidung entfernt, damit seine Angehörigen nicht von seinem Ableben erfuhren? Oder handelte es sich beim Somerton-Mann um einen US-Amerikaner, der fernab seiner Heimat unerkannt sterben wollte? Vielleicht war er speziell zu diesem Zweck unter einem Vorwand nach Australien gekommen. Auch in diesem Fall könnten die fehlenden Ausweispapiere und die herausgeschnittenen Etiketten verhindert haben, dass die Angehörigen vom freiwilligen Tod erfuhren. Doch wäre es in den letzten 60 Jahren nicht irgendwann aufgefallen, dass eine verschwundene Person, die wohlhabend war und zweifellos einen gewissen Bekanntenkreis besaß, mit dem Somerton-Mann identisch war?

DER ZETTEL IN DER TASCHE

Einige Monate nach dem Tod des Unbekannten – die Obduktion dauerte immer noch an – machte ein Pathologe eine merkwürdige Entdeckung. In einer versteckten, kleinen Hosentasche des Toten, die bis dahin niemandem aufgefallen war, fand er einen sorgfältig gefalteten Zettel mit der Aufschrift „Taman Shud". Die beiden Wörter waren nicht handgeschrieben, sondern gedruckt – der Zettel war aus einem Buch herausgerissen worden. Die Polizei musste nicht lange suchen, um der Bedeutung von „Taman Shud" auf die Spur zu kommen. Es handelt sich um einen persischen Ausdruck für „Ende".

Die weiteren Untersuchungen der Polizei ergaben, dass der gefaltete Zettel wahrscheinlich aus dem Buch „The Rubaiyat of Omar Khayyam" von Edward Fitzgerald stammte. Omar Khayyam war ein persischer Mathematiker, Philosoph und Dichter, der von etwa 1048 bis 1123 lebte. Er ist heute vor allem durch seine vierzeiligen Gedichte bekannt, die als Rubaiyat bezeichnet werden. Der britische Dichter Edward Fitzgerald übersetzte etwa 100 dieser Vierzeiler ins Englische und brachte sie im Jahr 1859 in Form des besagten Buchs auf den Markt. „The Rubaiyat of Omar Khayyam" wurde im angelsächsischen Raum ausgesprochen populär. Auch in Australien las man die übersetzten Gedichte gerne. Es entstanden unzählige Ausgaben des Buchs, die sich teilweise inhaltlich und in der Anzahl der enthaltenen Vierzeiler voneinander unterschieden. Andere Autoren zogen mit eigenen Khayyam-Übersetzungen nach.

Nach dem letzten Vierzeiler stehen in einigen Rubaiyat-Ausgaben die Worte „Taman Shud". Dieser nicht übersetzte Ausdruck markiert das Ende des Buchs. Offensichtlich hatte der Somerton-Mann den entsprechenden Teil der letzten Seite des Fitzgerald-Buchs herausgerissen und in die verborgene Hosentasche gesteckt. Nun konnte eigentlich niemand darauf hoffen, das zugehörige Buchexemplar zu finden, doch die Polizei hatte Glück. Als sie die Öffentlichkeit informierte, meldete sich ein Mann aus Adelaide, der ein Exemplar des Buchs in seinem Auto (!) gefunden hatte. Vermutlich hatte sein Besitzer es durch die offenen Scheiben des geparkten Wagens geworfen, um es zu entsorgen.

LXXV

And when Thyself with shining Foot shall pass
Among the Guests Star-scatter'd on The Grass,
And in Thy joyous Errand reach the Spot
Where I made one—turn down an empty Glass!

TAMAN SHUD.

(60) Das Buch „The Rubaiyat of Omar Khayyam" von Edward Fitzgerald spielt eine wichtige Rolle im Fall des Somerton-Manns. Es endet in einigen Ausgaben mit den Worten „Taman Shud".

Die Spur erwies sich als heiß. Im aufgefundenen Buch fehlte der Taman-Shud-Teil der letzten Seite. Das Auto hatte am Tag, an dem der Unbekannte in Adelaide aufgetaucht war, auf einem

Parkplatz in der Nähe von Somerton Beach gestanden. Eine Untersuchung der Polizei brachte Klarheit: Das Stück Papier in der Tasche des Toten stammte aus dem aufgefundenen Buch.

DIE VERSCHLÜSSELTE NACHRICHT

Als die Polizei das „Rubaiyat"-Exemplar genauer unter die Lupe nahm, wurde es richtig spannend. Auf der Innenseite des hinteren Buchdeckels fanden sich einige mit Bleistift geschriebene Buchstabenfolgen ohne erkennbaren Sinn (siehe Abbildung 61). Möglicherweise handelte es sich dabei um eine verschlüsselte Nachricht. Die Presse sprach schon bald nach der Veröffentlichung dieser Notiz von der „Taman-Shud-Chiffre". Diese besteht aus insgesamt 51 Buchstaben in fünf Zeilen. Sollten diese Buchstabenkolonnen Licht in das Rätsel des Somerton-Manns bringen?

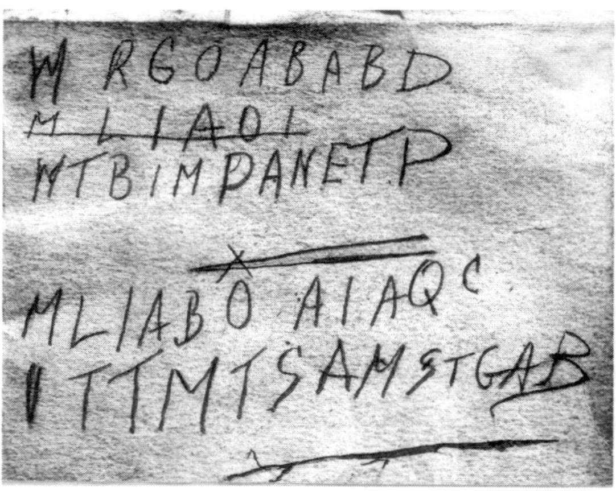

(61) Der Somerton-Mann hinterließ dieses als Taman-Shud-Chiffre bezeichnete Kryptogramm.

Leider ist vieles an der Taman-Shud-Chiffre nicht eindeutig. So erscheint die zweite Zeile durchgestrichen. Möglicherweise ist die vierte Zeile eine korrigierte Version der (durchgestrichenen) zweiten. Es könnte sich bei dem Strich aber auch um eine missglückte Unterstreichung handeln. Die erste und die dritte Zeile fangen mit einem Buchstaben an, der sowohl als W als auch als M interpretiert werden kann. Möglicherweise hat der Schreiber ein W in ein M korrigiert. Der erste Buchstabe der fünften Zeile ist wahrscheinlich ein I, könnte aber auch ein V sein. Der fünftletzte Buchstabe in der letzten Zeile ist ein S mit einem zusätzlichen Strich, den das andere S im Text nicht hat. Der drittletzte Buchstabe der letzten Zeile ist wahrscheinlich ein G, vielleicht aber auch ein C. Und was ist von dem X über dem O in der vierten Zeile zu halten? Es sind also zahlreiche unterschiedliche Interpretationen der Taman-Shud-Chiffre denkbar. Die wohl wahrscheinlichste davon lautet:

```
MRGOABABD
MLIAOI
MTBIMPANETP
MLIABOAIAQC
ITTMTSAMSTGAB
```

Was hatten diese Zeilen für einen Zweck? Hatte es der Tote darauf angelegt, dass die Nachricht gefunden wurde? Enthielt sie einen (wenn auch sehr kurzen) Abschiedsbrief? Sollte sie ein Hinweis auf den etwaigen Mörder sein? Oder waren es nur ein paar unwichtige Notizen, die ein Unbeteiligter nicht verstehen konnte? Keine dieser Fragen lässt sich ohne Weiteres beantworten. Es ist noch nicht einmal klar, ob der Somerton-Mann die Notiz selbst verfasst hat und ob sie überhaupt etwas mit ihm zu tun hat. Auffällig ist, dass die Nachricht aus vier Zeilen besteht (sofern man die durchgestrichene weglässt), was an die Vierzeiler von Omar Khayyam erinnert. Hatte der Somerton-Mann zum Zeitvertreib einen Vierzeiler aus dem Buch verschlüsselt? Oder hatte er mit Hilfe eines Vierzeilers einen anderen Text verschlüsselt? Niemand wusste eine Antwort.

Zahlreiche australische Dechiffrier-Experten und Hobby-Kryptologen nahmen die fünf rätselhaften Zeilen in der Folgezeit unter die Lupe. Auch das Militär und der Geheimdienst leisteten Amtshilfe. Selbst Astrologen versuchten sich an der Aufgabe. Doch niemand konnte eine glaubwürdige Lösung präsentieren. Unglaubwürdige gab es dafür umso mehr. Dazu zählte beispielsweise die Arbeit eines Hobby-Codeknackers, der meinte, die Taman-Shud-Chiffre sei eine Aneinanderreihung der Anfangsbuchstaben (Akrostichon) des folgenden Satzes: „Wm. Regrets. Going off alone. B.A.B. decieved me too. But I've made peace and now expect to pay. My life is a bitter cross over nothing. Also I'm quite confident this time I've made Taman Shud a mystery. St. G.A.B." Ein anderer kam durch irgendwelche Umformungen auf: „Go & wait by PO. Box L1 1am T TG".

Nachdem niemand die Taman-Shud-Chiffre dechiffrieren konnte, wurde es einige Jahrzehnte lang ruhig um die rätselhaften 51 Buchstaben. Erst im Jahr 2009 kam wieder Leben in die Sache, als Andrew Turnbull und Denley Bihari, zwei Studenten von der Universität Adelaide, sich der Taman-Shud-Chiffre noch einmal annahmen. Im Gegensatz zu den Codeknackern der fünfziger Jahre konnten die beiden einen Computer nutzen. Damit erstellten sie Statistiken und berücksichtigen dabei unterschiedliche Interpretationen der Buchstaben.

Turnbull und Bihari stellten zunächst mehrere Hypothesen auf, um diese anschließend zu prüfen. Die erste Hypothese lautete, dass der Taman-Shud-Text aus bedeutungslosen Zufallsbuchstaben besteht. Um einen Vergleich zu haben, ließen sie 37 Testpersonen jeweils etwa 50 Buchstaben aneinanderreihen, in denen keine sinnvollen Wörter vorkommen sollten. Dabei zeigte sich, dass viele der Probanden Mühe hatten, diese scheinbar leichte Aufgabe zu erfüllen. Teilweise benötigten die Getesteten über 5 Minuten für die 50 Buchstaben, und am Ende fanden sich entgegen der Aufgabenstellung häufig doch sinnvolle Wörter darin. Als Lieblingsbuchstaben der Probanden erwiesen sich A, R und S. Irgendwelche Ähnlichkeiten mit dem Taman-Shud-Text ergaben sich nicht.

Die beiden Studenten zogen nun noch in Betracht, dass der Taman-Shud-Schreiber eventuell von Drogen oder einem Gift beeinflusst gewesen sein könnte. Da sie jedoch aus nahe liegenden Gründen ihre Testpersonen weder auf Drogen setzen noch vergiften konnten, versuchten sie es mit Alkohol. Insgesamt 18 Freiwillige lieferten in alkoholisiertem Zustand eine Textprobe ab. Das wichtigste Ergebnis: Der Buchstabe Z nahm mit steigendem Promille-Pegel deutlich an Beliebtheit zu.[15] Eine größere Ähnlichkeit mit dem Taman-Shud-Text ergab sich bei den alkoholisierten Schreibern jedoch nicht.

[15] Vielleicht wäre diese Erkenntnis ein Kandidat für den berühmten Ig-Nobel-Preis.

Die Zufallstext-Hypothese ließ sich also nicht erhärten. Die Studenten räumten jedoch ein, dass ihre Untersuchungen unvollständig waren. So hatten sie nur Personen aus ihrem Umfeld getestet. Es ist durchaus möglich, dass Europäer oder US-Amerikaner andere Zufallstexte produzieren. Außerdem könnten andere Drogen als Alkohol zu anderen Beeinflussungen führen. Und schließlich produzieren unterschiedliche Personen unterschiedliche Zufallsfolgen. Ohnehin ist die Frage: Warum sollte jemand zufällige Buchstaben aufschreiben?

Als nächste Hypothese testeten Turnbull und Bihari, ob die Buchstaben in ihrer Häufigkeit der der englischen Sprache entsprechen. Sollte dies der Fall sein, könnte es sich um eine Umordnungsverschlüsselung handeln. Es zeigte sich jedoch schnell, dass diese Variante nicht infrage kommt. Die häufigsten Buchstaben der englischen Sprache sind E, T, A und O. In der Taman-Shud-Chiffre kommen dagegen A, M, T und B am häufigsten vor. Auch die sonstigen Häufigkeiten ließen sich nicht mit denen der englischen Sprache in Einklang bringen. Andere gängige Sprachen – beispielsweise Deutsch oder Französisch – passen ebenfalls nicht ins Raster.

Als weitere Hypothese prüften die beiden Studenten mehrere Verschlüsselungsverfahren, die auf Buchstabenersetzungen basieren. Dabei handelte es sich um Verfahren wie Cäsar, Vigenère oder Playfair, die in zahlreichen Büchern beschrieben werden und die der Schreiber daher gekannt haben könnte. Die Überprüfung verlief jedoch negativ. Keines der untersuchten Ersetzungsverfahren zeigte statistische Eigenschaften, die auch nur annähernd passten. Allerdings räumten die beiden Studenten ein, dass sie längst nicht alle infrage kommenden Verfahren getestet hatten.

Dafür landeten Turnbull und Bihari bei der nächsten Überprüfung einen Treffer. Anstatt die Häufigkeiten der Buchstaben im Englischen insgesamt zu nehmen, beschränkten sie sich dieses Mal auf die häufigsten Wort-Anfangsbuchstaben. Zum Vergleich: In deutschen Texten ist das D der häufigste Anfangsbuchstabe, gefolgt vom S, während das E in dieser Statistik erst an dritter Stelle steht. Im Englischen stehen T, H, A und W am häufigsten am Wortanfang. Letzteres deckt sich zwar nicht ganz mit den häufigsten Buchstaben der Taman-Shud-Chiffre (A, M, T und B), doch eine Ähnlichkeit ist vorhanden – zumal 51 Buchstaben zu wenig sind, um genau die statistisch zu erwartenden Werte zu erhalten. Außerdem passten die seltenen Buchstaben recht gut: Der seltenste Anfangsbuchstabe im Englischen ist das X, gefolgt von Z, Q, J, V, K, U und Y. Von diesen kommt überhaupt nur das Q in der Taman-Shud-Chiffre vor. Eine weitere Prüfung ergab, dass die Buchstaben der Taman-Shud-Chiffre die Anfangsbuchstaben eines Satzes sein könnten.

DIE ANFANGSBUCHSTABEN-THEORIE

Sollte die Anfangsbuchstaben-Theorie tatsächlich die richtige sein, so bleibt die Frage bestehen, warum jemand etwa 50 Anfangsbuchstaben aneinanderreiht. Zum Verschlüsseln ist eine solche Methode nicht besonders gut geeignet – es ist reichlich mühsam und meist mehrdeutig, aus den einzelnen Buchstaben die zugehörigen Wörter wiederherzustellen. Trotzdem tendieren die meisten bisher veröffentlichten Lösungsvorschläge in Richtung einer Verschlüsselung. So könnte ITTMTSAMSTGAB beispielsweise Folgendes heißen: „It's Time To Move To South Australia Moseley Street" (die Moseley Street liegt in der Nähe von Somerton Beach). Allerdings gibt es nahezu unbegrenzt viele Sätze, die zu diesen Buchstaben passen, und man wird ohne zusätzliche Informationen wohl nie den richtigen finden.

Mein erster Gedanke im Zusammenhang mit der Anfangsbuchstabentheorie ging ohnehin weg vom Thema Verschlüsselung. Das Aneinanderreihen von Anfangsbuchstaben ist eine Vorgehensweise, die Experten heute zur Generierung von Computer-Passwörtern empfehlen. Nimmt man beispielsweise den Satz „Die graue Maus liebt meistens den grünen Löwen", dann bilden die Anfangsbuchstaben „DgMlmdgL" ein schwer zu erratendes und doch leicht zu merkendes Passwort. Allerdings gab es im Jahr 1948 noch keine Computer-Passwörter, außerdem ist die Taman-Shud-Buchstabenfolge für diesen Zweck viel zu lang. Es gibt jedoch Verschlüsselungsverfahren, die mit vergleichsweise langen Schlüsselwörtern arbeiten. Für das in Kapitel 5 vorgestellte Doppelwürfel-Verfahren wird beispielsweise empfohlen, zwei Schlüsselwörter zu verwenden, die jeweils zwischen 20 und 25 Buchstaben lang sind. Dies würde zum Taman-Shud-Text passen. Auch das so genannte One-Time-Pad-Verschlüsselungsverfahren (siehe ebenfalls Kapitel 5) arbeitet mit langen Schlüsselwörtern.

Die Schlüsselwort-Theorie würde erklären, warum die Buchstaben der Taman-Shud-Chiffre unauffällig auf der letzten Seite des Buchs stehen und dort kaum zu lesen sind. Möglicherweise unterlief dem Schreiber ein Fehler, als er versuchte, sich die zweite Zeile ins Gedächtnis zu rufen. Er strich sie deshalb durch und schrieb anschließend die richtige Version hin. Sollte es sich bei der Taman-Shud-Chiffre tatsächlich um ein Schlüsselwort handeln, dann wäre dies ein Argument für die Spionage-Theorie, denn derartige Verschlüsselungsverfahren wurden seinerzeit fast nur von Geheimdiensten verwendet. Doch warum warf der Unbekannte das Buch mit einem Schlüsselwort in ein Auto, wo es nahezu zwangsläufig gefunden werden würde? Vielleicht war es ihm egal, weil er sich sowieso das Leben nehmen wollte.

Die naheliegendste Erklärung für eine Folge von Anfangsbuchstaben ist allerdings weder eine Verschlüsselung noch ein Schlüsselwort für eine solche. Vielmehr verwenden die meisten Menschen Anfangsbuchstaben schlicht als Abkürzungen. Wohl jeder hat schon einmal M für Montag oder D für Dienstag geschrieben, wenn er sich Notizen macht. Doch warum schreibt jemand 51 Anfangsbuchstaben auf, ohne dass Zahlen oder Symbole darin vorkommen? Ich habe zahlreiche Bekannte gefragt. Einige meinten, sie würden manchmal die ersten Buchstaben von Gedichtzeilen zur Kontrolle aufschreiben, wenn sie ein Gedicht auswendig lernen. Denkbar wäre es auch, dass es sich um Lösungen eines Rätsels oder von Prüfungsfragen handelt, auch wenn mir bisher kein plausibles Szenario bekannt ist.

Vielleicht hat der Unbekannte auch Orte oder Personen notiert, die er in dieser Reihenfolge aufsuchen wollte. MRGOABABD könnte etwa für „Miller, Richards, Gibbons, O'Hara, Andrews, Boyd, Andrews, ..." stehen. Sie merken, der Spekulation sind Tür und Tor geöffnet. Es gibt viele Möglichkeiten, die in der mir vorliegenden Literatur nicht erwähnt werden. Vielleicht haben Sie als Leser eine Idee, warum sich der Somerton-Mann Anfangsbuchstaben notiert haben könnte. Eine Möglichkeit ist jedoch schon gut untersucht: Turnbull und Bihari prüften, ob die Buchstaben der Taman-Shud-Chiffre mit irgendwelchen Anfangsbuchstaben im „Rubaiyat" übereinstimmen. Das Ergebnis war negativ.

EIN FALL MIT UNGEKLÄRTEN FRAGEN

Es gibt noch eine weitere äußerst rätselhafte Facette im Fall des Somerton-Manns: Im aufgefundenen Rubaiyat-Buch war handschriftlich eine Telefonnummer notiert. Diese gehörte einer Frau, die nur 800 Meter vom Fundort des Toten entfernt lebte. Die Identität und die Aussagen dieser wichtigen Zeugin hielt die Polizei geheim, um sie zu schützen. Daher ist auch die notierte Telefonnummer nicht öffentlich bekannt. In der Literatur wird diese Frau meist als „die Krankenschwester" (dies war angeblich ihr Beruf) oder als Jestyn (dies soll ihr Spitzname gewesen sein) bezeichnet. Welche Rolle sie im Fall des Somerton-Manns spielte, ist nicht klar. Wir können jedoch davon ausgehen, dass sich die Polizei ausführlich mit ihr beschäftigte, ohne dass etwas Entscheidendes dabei herauskam.

Einer der wenigen, die die Identität der Krankenschwester kennen, ist der Australier Gerry Feltus. Er arbeitete als Kriminalpolizist und kam dabei mit dem Somerton-Fall in Berührung – wenn auch erst Jahrzehnte nach den Geschehnissen am Somerton Beach. Der Fall übte auf Feltus eine so große Faszination aus, dass er sich diesem nach seiner Pensionierung im Jahr 2004 mit großer Akribie widmete. Inzwischen ist Feltus der weltweit bedeutendste Experte für den Somerton-Mann. Sein Buch „The Unknown Man" ist die beste Informationsquelle, die es zu diesem Thema gibt. Selbstverständlich habe ich mit Feltus Kontakt aufgenommen und mich mit ihm über den Somerton-Mann ausgetauscht.

(62) Der ehemalige Kriminalpolizist Gerry Feltus ist der Experte für den Somerton-Mann.

Wenn es um die Krankenschwester geht, hält sich Feltus bedeckt. Ihre Identität kennt er nicht aus den Polizeiakten, sondern hat sie in mühevoller Ermittlungsarbeit selbst herausgefunden. Er hat sogar mit ihr gesprochen, bevor sie 2005 starb, respektiert jedoch ihren Wunsch, anonym zu bleiben. Andererseits heißt es in seinem Buch: „Es könnte zutreffen, dass sie Teresa Johnson hieß." Feltus sagt außerdem: „Meiner Meinung nach kannte die Krankenschwester die Identität des unbekannten Manns." Mehr ist von ihm zu diesem Thema nicht zu erfahren.

Die mysteriöse Krankenschwester ist sicherlich nicht der einzige Ansatzpunkt, der eine Lösung des Somerton-Mann-Rätsels selbst nach über 60 Jahren möglich erscheinen lässt. So sind auch die forensischen Möglichkeiten noch nicht ausgeschöpft. Über dieses Thema habe ich mich mit dem Kriminalbiologen Dr. Mark Benecke unterhalten, den ich seit Jahren durch unser gemeinsames Engagement in der Skeptiker-Organisation GWUP kenne. Benecke hält es für hilfreich, die Leiche des Somerton-Manns zu exhumieren. „Da findet sich immer irgendetwas, an das noch keiner gedacht hat", lautet seine Einschätzung, „ein Knopf, eine Abrinnspur, die nirgendwo hinpasst, eine Scharte an einem Knochen oder etwas Ähnliches."

(63) Kriminalbiologe Mark Benecke hält es für sinnvoll, die Isotopen aus den Knochen des Somerton-Manns zu untersuchen. So könnte man herausfinden, wo dieser gewohnt hat.

Die exhumierte Leiche könnte man zudem nutzen, um die DNA des Somerton-Manns zu untersuchen. Leider sind ansonsten keine DNA-Spuren des unbekannten Toten erhalten geblieben. Die Frage ist allerdings, was eine DNA-Analyse bringen würde. Wunderdinge darf man nicht erwarten, darauf weisen sowohl Benecke als auch Feltus hin. Ersterer sagte mir: „Man könnte mit sehr viel Glück die ursprüngliche Ethnie des Toten bestimmen, aber das ist bei hellhäutigen Menschen nicht so spannend. Deutliche genetische Marker gibt es allenfalls auf kleinen Inseln oder in Gebieten mit ursprünglich wenig Außenkontakt." Interessanter wäre es laut Benecke dagegen, die Isotopen aus den Knochen des Somerton-Manns zu untersuchen. „Mit einer passenden Vergleichssammlung würde man sicher herausbekommen, wo der Tote in seinem Leben gewohnt – genauer gesagt: gegessen und getrunken – hat. Dadurch könnte man seine Herkunft eingrenzen."

Zwar haben schon einige vorgeschlagen, den Somerton-Mann zu exhumieren, doch bisher haben die australischen Behörden nicht zugestimmt. Vielleicht wird sich dies in naher Zukunft ändern.

DIE KRANKENSCHWESTER ALS MÖRDERIN?

Während der Recherche zu diesem Buch sprach ich mit einem britischen Kryptologie-Liebhaber, der als einer der wenigen eine vollständige, wenn auch hochspekulative Theorie zum Somerton-Mann parat hat.

Nach seiner Meinung war der Somerton-Mann ein ehemaliger australischer Marinesoldat, der seit Kriegsende ohne dauerhaften Wohnsitz lebte. Da er allein unterwegs war und keine Freundschaften pflegte, wurde er später von niemandem vermisst. Seine Kleidung hatte der Unbekannte vermutlich von einer Wohltätigkeitsorganisation – zufällig war er auf diesem Weg zu einem ursprünglich recht teuren Anzug mit Schuhen und Mantel gekommen. Der Spender dieser Kleidungsstücke hatte alle Etiketten entfernt, um seine Anonymität zu wahren.

Nach Adelaide kam der Somerton-Mann, weil er die Krankenschwester aufsuchen wollte. Sie war seine frühere Geliebte und Mutter eines gemeinsamen Kindes. Die Krankenschwester war jedoch nicht erfreut über diesen Besuch. Im Gegenteil: Irgendetwas muss ihr große Sorgen bereitet haben – vielleicht wusste ihr aktueller Partner nichts von ihrer früheren Affäre und hielt sich stattdessen selbst für den Vater des Kindes. Die Krankenschwester beschloss daher, den Somerton-Mann umzubringen. Dazu nutzte sie ein Gift, an das sie von Berufs wegen herankam. Der Mord fand nicht am Strand statt. Die Krankenschwester brachte die Leiche jedoch nach der Tat zum späteren Fundort. Das Taman-Shud-Kryptogramm spielte bei der ganzen Geschichte keine große Rolle. Es besteht gemäß dieser Theorie aus den Anfangsbuchstaben eines Liebesgedichts, das der Somerton-Mann verfasst und der Krankenschwester gewidmet hat.

Sieht so tatsächlich die Lösung des Somerton-Mann-Falls aus? Viele Fragen bleiben offen. Müsste nicht auch ein Mann ohne festen Wohnsitz Verwandte und Bekannte gehabt haben, die sein Bild in der Zeitung erkannten? Und warum hat die Polizei die Krankenschwester nicht wegen Mordes verhaftet? Kein Zweifel, diese Theorie ist mehr als wackelig – alle anderen sind es jedoch auch. Dies gilt ganz besonders für die Erklärung eines Mannes, der wohl mehr überflüssige Theorien veröffentlicht hat als jeder andere: Erich von Däniken. Seine Hypothese: Der Somerton-Mann war ein Außerirdischer, der auf ein Raumschiff wartete.

7 Der Zodiac-Killer
Mord mit verschlüsseltem Bekennerschreiben

Am 3. August 1969 saß der Geschichtslehrer Donald Harden zu Hause und erholte sich von einer Augenoperation. Als er die Lokalzeitung San Francisco Chronicle überflog, sah er auf der vierten Seite einen verschlüsselten Text. Ein Unbekannter hatte ihn an die Redaktion geschickt – als Teil eines Schreibens, in dem er sich zu zwei Gewaltverbrechen aus dem Vormonat bekannte: „Ich will, dass Sie diesen Geheimtext auf der Titelseite Ihrer Zeitung abdrucken. (…) Im Text ist meine Identität verborgen. Wenn Sie ihn nicht abdrucken, werde ich eine Mordserie starten." Der Brief war mit dem aus der Astrologie stammenden Zodiac-Symbol signiert.[16] Sein Verfasser sollte als Zodiac-Killer in die Geschichte eingehen. Donald Harden war von den verschlüsselten Zeilen fasziniert. Würde es ihm gelingen, sie zu dechiffrieren?

DER ZODIAC SCHLÄGT ZU

Sein erstes Verbrechen verübte der Zodiac-Killer wahrscheinlich am 20. Dezember 1968 nördlich von San Francisco. Um 22:15 Uhr erschoss der Täter ein junges Paar, er 17, sie ganze 16 Jahre alt. Sie wurden in ihrem Auto überrascht, das an einer abseits gelegenen Stelle geparkt war. Während der Junge aus kürzester Entfernung in den Kopf getroffen wurde, versuchte seine Geliebte zu fliehen. Dabei schoss ihr der Unbekannte fünf tödliche Kugeln in den Rücken. Anschließend fuhr er in seinem Auto davon. Ein Motiv für die Tat war nicht erkennbar. Der

[16] Der Zodiac bezeichnet in der Astrologie einen Kreis, auf den die zwölf Sternzeichen abgetragen sind.

Zodiac-Killer hatte vermutlich aus reiner Lust am Töten zugeschlagen.

Knapp sieben Monate später, am 4. Juli 1969, gab es in Valejo bei San Francisco zwei weitere Opfer. Erneut hatte es der Zodiac-Killer auf ein Paar in einem parkenden Auto abgesehen. Der Tatort lag nur sechs Kilometer vom Schauplatz des ersten Verbrechens entfernt. Kurz vor Mitternacht tauchte der Unbekannte in seinem Auto auf dem zu dieser Zeit wenig frequentierten Parkplatz auf. Er hielt direkt neben dem Auto der Opfer, fuhr jedoch kurz darauf wieder weg. Zehn Minuten später kam er zurück. Dieses Mal stieg er aus und eröffnete ohne Vorwarnung das Feuer. Die 22-jährige Frau erlag ihren Schusswunden, ihr 19-jähriger Begleiter überlebte schwer verletzt. Er beschrieb den Täter später als Weißen mit kurzen Haaren.

Vier Wochen nach diesem zweiten Verbrechen, am 31. Juli 1969, ging bei drei Regionalzeitungen aus dem Raum San Francisco je ein Brief ein. Den fast wortgleichen Schreiben lag jeweils eine verschlüsselte Nachricht bei. Die drei Geheimtexte waren jedoch nicht identisch, sondern setzten sich zu einer dreiteiligen Botschaft zusammen. Der Verfasser hatte eine Geheimschrift verwendet, zu der gewöhnliche Buchstaben, astrologische Symbole und einige andere Zeichen gehörten. Jeder Teil hatte eine Länge von 136 Zeichen, was sich zu einer gesamten Botschaft von 408 Zeichen summierte.

Alle drei Zeitungen kopierten die erhaltenen Schreiben und gaben die Originale an die Polizei weiter. Im unverschlüsselten Teil zählte der Verfasser einige Details zu den Verbrechen auf: die Marke der Munition, die Anzahl der abgegebenen Schüsse, die Art der Hose eines Opfers und ein paar Dinge mehr. Da diese Informationen nicht in den Medien veröffentlicht worden waren, kam nur der Täter selbst als Absender der Briefe infrage. Die Polizei übergab die dreiteilige verschlüsselte Nachricht an eine Kryptologie-Einheit der US-Marine. Dort konnte man die Verschlüsselung jedoch nicht knacken. Daher wurden die CIA und die NSA eingeschaltet, dort war schließlich das Dechiffrier-Know-how der USA versammelt. Die NSA gilt in der Kryptologie als die kompetenteste Organisation der Welt. Doch auch ihre Experten fanden keine Lösung.

Alle drei Regionalzeitungen druckten in den folgenden Tagen ihren Teil des verschlüsselten Texts ab. Den unverschlüsselten

Teil hielten sie dagegen auf Bitte der Polizei zurück, um die Details zu den Morden weiter geheim zu halten. Der San Francisco Chronicle veröffentlichte sein Geheimtext-Drittel erstmals am Freitag, dem 1. August, und brachte es einen Tag später auf Seite 4 der Samstagsausgabe ein zweites Mal.

(64) Die erste verschlüsselte Nachricht des Zodiac-Killers setzt sich aus drei Teilen zusammen. Das Ehepaar Donald und Bettye Harden schaffte es, die Verschlüsselung zu knacken.

DIE HARDENS KNACKEN DEN CODE

Nun kam Donald Harden ins Spiel. Er las die seltsame Nachricht und sah seinen Ehrgeiz geweckt. Zwar hatte er kaum Erfahrung mit Kryptologie, doch als passionierter Kreuzworträtsel-Löser fühlte er sich ausreichend qualifiziert. Mit Papier und Bleistift bewaffnet machte er sich daran, den Geheimtext zu analysieren. Seine Frau Bettye ließ sich ebenfalls anstecken. Die beiden besorgten sich die anderen zwei Geheimtextteile und drangen immer tiefer in die seltsamen Textzeilen ein. Dabei wussten sie zunächst nicht einmal, in welche Reihenfolge sie die drei Botschaften bringen mussten. Dem an den San Francisco Chronicle geschickten Teil widmeten sich die Hardens zuerst, schließlich war nur er mit dem unchiffrierten Zusatz „In dieser Verschlüsselung steht meine Identität" versehen.

Auch ohne großes kryptologisches Fachwissen wussten die Hardens, dass sie zunächst die Buchstaben im Text zählen mussten. Im Englischen ist das E der häufigste Buchstabe, gefolgt von T, A, O, N, I und R. Mit 408 Zeichen stand den beiden vergleichsweise viel Analysematerial zur Verfügung. Allerdings waren keine Wortzwischenräume zu erkennen, was die Sache erschwerte. Die Hardens kamen auf ein Alphabet bestehend aus 52 Zeichen. Sie vermuteten, dass der Zodiac-Killer dem E und einigen anderen häufigen Buchstaben mehrere Zeichen aus dem Geheimtextalphabet zugeordnet hatte. Dadurch wurde es äußerst schwierig, Buchstaben an ihrer Häufigkeit zu erkennen. Ein solches Verfahren bezeichnet man als homophone Verschlüsselung – nach dem Namen für diejenigen Geheimtextbuchstaben, die demselben Klartextbuchstaben entsprechen.

Bettye Harden entwickelte schnell einen noch größeren Ehrgeiz als ihr Mann. Über Tage hinweg kümmerte sie sich um nichts anderes als um die Zodiac-Nachricht. Die entscheidende Idee kam ihr nach 48 schlaflosen Stunden. Sie vermutete, dass der egomanische Killer besonders oft das Wort ICH benutzte und, naheliegend, dass er vom Töten sprach. Irgendwann rief sie: „Ich glaube, er sagt: Ich töte gern." Tatsächlich ließen sich die ersten 12 Buchstaben von einem der drei Teile mit I LIKE KILLING entschlüsseln. Nun gaben auch die anderen Teile des Texts ihr Geheimnis preis. Dabei wurde klar: Das E hatte der

Zodiac-Killer durch sieben unterschiedliche Zeichen (Homophone) ersetzt. Für das A gab es sechs und für das I vier Homophone.

Am Morgen des 6. August 1969 – also nach nicht einmal drei Tagen – hatten die Hardens das Rätsel vollständig gelöst. Der Klartext las sich wie folgt: „Ich töte gerne Menschen, weil es so viel Spaß macht. Es macht mehr Spaß, als Wild im Wald zu töten, denn der Mensch ist das gefährlichste Wild. Töten ist das Aufregendste, besser noch, als ein Mädchen zu vögeln. Das Beste ist, wenn ich gestorben bin und im Paradies wiedergeboren werde, sind alle, die ich getötet habe, meine Sklaven. Ich werde euch meinen Namen nicht nennen, ihr werdet versuchen, mein Sammeln von Sklaven für das Jenseits zu verlangsamen oder zu verhindern.“ Leider enthielt der Text nichts, was Rückschlüsse auf den Schreiber erlaubte.

Donald Harden rief beim San Francisco Chronicle an: „Ich habe den Code geknackt.“ Die Sekretärin am Telefon war wenig beeindruckt, hatte sie doch schon Hunderte ähnlicher Anrufe entgegengenommen. Beim FBI stellte man allerdings schnell fest: Die Lösung war korrekt. Im Nachhinein wurde diese erste verschlüsselte Nachricht des Zodiac-Killers wegen ihrer Länge von 408 Buchstaben als Zodiac-408 bezeichnet.

Durch ihren Dechiffrier-Erfolg wurden die Hardens schlagartig berühmt. Die Zeitungen berichteten begeistert über „das Ehepaar, das den Code knackte“. Reporter belagerten ihr Haus. Doch vor allem Bettye Harden kam mit dem Ruhm nicht zurecht und glitt in eine manisch-depressive Persönlichkeitsstörung. Sie lebte in ständiger Angst vor der Rache des Zodiac-Killers. Donald Harden nahm die Sache zwar gelassener, doch hatte er unter der Krankheit seiner Frau zu leiden. Er beschäftigte sich nie wieder mit Kryptologie.

WEITERE MORDE

Die Dechiffrierung seiner verschlüsselten Nachricht hinderte den Zodiac-Killer nicht daran, weitere Verbrechen zu begehen. Sechs Wochen nach dem Erfolg der Hardens überraschte er, bekleidet mit einer schwarzen Henkerskapuze, ein Studentenpaar beim Picknick. Er fesselte die beiden mit einer mitgebrachten Wäscheleine und gab an, gerade aus einem Gefängnis in Montana ausgebrochen zu sein. Dort habe er einen Aufseher getötet und anschließend ein Auto gestohlen. Nun sei er auf dem Weg nach Mexiko. Anschließend stach er über 30 Mal auf die beiden Studenten ein. Das Mädchen starb, der Junge überlebte schwer verletzt.

(65) Eine seiner Taten beging der Zodiac-Killer mit einer Henkerskapuze bekleidet, auf die ein Zodiac-Zeichen gemalt war. Diese Zeichnung entspricht der Beschreibung des überlebenden Opfers.

Einen Monat später erschoss der Zodiac-Killer einen als Taxifahrer arbeitenden Studenten in San Francisco. Er richtete sein Opfer in dessen Taxi aus kürzester Distanz regelrecht hin. Warum er dieses Mal entgegen seinen Gewohnheiten eine Einzelperson ausgewählt hatte, ist nicht bekannt. Als kurz nach der Tat ein von einem Augenzeugen alarmierter Streifenwagen auftauchte, bewies er besondere Geistesgegenwart. Er erklärte den Polizisten, er habe den Täter gesehen, und deutete in die Richtung, in der dieser angeblich verschwunden war. Die Polizisten hielten sich nicht lange mit dem scheinbar unbeteiligten Passanten auf und nahmen die Verfolgung auf. Der Zodiac-Killer hatte unglaubliches Glück: Die Besatzung des Streifenwagens war davon ausgegangen, nach einem Schwarzen Ausschau halten zu müssen, obwohl der Augenzeuge einen Weißen gesehen hatte – der Polizist am Notruftelefon hatte ihn falsch verstanden (oder verstehen wollen).

Der Taximord war der letzte, den die Polizei dem Zodiac-Killer eindeutig zuordnen konnte. Insgesamt fünf Menschen hat er zweifelsfrei umgebracht und zwei lebensgefährlich verletzt. Alle

Taten geschahen in oder nahe einem Auto. Alle Taten fanden in der Abenddämmerung oder bei Dunkelheit statt. Der Täter nutzte jedes Mal eine andere Waffe. Alle Opfer waren Menschen unter 30 und gehörten der weißen Mittelschicht an. Es gab in keinem Fall Hinweise auf Raub oder sexuellen Missbrauch. Der Zodiac-Killer schlug jeweils am Wochenende oder vor einem Feiertag zu. Gegenüber seinen weiblichen Opfern war er brutaler als gegenüber den männlichen.

Möglicherweise hat der Zodiac-Killer noch weitere Personen auf dem Gewissen. Bereits 1966 war in Riverside (etwa 600 Kilometer südöstlich von San Francisco) ein 18-jähriges Mädchen ermordet worden. Bei einigen weiteren Gewaltverbrechen, die nach dem Taximord verübt wurden, lässt sich die Täterschaft ebenfalls nicht ausschließen. In seinen Bekennerschreiben sprach der Zodiac-Killer sogar von insgesamt 37 Morden, was jedoch deutlich übertrieben sein dürfte.

Er verschickte im Laufe der Jahre mindestens 20 anonyme Schreiben an Zeitungen oder andere Empfänger. Die meisten davon hatten die Form aufklappbarer Grußkarten, die in einem Umschlag steckten. Auffällig waren die zahlreichen Rechtschreibfehler. Die Briefe waren regelmäßig überfrankiert. Eine weitere Mitteilung übermittelte der Täter nicht per Post, sondern hinterließ sie am Tatort. Hinzu kamen einige anonyme Anrufe, die man dem Täter sicher zuordnen konnte. Am Ende jedes Briefes hielt er den Stand zwischen ihm und der Polizei wie ein Sportresultat fest. Da er 37 Morde für sich in Anspruch nahm, stand es am Ende aus seiner Sicht 37:0. Das letzte für echt gehaltene Schreiben datiert vom 24. April 1978. Danach verliert sich die Spur des geheimnisvollen Killers.

Von den zahlreichen Schreiben des Zodiac-Killers sind für uns naturgemäß vor allem diejenigen interessant, denen eine verschlüsselte Botschaft beigefügt war. Die erste dieser Botschaften war diejenige, die die Hardens lösen konnten. Sie bestand aus drei Teilen und lag gleich den ersten drei Schreiben des Killers bei. Drei weitere verschlüsselte Nachrichten sollten folgen.

DIE ZWEITE NACHRICHT

Im November 1969, etwa vier Wochen nach dem Taximord, schickte der Zodiac-Killer eine zweite verschlüsselte Nachricht an den San Francisco Chronicle. Sie lag seinem sechsten Brief bei. Es handelte sich wie immer um eine in einem Umschlag verschickte aufklappbare Grußkarte, auf der der Absender ein Schreiben im Klartext und den verschlüsselten Text notiert hatte. In der zugeklappten Karte lag ein Stofffetzen mit Blutflecken. Die Nachricht enthielt 340 Zeichen, bestehend aus 63 unterschiedlichen Symbolen. Sie wird als Zodiac-340 bezeichnet.

(66) Zodiac-340 ist die zweite verschlüsselte Nachricht des Zodiac-Killers. Sie stammt vom November 1969 und ist bis heute ungelöst.

Die Redaktion leitete Zodiac-340 an die Polizei weiter. Dort stellte man schnell fest, dass der beigefügte Stofffetzen vom Hemd des ermordeten Taxifahrers stammte und dessen Blut enthielt. Auch ein Schriftvergleich bestätigte, dass es sich um ein authentisches Schreiben handelte. Der San Francisco Chronicle veröffentlichte den verschlüsselten Text. Auch das beiliegende unverschlüsselte Schreiben wurde größtenteils abgedruckt, da es dieses Mal keine Insider-Informationen enthielt. Unter anderem schrieb der Zodiac-Killer darin: „Die Polizei von San Francisco hätte mich gestern [am Tag des Taximords] erwischen können, wenn sie den Park ordentlich durchkämmt hätte, anstatt ein Motorradrennen zu veranstalten, bei dem es offenbar darum ging, wer mit seiner Maschine den meisten Lärm machen kann."

Experten der CIA und der American Cryptogram Association versuchten sich monatelang an der Dechiffrierung von Zodiac-340. Der Text sah ähnlich aus wie der erste und enthielt die gleiche Art von Zeichen. Auch Donald Harden wurde gebeten, sich an der Dechiffrierung zu versuchen, doch er lehnte ab. Dafür war seine Frau Bettye in einer ihrer manischen Phasen zur Mitarbeit bereit. Sie verschanzte sich wochenlang in ihrem Zimmer, um die Verschlüsselung zu lösen. Allerdings vergeblich. Auch die CIA und die NSA schafften es nicht.

DIE DRITTE UND DIE VIERTE NACHRICHT

Im April 1970 ging eine dritte verschlüsselte Botschaft beim San Francisco Chronicle ein – wieder ohne Insider-Informationen, aber diesmal auch ohne Gegenstand vom Tatort. Der Absender hätte also auch ein Trittbrettfahrer gewesen sein können. Eine Schriftanalyse ergab jedoch, dass wahrscheinlich keine Fälschung vorlag. Das Schreiben war größtenteils im Klartext verfasst und enthielt den üblichen Spott über die Polizei: „Übrigens, habt ihr schon den letzten Geheimtext geknackt, den ich euch geschickt habe?" Anschließend schrieb er „Mein Name ist ..." gefolgt von 13 verschlüsselten Zeichen – die kürzeste verschlüsselte Nachricht. War in dieser Botschaft der Name des Killers verborgen? Bis heute ist sie nicht entschlüsselt worden.

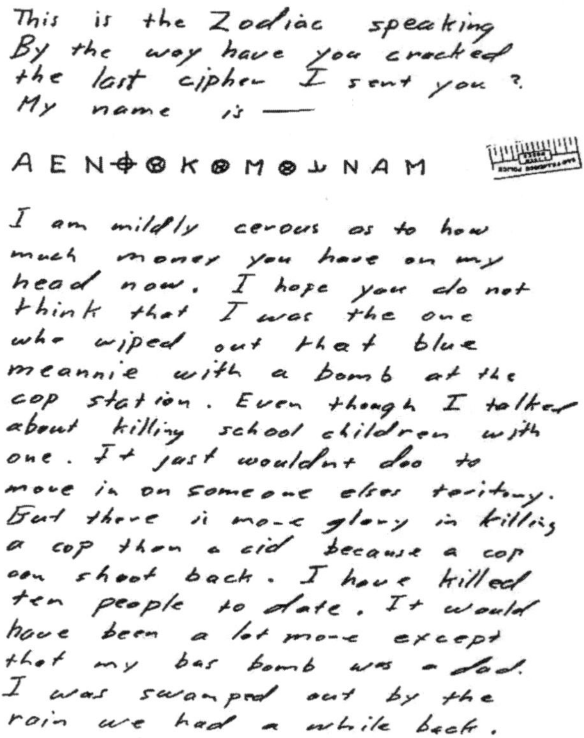
This is the Zodiac speaking
By the way have you cracked
the last cipher I sent you ?
My name is —

A E N ⊕ ⊗ K ⊗ M ⊗ ⊥ N A M

I am mildly cerous as to how
much money you have on my
head now. I hope you do not
think that I was the one
who wiped out that blue
meannie with a bomb at the
cop station. Even though I talked
about killing school children with
one. It just wouldnt doo to
move in on someone elses teritory.
But there is more glory in killing
a cop than a cid because a cop
can shoot back. I have killed
ten people to date. It would
have been a lot more except
that my bus bomb was a dud.
I was swamped out by the
rain we had a while back.

(67) Zodiac-13 ist die kürzeste unter den vier verschlüsselten Nachrichten des Zodiac-Killers. Angeblich enthält sie den Namen des berühmten Verbrechers. Da Zodiac-13 nur sehr wenig Analysematerial bietet, dürfte sie schwer zu lösen sein.

Und schließlich gab es noch eine vierte verschlüsselte Nachricht. Sie ging im Juni 1970 beim San Francisco Chronicle ein, bestand aus 32 Zeichen und wurde folgerichtig Zodiac-32 genannt. Erneut ist nicht zu 100 Prozent sicher, dass sie vom Killer stammte – das Schreiben enthielt keinen Beweis. Die Schrift und Art der Beschriftung des Umschlags stimmten aber mit den anderen Zodiac-Schreiben überein. Die verschlüsselte Nachricht stand dieses Mal am Ende einer im Klartext verfassten Botschaft und füllte zwei Zeilen. Das Schreiben enthielt keine Hinweise auf den Inhalt von Zodiac-32. Für eine Signatur erscheinen die 32 Zeichen zu lang.

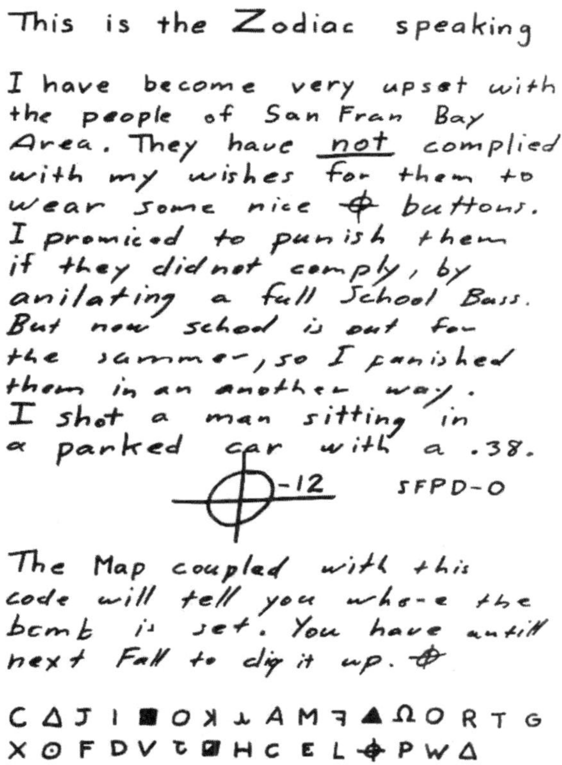

This is the Zodiac speaking

I have become very upset with the people of San Fran Bay Area. They have not complied with my wishes for them to wear some nice ⊕ buttons. I promiced to punish them if they did not comply, by anilating a full School Bass. But now school is out for the sammer, so I punished them in an another way. I shot a man sitting in a parked car with a .38.

⊕-12 SFPD-0

The Map coupled with this code will tell you where the bomb is set. You have untill next Fall to dig it up. ⊕

C Δ J I ■ O K ⊥ A M ⅂ ▲ Ω O R T G
X ⊙ F D V ꓕ ▣ H C E L ⊕ P W Δ

(68) Zodiac-32 ist die vierte und letzte verschlüsselte Nachricht des Zodiac-Killers. Sie ist ungelöst.

Zodiac-32 blieb die letzte verschlüsselte Nachricht des unbekannten Killers. Alle vier Geheimtexte gingen zwischen August 1969 und Juni 1970 (also innerhalb von zehn Monaten) ein. Zum Vergleich: Die bestätigten Verbrechen fanden zwischen Dezember 1968 und Oktober 1969 statt – ebenfalls innerhalb von zehn Monaten, jedoch acht Monate früher. Seine insgesamt 20 Briefe verschickte der Täter zwischen Juli 1969 und Mai 1978, wobei vor dem letzten eine vierjährige Pause lag. Nach der vierten und letzten verschlüsselten Nachricht verschickte er also neun weitere Schreiben ohne kryptologischen Inhalt. Im Schreiben Nummer 15 fand sich zweimal folgender Hinweis: „Sorry, kein Geheimtext."

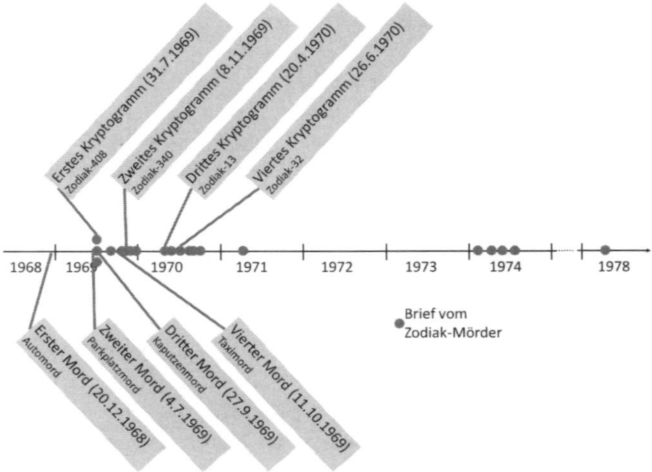

(69) Die kommunikativste Zeit des Zodiac-Killers lag in den Jahren 1969 und 1970. Noch bis 1978 verschickte er Briefe, in denen er sich seiner Taten brüstete und die Polizei verspottete.

DER ZODIAC-KILLER IM INTERNET-ZEITALTER

Nach seiner letzten Nachricht im Jahr 1978 wurde es naturgemäß ruhiger um den Zodiac-Killer. Ende der neunziger Jahre sorgte jedoch das Internet dafür, dass das Interesse wieder anstieg. Tom Voigt, ein Webdesigner aus den USA, schuf mit Zodiackiller.com die wichtigste Web-Seite zum Thema. Sie ist eine wahre Fundgrube für jeden, der sich für den Zodiac-Killer interessiert. Unter anderem findet man hier alle Briefe des berühmten Serientäters inklusive der vier verschlüsselten Nachrichten. Auch zahlreiche Vorschläge zur Lösung der Geheimtexte sind hier zugänglich.

2007 kam der Hollywood-Film „Zodiac – Die Spur des Killers" in die Kinos. Regisseur David Fincher hielt sich ziemlich genau an das tatsächliche Geschehen und mutete dem Zuschauer damit eine große Fülle an Protagonisten und Ereignissen zu. Der Film ist vor allem für diejenigen interessant, die die Geschichte des Zodiac-Killers bereits kennen, während ein Zuschauer ohne Vorwissen leicht die Übersicht verliert. Finchers Regiearbeit verschaffte der Zodiac-Geschichte erwartungsgemäß einen Popularitätsschub. Tom Voigts Web-Seite erhielt zusätzlichen Zulauf, während mit www.zodiologists.com eine neue interessante Web-Seite zum Thema entstand.

Zum führenden Experten in Sachen Zodiac-Killer entwickelte sich der US-Amerikaner Robert Graysmith. Graysmith arbeitete zur Zeit der Zodiac-Morde als Karikaturist beim San Francisco Chronicle und konnte die Ereignisse um die geheimnisvollen Briefe hautnah verfolgen. Sein Buch „Zodiac – Auf der Spur eines Serienkillers", eine der Grundlagen für den Kinostreifen, ist lohnende Lektüre für jeden, der sich für den Fall interessiert – auch wenn es für meinen Geschmack eine Spur zu reißerisch ausgefallen ist.

Graysmith führte auch eigene Ermittlungen durch. So überlegte er sich, woher der Zodiac-Killer sein Kryptologie-Wissen haben konnte. Vermutlich war der unbekannte Täter kein Verschlüsselungsprofi, sondern hatte sich lediglich einige Grundlagen angelesen. Dazu dürfte er eines der damals nur wenigen Kryptologie-Bücher auf dem Markt verwendet haben – vermutlich das Standardwerk „The Codebreakers" von David Kahn aus dem Jahr 1967, in dessen Vorwort bereits erklärt wird, was ein homophones Verschlüsselungsverfahren ist. Noch wahrscheinlicher ist, dass er das 1964 erschienene Buch „Codes and Ciphers" von John Laffin zur Hilfe nahm, in der eine Geheimschrift abgedruckt ist, die als Zodiac-Alphabet bezeichnet wird. Diese ähnelt den Zeichen in den verschlüsselten Botschaften zumindest entfernt.

Doch was nutzte diese Erkenntnis? Beide der genannten Bücher waren Massenprodukte, die es in jeder größeren Buchhandlung zu kaufen gab. Graysmith hielt es jedoch für denkbar, dass der Zodiac-Killer die beiden Werke in einer Bibliothek ausgeliehen hatte. Da ihm zudem einige Experten Militärerfahrung zuschrieben, kontaktierte Graysmith zahlreiche militärische Einrichtungen im Raum San Francisco. Tatsächlich konnte er einige Bibliotheken ermitteln, die die Bücher von Kahn und Laffin führten. Allerdings ergab sich daraus keine Spur. Es wäre wohl auch ein ziemlicher Glückstreffer gewesen.

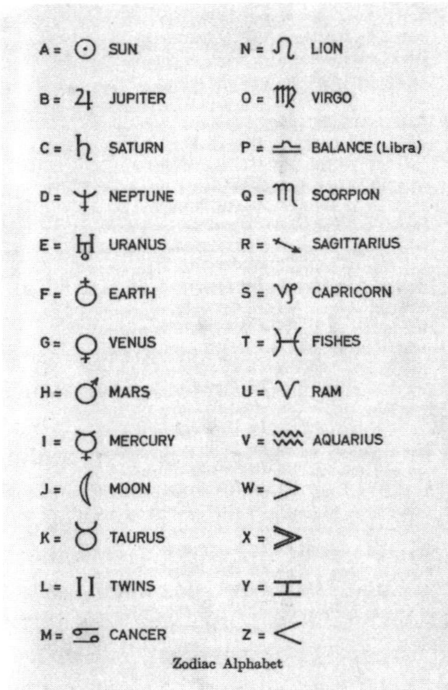

(70) Ausschnitt aus dem Buch „Codes and Ciphers“ von John Laffin. Vermutlich kannte der Zodiac-Killer das Buch und ließ sich von der hier abgebildeten Geheimschrift (Zodiac-Alphabet) inspirieren.

AUF DER SUCHE NACH DER LÖSUNG

Von den vier verschlüsselten Nachrichten des Zodiac-Killers sind also drei bis heute ungelöst. Es versteht sich von selbst, dass diese Rätseltrilogie zu den zehn wichtigsten Kryptogrammen der Welt gehört und damit einen Platz in diesem Buch verdient hat. Da sowohl Zodiac-13 als auch Zodiac-32 recht kurz sind, interessieren sich Kryptologen vor allem für die deutlich längere Zodiac-340 – also für die zweite der vier kryptischen Zodiac-Nachrichten.

In Zodiac-340 kommen 63 unterschiedliche Geheimtext-Buchstaben vor. Der häufigste ist das Pluszeichen (24), gefolgt vom B (12) und dem spiegelverkehrten P (11). 24 Vorkommnisse in einem Text mit 340 Buchstaben entsprechen einer Häufigkeit von 7,1 Prozent. Diese statistischen Kennzahlen passen zu der Vermutung, dass Zodiac-340 mit einem homophonen Verfahren verschlüsselt wurde – genauso wie die gelöste Nachricht Zodiac-408. Doch hat der Zodiac-Killer diese Methode tatsächlich ein zweites Mal verwendet, obwohl Zodiac-408 zu diesem Zeitpunkt schon geknackt war? Falls ja, könnte er sein Verfahren verfeinert haben, beispielsweise durch die Hinzunahme von ein paar bedeutungslosen Buchstaben (Blendern). Oder hat er sich bei seiner zweiten Nachricht etwas gänzlich Neues einfallen lassen? Schwer zu sagen – möglicherweise hatte der Zodiac-Killer gar nichts dagegen, dass seine Nachricht gelöst werden.

Ein homophones Verschlüsselungsverfahren ist, sofern richtig angewendet, nur schwer zu dechiffrieren. Unknackbar ist es jedoch nicht. Dies haben die anfangs erwähnten Donald und Bettye Harden gezeigt. Sie hatten allerdings Glück, denn der Zodiac-Killer hatte seinen Text mit dem Wort „I" („ich") begonnen, was vergleichsweise einfach zu erraten war. Auch die nächsten Wörter (I LIKE KILLING PEOPLE) kamen nicht gerade überraschend. Diese Wörter lieferten den Hardens einen Einstieg, der schließlich zum Erfolg führte.

Wörter zu erraten ist sicherlich ein guter Ansatz, um eine homophone Verschlüsselung zu lösen. Wenn das nicht funktioniert, helfen häufig gängige Buchstabenpaare oder Buchstabentripel. Im Deutschen kann ein Dechiffrierer beispielsweise nach Buchstabenfolgen wie EN, ER oder SCH suchen. Allerdings bieten 340 Buchstaben recht wenig an Analysematerial für ein solches Vorgehen. Ein weiterer Ansatzpunkt für den Dechiffrierer ergibt sich, wenn der Verschlüssler die zu einem Buchstaben gehörenden Homophone immer in einer bestimmten Reihenfolge ausgewählt hat. In so einem Fall entstehen Muster wie ...M...X...A... M...X...A...M...X...A, die darauf hindeuten, dass M, X und A jeweils für denselben Buchstaben stehen. Wer mehr über das Knacken derart verwendeter Homophone wissen will, findet eine interessante Veröffentlichung in der Fachzeitschrift Cryptologia (siehe Anhang). Auch unterschiedlich häufig verwendete Homophone können verräterisch sein. Stehen beispielsweise X, Y und Z für das E und verwendet der Verschlüssler mit Vorliebe das X, dann kommt dieses im Geheimtext vergleichsweise häufig vor, was dem Codeknacker auffallen kann.

Sicherlich gibt es noch weitere Möglichkeiten, um eine homophone Verschlüsselung zu lösen. Doch leider ist die öffentlich verfügbare Literatur zu diesem Thema recht spärlich. Zwar dürften sich Militär und Geheimdienste in vielen Staaten ausführlich mit homophonen Verschlüsselungen beschäftigt und mögliche Lösungsstrategien untersucht haben, doch die entsprechenden Abhandlungen sind naturgemäß geheim. Daher sind Codeknacker, die sich mit den Zodiac-Chiffren beschäftigen, oft auf eigene Basisarbeit angewiesen. Dies gilt beispielsweise für den Österreicher Dr. Jürgen Koller, den ich während der Recherche zu diesem Buch kennen gelernt habe. Koller, der Philosophie studiert hat und Mitglied der Hochbegabten-Vereinigung Mensa ist, beschäftigt sich intensiv mit Z-340. Er vermutet, dass tatsächlich eine homophone Verschlüsselung dahintersteckt, und hat einige Ansatzpunkte für eine Lösung gefunden, die mir bis dahin nicht bekannt waren. Ich bin gespannt, wie weit er mit seinen Forschungen kommen wird.

Wie bei fast allen anderen kryptologischen Rätseln, die ich in diesem Buch vorstelle, gibt es auch bei Zodiac-340 bereits mehrere Personen, die eine Lösung gefunden haben wollen. Eine dieser Personen ist der erwähnte Robert Graysmith, der davon ausging, dass die ersten drei Buchstaben des Texts (sie lauten HER) nicht verschlüsselt sind. Die nächsten fünf Buchstaben stehen seiner Meinung nach für BCAEN. Zufällig hieß ein Redakteur des San Francisco Chronicle, der mehrfach über den Zodiac-Fall geschrieben hat, Herb Caen. Doch Graysmiths Entschlüsselung des verbleibenden Texts wirkt wenig überzeugend. Sie funktioniert nur, wenn man davon ausgeht, dass der Zodiac-Möder allerlei Blender, unübliche Abkürzungen, falsche Schreibweisen und unverständliche Formulierungen verwendet hat. Ich würde Zodiac-340 daher nach wie vor als ungelöst betrachten.

GIBT ES NOCH MEHR ZU DECHIFFRIEREN?

Vier verschlüsselte Nachrichten hat der Zodiac-Killer hinterlassen, von denen bisher nur eine gelöst wurde. Oder gibt es noch mehr? Der US-Autor Raymond Grant behauptet schon seit 20 Jahren, dass die Briefe des Zodiac-Killers versteckte Botschaften enthalten. Angeblich kann man diese lesen, wenn man bestimmte Buchstaben der Briefe in Zahlen umwandelt und verschiedene Umformungen durchführt. Für sein Buch „The Zodiac Murders – Solved!“ hat Grant allerdings nie einen Verlag gefunden. Es wurde bloß im Internet veröffentlicht. Seine Theorien sind einfach zu konfus, um wahr zu sein.

Streng genommen ist auch die erste Zodiac-Nachricht (Zodiac-408) noch nicht vollständig gelöst. Sie enthält am Ende die Buchstaben EBEORIETEMETHHIPITI, die keinen erkennbaren Sinn ergeben. Die offensichtliche Erklärung lautet, dass der Absender seiner Nachricht bedeutungslose Buchstaben hinzufügte, damit die Länge des dritten Teils identisch mit derjenigen der ersten beiden Abschnitte war. Diese Hypothese war jedoch vielen Zodiac-Enthusiasten zu langweilig. Sie suchten daher nach einer Bedeutung. Einige meinten, es handle sich um ein Anagramm (also um eine Buchstabenumordnung). Beispielsweise kann man aus den 19 Buchstaben den Namen ROBERT EMMET mit dem Zusatz THE HIPPIE formen.[17] War das die wahre Identität des Killers? Die Polizei ließ alle zu ermittelnden Personen namens Robert Emmet prüfen – vergebens.

[17] Auch ROBERT MEMET oder ROBERT TEMME wären möglich, aber die jeweiligen Nachnamen sind im Gegensatz zu „Emmet“ sehr selten.

8 Die Beale-Chiffren
Die verschlüsselte Schatzkarte

Im Jahre 1885 veröffentlichte der US-Verleger James Ward ein Büchlein, das man heute wohl als Groschenroman bezeichnen würde.[18] Das wäre an sich nichts Ungewöhnliches, denn Trivialliteratur gab es bereits im 19. Jahrhundert mehr als genug. Auch der aus heutiger Sicht etwas sperrige Titel „The Beale Papers containing Authentic Statements regarding the Treasure Buried in 1819 and 1821, near Bufords, in Bedford County, Virginia and Which Has Never Been Recovered" war für die damalige Zeit nichts Besonderes. Selbst die Tatsache, dass sich die Handlung um drei verschlüsselte Nachrichten drehte, wäre heute kaum noch eine Erwähnung wert. Bemerkenswert war ein anderer Aspekt: Der (anonyme) Autor behauptete, die verschlüsselten Nachrichten würden zu einem riesigen Schatz führen.

Das alles klingt zwar nach einem netten PR-Gag, doch das hat zahlreiche Schatzsucher und Codeknacker in den letzten 125 Jahren nicht davon abgehalten, sich auf die Jagd nach dem ominösen Schatz zu machen. Gefunden hat ihn bisher keiner. Zwei der drei verschlüsselten Nachrichten warten immer noch auf ihre Dechiffrierung.

DER GOLDFUND IN NEW MEXICO

Glaubt man dem Ward-Büchlein, dann nahm die Geschichte um den angeblichen Schatz im Jahr 1817 ihren Anfang. 30 Büffeljäger waren zu dieser Zeit auf dem Gebiet des heutigen US-Bundesstaats Colorado unterwegs. Die Männer schlugen gerade in

[18] Der Preis betrug 50 Cent. Schon im 19. Jahrhundert kostete ein Groschenroman damit mehr als nur einen Groschen.

einer Schlucht ihr Nachtlager auf, als einer von ihnen in einer Felsspalte ein gelblich glänzendes Gestein entdeckte. Kein Zweifel, es handelte sich um Gold. Die Männer unterbrachen ihre Jagd auf Büffel und schürften fortan in der Schlucht nach dem wertvollen Edelmetall. Der Erfolg der Männer war beachtlich. Neben größeren Mengen an Gold fand sich an gleicher Stelle auch Silber. Im Laufe der Monate kam so ein stattliches Vermögen zusammen.

Nach 18 Monaten hatten die 30 Männer genug Gold und Silber angehäuft, um sich und ihren Familien ein Leben im Reichtum zu ermöglichen. Drei von ihnen, darunter ein gewisser Thomas Beale, machten sich nun auf den Weg in ihre Heimat Virginia – eine Reise aus dem Wilden Westen zurück in die Zivilisation. Beale und seine beiden Begleiter quartierten sich im Washington-Hotel in Lynchburg ein, von wo aus sie nach einem sicheren Versteck für ihren Schatz suchten. Nach ein paar Tagen hatten sie es gefunden. Während die beiden anderen wieder zurückreisten, blieb Beale über den Winter.

Im Frühjahr 1821 kehrte auch Beale zu seinen Kameraden nach Colorado zurück. Sie hatten in der Zwischenzeit weiter erfolgreich nach Gold und Silber gegraben und setzten ihre Arbeit fort – wollten sie doch die Mine bis auf den letzten Rest ausbeuten. Als Beale Ende 1823 ein zweites Mal nach Lynchburg reiste, hatte er daher wieder eine beträchtliche Ladung Gold und Silber im Gepäck. Dazu kamen Juwelen, die er des einfacheren Transports wegen gegen die Edelmetalle eingetauscht hatte. Während Beale die Ladung im Versteck verstaute, stieg er wieder im Washington-Hotel ab.

Bei seinem zweiten Aufenthalt in Lynchburg trug Beale eine verschlossene Kiste mit sich. Er gab sie dem Hoteldirektor Robert Morriss, den er als zuverlässigen und vertrauenswürdigen Menschen kennen gelernt hatte, zur Verwahrung. Beale reiste anschließend ab und meldete sich im Mai 1823 per Brief aus St. Louis bei Morriss. In seinem Schreiben gab er ihm Anweisungen: Morriss solle die Kiste weiterhin aufbewahren. Bald würden er oder einer seiner Kumpane sie abholen. Falls dies jedoch in zehn Jahren noch nicht geschehen sein sollte, bat er Morriss, die Kiste aufzubrechen und die darin enthaltenen, teilweise verschlüsselten Anweisungen zu befolgen, die nur mit Hilfe einer Geheiminformation lesbar seien. Diese wiederum würde ein Freund von

Beale nach Ablauf der Zehn-Jahres-Frist per Post zur Verfügung stellen. Morriss tat, wie ihm geheißen.

Doch niemand kam, um die Kiste abzuholen. Die zehn Jahre liefen ab, und Morriss wartete vergeblich auf einen Brief mit der angekündigten Geheiminformation. Der pflichtbewusste Hoteldirektor ließ sich weitere elf Jahre Zeit. Im Jahr 1845 brach er die geheimnisvolle Kiste schließlich auf.

DREI VERSCHLÜSSELTE NACHRICHTEN

Was Robert Morriss, der Handlung des Büchleins zufolge, in der Kiste auffand, waren drei verschlüsselte Nachrichten sowie ein an ihn gerichtetes Schreiben. Darin erklärte ihm Beale, dass er mit seinen Jägerkumpanen einen Goldschatz versteckt hatte, und forderte Morriss auf, diesen durch die Entschlüsselung der drei Nachrichten (mit Hilfe des Briefs, der allerdings nie angekommen war) zu finden. Die erste Nachricht sollte die Lage des Schatzes verraten, die zweite seinen Inhalt. Die dritte Nachricht enthielt eine Liste der 30 Personen, denen (oder deren Angehörigen) ein Anteil am Schatz zustand. Morriss sollte sich um die Bergung und Verteilung des Vermögens kümmern, wofür ihm Beale den einunddreißigsten Teil davon zusprach.

Die drei verschlüsselten Nachrichten bestanden aus Zahlen, die durch Kommas getrennt waren. In der ersten Botschaft waren 520 Ziffern zwischen 1 und 2906 aneinandergereiht, in der zweiten 763 zwischen 1 und 1.005 und in der dritten 617 zwischen 1 und 975. Ohne den angekündigten Brief mit der Anweisung zur Entschlüsselung und demnach völlig auf sich allein gestellt, war Morris nicht in der Lage, etwas aus dem Zahlensalat herauszulesen. Im Jahr 1862 – im Alter von 84 Jahren – vertraute er sich schließlich einem Freund an, dessen Identität nicht überliefert ist.

115, 73, 24, 807, 37, 52, 49, 17, 31, 62, 647, 22, 7, 15, 140, 47, 29, 107, 79, 84, 56, 239, 10, 26, 811, 5, 196, 308, 85, 52, 160, 136, 59, 211, 36, 9, 46, 316, 554, 122, 106, 95, 53, 58, 2, 42, 7, 35, 122, 53, 31, 82, 77, 250, 196, 56, 96, 118, 71, 140, 287, 28, 353, 37, 1005, 65, 147, 807, 24, 3, 8, 12, 47, 43, 59, 807, 45, 316, 101, 41, 78, 154, 1005, 122, 138, 191, 16, 77, 49, 102, 57, 72, 34, 73, 85, 35, 371, 59, 196, 81, 92, 191, 106, 273, 60, 394, 620, 270, 220, 106, 388, 287, 63, 3, 6, 191, 122, 43, 234, 400, 106, 290, 314, 47, 48, 81, 96, 26, 115, 92, 158, 191, 110, 77, 85, 197, 46, 10, 113, 140, 353, 48, 120, 106, 2, 607, 61, 420, 811, 29, 125, 14, 20, 37, 105, 28, 248, 16, 159, 7, 35, 19, 301, 125, 110, 486, 287, 98, 117, 511, 62, 51, 220, 37, 113, 140, 807, 138, 540, 8, 44, 287, 388, 117, 18, 79, 344, 34, 20, 59, 511, 548, 107, 603, 220, 7, 66, 154, 41, 20, 50, 6, 575, 122, 154, 248, 110, 61, 52, 33, 30, 5, 38, 8, 14, 84, 57, 540, 217, 115, 71, 29, 84, 63, 43, 131, 29, 138, 47, 73, 239, 540, 52, 53, 79, 118, 51, 44, 63, 196, 12, 239, 112, 3, 49, 79, 353, 105, 56, 371, 557, 211, 505, 125, 360, 133, 143, 101, 15, 284, 540, 252, 14, 205, 140, 344, 26, 811, 138, 115, 48, 73, 34, 205, 316, 607, 63, 220, 7, 52, 150, 44, 52, 16, 40, 37, 158, 807, 37, 121, 12, 95, 10, 15, 35, 12, 131, 62, 115, 102, 807, 49, 53, 135, 138, 30, 31, 62, 67, 41, 85, 63, 10, 106, 807, 138, 8, 113, 20, 32, 33, 37, 353, 287, 140, 47, 85, 50, 37, 49, 47, 64, 6, 7, 71, 33, 4, 43, 47, 63, 1, 27, 600, 208, 230, 15, 191, 246, 85, 94, 511, 2, 270, 20, 39, 7, 33, 44, 22, 40, 7, 10, 3, 811, 106, 44, 486, 230, 353, 211, 200, 31, 10, 38, 140, 297, 61, 603, 320, 302, 666, 287, 2, 44, 33, 32, 511, 548, 10, 6, 250, 557, 246, 53, 37, 52, 83, 47, 320, 38, 33, 807, 7, 44, 30, 31, 250, 10, 15, 35, 106, 160, 113, 31, 102, 406, 230, 540, 320, 29, 66, 33, 101, 807, 138, 301, 316, 353, 320, 220, 37, 52, 28, 540, 320, 33, 8, 48, 107, 50, 811, 7, 2, 113, 73, 16, 125, 11, 110, 67, 102, 807, 33, 59, 81, 158, 38, 43, 581, 138, 19, 85, 400, 38, 43, 77, 14, 27, 8, 47, 138, 63, 140, 44, 35, 22, 177, 106, 250, 314, 217, 2, 10, 7, 1005, 4, 20, 25, 44, 48, 7, 26, 46, 110, 230, 807, 191, 34, 112, 147, 44, 110, 121, 125, 96, 41, 51, 50, 140, 56, 47, 152, 540, 63, 807, 28, 42, 250, 138, 582, 98, 643, 32, 107, 140, 112, 26, 85, 138, 540, 53, 20, 125, 371, 38, 36, 10, 52, 118, 136, 102, 420, 150, 112, 71, 14, 20, 7, 24, 18, 12, 807, 37, 67, 110, 62, 33, 21, 95, 220, 511, 102, 811, 30, 83, 84, 305, 620, 15, 2, 10, 8, 220, 106, 353, 105, 106, 60, 275, 72, 8, 50, 205, 185, 112, 125, 540, 65, 106, 807, 138, 96, 110, 16, 73, 33, 807, 150, 409, 400, 50, 154, 285, 96, 106, 316, 270, 205, 101, 811, 400, 8, 44, 37, 52, 40, 241, 34, 205, 38, 16, 46, 47, 85, 24, 44, 15, 64, 73, 138, 807, 85, 78, 110, 33, 420, 505, 53, 37, 38, 22, 31, 10, 110, 106, 101, 140, 15, 38, 3, 5, 44, 7, 98, 287, 135, 150, 96, 33, 84, 125, 807, 191, 96, 511, 118, 40, 370, 643, 466, 106, 41, 107, 603, 220, 275, 30, 150, 105, 49, 53, 287, 250, 208, 134, 7, 53, 12, 47, 85, 63, 138, 110, 21, 112, 140, 485, 486, 505, 14, 73, 84, 575, 1005, 150, 200, 16, 42, 5, 4, 25, 42, 8, 16, 811, 125, 160, 32, 205, 603, 807, 81, 96, 405, 41, 600, 136, 14, 20, 28, 26, 353, 302, 246, 8, 131, 160, 140, 84, 440, 42, 16, 811, 40, 67, 101, 102, 194, 138, 205, 51, 63, 241, 540, 122, 8, 10, 63, 140, 47, 48, 140, 288

(71) Die zweite der drei Beale-Chiffren ist bereits gelöst. Wo der angebliche Schatz versteckt sein soll, steht allerdings in der ersten der beiden noch ungelösten Nachrichten.

Diesem Freund gelang es, die zweite der drei Beale-Chiffren zu entziffern. Den Schlüssel dazu lieferte die US-Unabhängigkeitserklärung.[19] Deren Wörter hatte der Verschlüssler wie folgt nummeriert:

```
When(1) in(2) the(3) course(4) of(5) human(6)
events(7) it(8) becomes(9) necessary(10) for(11)
one(12) people(13) to(14) dissolve(15) the(16) po-
litical(17) bands(18) which(19) have(20) connec-
ted(21) them(22) with(23) another(24) and(25)
to(26) assume(27) among(28) the(29) powers(30)
of(31) the(32) earth(33) the(34) separate(35)
```

[19] Es gibt zahlreiche Möglichkeiten, ein beliebiges Buch oder einen sonstigen Text zum Verschlüsseln zu verwenden. Mehr dazu steht in Kapitel 5 über den Doppelwürfel.

```
and(36) equal(37) station(38) to(39) which(40)
the(41) laws(42) of(43) nature(44) and(45) of(46)
nature's(47) god(48) entitle(49) them(50) ...
```

Anschließend ordnete der Verschlüssler jedem im Text vorkommenden Anfangsbuchstaben die zugehörigen Wortnummern zu:

A	B	C	D	E	F	G	H	I	J	K	L	M
24, 25, 27, 28, 36, 45	9, 18	4, 21	15	7, 33, 37, 49	11	48	6, 20	2, 8			42	

N	O	P	Q	R	S	T	U	V	W	X	Y	Z
10, 44, 47	5, 12, 31, 43, 46	13, 17, 30			35, 38	3, 14, 16, 22, 26, 29, 32, 34, 39, 41, 50			1, 19, 23, 40			

In diesem Beispiel werden nur die ersten 50 Wörter der Unabhängigkeitserklärung berücksichtigt. In der angeblich von Thomas Beale erstellten Originaltabelle für die zweite Beale-Chiffre ging es dagegen bis zum 1322. Wort. Zum Verschlüsseln musste man für jeden Buchstaben des Klartexts eine der zugehörigen Zahlen auswählen. Dabei wechselte der Verschlüssler ab, damit nicht eine bestimmte Zahl besonders häufig vorkommt. Diese Methode gehört zur Familie der homophonen Verschlüsselungsverfahren, die uns in diesem Buch schon zweimal begegnet sind. Bei ihr entsprechen einzelne Buchstaben mehreren Geheimtextzeichen, wobei häufige Buchstaben mehr Entsprechungen haben als seltene. Bei einem richtig eingesetzten homophonen Verschlüsselungsverfahren kommt jeder Geheimbuchstabe etwa gleich oft vor, was eine Dechiffrierung durch das Zählen von Buchstaben verhindert. Die zweite Nachricht hatte (dechiffriert und ins Deutsche übersetzt) folgenden Wortlaut:

> *Ich habe in Bedford County, etwa vier Meilen von Buford, in einer Aushöhlung zwei Meter unter der Erdoberfläche, die folgenden Gegenstände deponiert, die jenen Personen gehören, welche in Nummer drei genannt sind: Das erste Depot besteht aus 1.014 Pfund Gold und 3.812 Pfund Silber, eingelagert im November 1819. Das zweite Depot wurde im Dezember 1821 angelegt und besteht aus 1.907 Pfund Gold und 1.280 Pfund Silber; zudem Juwelen, erworben in St. Louis im Tausch für Silber, um den Transport zu erleichtern, und auf 13.000 Dollar geschätzt. Obiges ist sicher in eisernen Gefäßen mit Eisendeckeln verpackt. Der Hohlraum ist grob mit Steinen umfasst und die Gefäße ruhen auf hartem Gestein und sind mit solchem bedeckt. Papier Nummer eins beschreibt die genaue Lage des Hohlraums, sodass es nicht schwierig sein dürfte, ihn zu finden.*

Morriss' Freund versuchte, auch die anderen beiden Chiffren zu lösen – vergeblich. So verfasste er schließlich das besagte Büchlein, in dem er die Geschichte des Beale-Schatzes erzählte und dadurch die drei verschlüsselten Nachrichten sowie das Schreiben an Morriss für die Nachwelt festhielt. 1885 bat er James Ward, diese Schrift zu veröffentlichen. Seinen Namen verschwieg Morriss' unbekannter Freund, um nicht von Schatzsuchern belästigt zu werden.

DIE SUCHE BEGINNT

Erstaunlicherweise gibt es heute nur noch zwei Originale des Ward-Büchleins – für ein vermeintliches Massenprodukt sicherlich ungewöhnlich. Mehreren Quellen zufolge fiel ein großer Teil der Auflage einem Brand zum Opfer. Das Feuer muss so gründlich gewütet haben, dass kaum Exemplare in den Handel gelangten.

James Ward dürfte mit seinem Büchlein daher nicht den großen Reibach gemacht haben. Dennoch stieß die Geschichte von Thomas Beale schnell auf großes Interesse. Die Ersten, die sich systematisch mit den Beale-Chiffren beschäftigten und dabei schriftliche Unterlagen hinterließen, waren die Brüder Clayton und George Hart. Von 1898 bis 1912 arbeiteten sie gemeinsam am Fall Beale und hatten dabei auch die Möglichkeit, James Ward persönlich zu befragen. Clayton gab anschließend auf. Sein Bruder George forschte dagegen weiter und veröffentlichte schließlich im Jahr 1964 hochbetagt eine Abhandlung über den Fall.

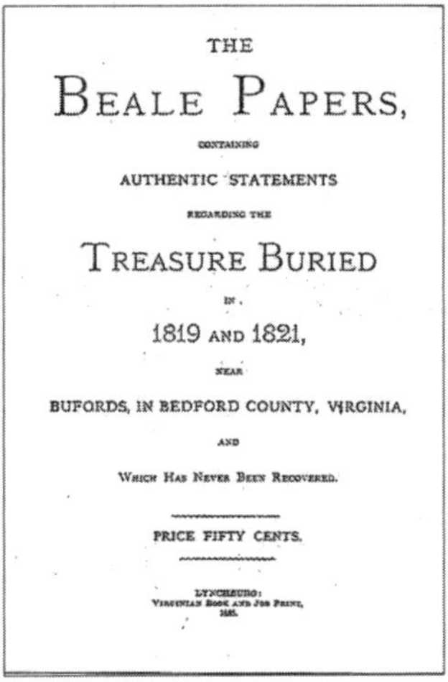

THE

BEALE PAPERS,

CONTAINING

AUTHENTIC STATEMENTS

REGARDING THE

TREASURE BURIED

IN

1819 AND 1821,

NEAR

BUFORDS, IN BEDFORD COUNTY, VIRGINIA,

AND

WHICH HAS NEVER BEEN RECOVERED.

PRICE FIFTY CENTS.

LYNCHBURG:
VIRGINIAN BOOK AND JOB PRINT,
1885.

THE BEALE PAPERS.

THE following details of an incident that happened many years ago, but which has lost none of its interest on that account, are now given to the public for the first time. Until now, for reasons which will be apparent to every one, all knowledge of this affair was confined to a very limited circle—to the writer's immediate family, and to one old and valued friend, upon whose discretion he could always rely; nor was it ever intended that it should travel beyond that circle; but circumstances over which he has no control, pecuniary embarrassments of a pressing character, and duty to a dependent family requiring his undivided attention, force him to abandon a task to which he has devoted the best years of his life, but which seems as far from accomplishment as at the start. He is, therefore, compelled, however unwillingly, to relinquish to others the elucidation of the Beale papers, not doubting that of the many who will give the subject attention, some one, through fortune or accident, will speedily solve their mystery and secure the prize which has eluded him.

It can be readily imagined that this course was not determined upon all at once; regardless of the entreaties of his family and the persistent advice of his friend, who were formerly as sanguine as himself, he stubbornly continued his investigations, until absolute want stared him in the face and forced him to yield to their persuasions. Having now lost all hope of benefit from this source himself, he is not unwilling that others may receive it, and only hopes that the prize may fall to some poor, but honest man, who will use his discovery not solely for the promotion of his own enjoyment, but for the welfare of others.

Until the writer lost all hope of ultimate success, he toiled faithfully at his work; unlike any other pursuit with practical and natural results, a charm attended it, independent of the ultimate benefit he expected, and the possibility of success lent an interest and excitement to the work not to be resisted. It would be difficult to portray the delight he experienced when

THE BEALE PAPERS. 21

articles, belonging jointly to the parties whose names are given in number "3," herewith:

The first deposit consisted of one thousand and fourteen pounds of gold, and three thousand eight hundred and twelve pounds of silver, deposited November, 1819. The second was made December, 1821, and consisted of nineteen hundred and seven pounds of gold, and twelve hundred and eighty-eight pounds of silver; also jewels, obtained in St. Louis in exchange for silver to save transportation, and valued at $13,000.

The above is securely packed in iron pots, with iron covers. The vault is roughly lined with stone, and the vessels rest on solid stone, and are covered with others. Paper number "1" describes the exact locality of the vault, so that no difficulty will be had in finding it.

The following is the paper which, according to Beale's statement, describes the exact locality of the vault, and is marked "1." It is to this that I have devoted most of my time, but, unfortunately, without success:

THE LOCALITY OF THE VAULT

[illegible]

The following paper is marked "3" in the series, and as we are informed, contains the names of Beale's associates, who are

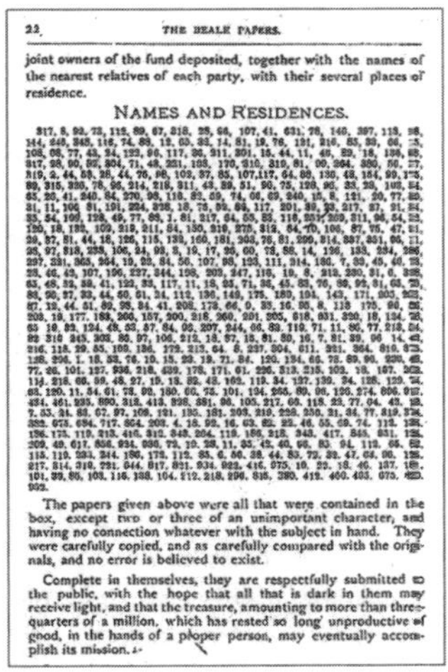

22 THE BEALE PAPERS.

joint owners of the fund deposited, together with the names of the nearest relatives of each party, with their several places of residence.

NAMES AND RESIDENCES.

[illegible]

The papers given above were all that were contained in the box, except two or three of an unimportant character, and having no connection whatever with the subject in hand. They were carefully copied, and as carefully compared with the originals, and no error is believed to exist.

Complete in themselves, they are respectfully submitted to the public, with the hope that all that is dark in them may receive light, and that the treasure, amounting to more than three-quarters of a million, which has rested so long unproductive of good, in the hands of a proper person, may eventually accomplish its mission.

(72) Das Titelbild (oben links) und drei weitere Seiten aus dem Ward-Büchlein. Nur zwei Exemplare dieses berühmten Groschenromans sind heute noch vorhanden.

Die Hart-Brüder waren nicht die Einzigen, die sich für die Beale-Chiffren interessierten. Schatzsucher begaben sich auf die Suche nach dem Versteck, und Kryptologen stürzten sich auf die verschlüsselten Nachrichten. Mehrere Personen machten die Suche nach dem Beale-Schatz zu ihrer Lebensaufgabe. Für 1.325 Kilogramm Gold, 2.313 Kilogramm Silber sowie einige Juwelen nahmen sie so ziemlich jede Anstrengung auf sich. Bis heute sind Schatzsucher in und um Lynchburg unterwegs. An zahlreichen Stellen finden sich Spuren ihrer Grabungen. Kein Wunder, dass die Einwohner der Kleinstadt nicht besonders gut auf die goldgierigen Besucher zu sprechen sind. Der Gesamtwert des Schatzes dürfte bei etwa 25 Millionen Euro liegen. Wer ihn findet, kann anschließend durch die Talkshows tingeln und mit Buchrechten und Vorträgen weiteres Geld verdienen.

1968 wurde in den USA die Beale Cypher Association (BCA) gegründet. Für eine Gebühr von 25 Dollar pro Jahr erhielt jedes Mitglied eine vierteljährliche Vereinszeitung sowie Einladungen zu Beale-Veranstaltungen. Erster Präsident dieser Vereinigung wurde Carl Hammer, der bis heute als einer der führenden Beale-Experten gilt. Insgesamt fanden vier von der BCA organisierte Beale-Symposien statt. Allerdings brachte das alles kein Licht ins Dunkel. 1996 löste sich die BCA auf Grund des gesunkenen Interesses auf. Die Beale-Diskussionen verlagerten sich nun ins Internet. Auch die Fachzeitschrift Cryptologia widmet sich den Beale-Chiffren. Etwa zehn Artikel zu diesem Thema sind dort im Laufe der Zeit erschienen – der letzte davon im Jahr 2008.

KRYPTISCHE SCHATZKARTEN

Die Geschichte von Thomas Beale ist nicht die einzige, in der von einem verschlüsselten Schatzplan die Rede ist. Mir sind immerhin drei weitere Fälle bekannt.

Im ersten Fall steht der französische Pirat Olivier Le Vasseur im Mittelpunkt. Dieser auch als „La Buse" („Der Bussard") bekannte Seeräuber kaperte sich im 18. Jahrhundert innerhalb weniger Jahre ein beträchtliches Vermögen zusammen. 1729 wurde er – bereits im Ruhestand – auf Madagaskar verhaftet und im Jahr darauf auf der Insel La Réunion im Indischen Ozean hingerichtet. Der Legende nach hatte Le Vasseur den Galgenstrick bereits um den Hals, als er mit den Worten „Meine Schätze demjenigen, der dies versteht“ ein Pergament in die schaulustige Menge warf. Darauf stand eine verschlüsselte Nachricht.

(73) Diese verschlüsselte Nachricht soll der Pirat Olivier Le Vasseur (auch bekannt als „La Buse“) vor seiner Hinrichtung in die Menschenmenge geworfen haben. Angeblich verrät sie die Lage eines Schatzes.

Dass sich die Szene am Galgen tatsächlich so abgespielt hat, ist eher unwahrscheinlich. Sicher ist, dass bereits seit einigen Jahrzehnten eine verschlüsselte Nachricht kursiert, die als das Original von Le Vasseur gehandelt wird. Im Gegensatz zu den Beale-Chiffren ist sie längst dechiffriert. Die Verschlüsselung entpuppte sich als einfache Buchstabenersetzung. Der Klartext verbleibt jedoch reichlich kryptisch und verwirrt mehr, als dass er zur Aufklärung beitragen würde. Bisher ist damit noch niemand einem Schatz auf die Spur gekommen.

Dass der Schatz des berüchtigten Piraten existiert, ist dennoch zumindest nicht völlig ausgeschlossen. Dahingegen haben wir es im zweiten Fall eines chiffrierten Schatzplans definitiv mit einem reinen Hirngespinst zu tun. Die reichlich hanebüchene Geschichte hat immerhin einen hohen Bekanntheitsgrad, seitdem der Bestsellerautor Dan Brown in seinem Roman „Sakrileg" (englischer Titel: „The Da Vinci Code") Bezug darauf genommen hat.

Die Geschichte des angeblichen Schatzes begann Ende des 19. Jahrhunderts im südfranzösischen Dorf Rennes-le-Château (nicht zu verwechseln mit der Großstadt Rennes in der Bretagne). Dort las der örtliche Pfarrer Bérenger Saunière (1852–1917) Messen gegen Bezahlung. Dies wäre eigentlich nichts Besonderes, doch der geschäftstüchtige Geistliche offerierte seine Gottesdienste überregional, machte kräftig Werbung dafür und ließ sich deutlich mehr Messen bezahlen, als er halten konnte. So kam Saunière zu einem beträchtlichen Vermögen. Als der zuständige Bischof schließlich intervenierte, spielte Saunière den Ahnungslosen. Das Geld, so erklärte dieser, stamme aus einem Schatz, den er gefunden habe. Doch diese fadenscheinige Ausrede beeindruckte den Bischof nicht. 1911 enthob er Saunière seines Amtes.

1955 eröffnete der Geschäftsmann Noël Corbu auf dem ehemaligen Anwesen des geldgierigen Pfarrers ein Hotel. Um die Aufmerksamkeit der Presse zu gewinnen, ließ er die Idee des Schatzes wieder aufleben. Corbu behauptete, Pfarrer Saunière habe den Schatz mit Hilfe zweier Pergamente gefunden, die er während der Renovierung seiner Kirche in einer hohlen Säule entdeckt hatte. Tatsächlich veröffentlichte eine Lokalzeitung diese Geschichte. Dadurch wurde ein reichlich merkwürdiger Zeitgenosse auf sie aufmerksam: Pierre Plantard (1920–2000), der sich unter anderem für den rechtmäßigen König von Frankreich hielt. Plantard schmückte die Schatzgeschichte mit weiteren Details aus und schrieb ein Buch darüber. Er fand jedoch keinen Verlag dafür.

Um seine Geschichte glaubhafter erscheinen zu lassen, ließ Plantard die beiden von Corbu erfundenen Pergamente fälschen. Anschließend gewann er den Schriftsteller Gérhard de Sède, der den Buchentwurf überarbeitete und ihn 1967 unter dem Namen „L'Or de Rennes" („Das Gold von Rennes") auf den Markt brachte. Wie man darin nachlesen kann, fand sich auf einem der zwei

Pergamente ein Text, in den insgesamt 140 zusätzliche Buchstaben eingestreut waren. Schrieb man diese hintereinander, dann ergaben sich zunächst 64 scheinbar sinnlose Buchstaben gefolgt von AD GENESARETH (nach Genesareth) und anschließend weiteren 64 Buchstaben ohne erkennbaren Sinn. So erhielt man folgende Buchstabenfolge (im Original war AD GENESARETH nicht hervorgehoben):

VCPSJQROVYMYYDLTPEFRBOXTODJLBKNJFQUEPAJYNPPBFEI-
ELRGHIIRYBTTCVTGD**ADGENESARETH**LUCCVMTEJHPNPGS-
VQJHGMLFTSVJLZQMTOXANPEMUPHKORPKHVJCMCATLVQXGGNDT

Dieses Kauderwelsch entpuppte sich als verschlüsselte Nachricht. Nach den Behauptungen Plantards brachte Pfarrer Saunière den in einer Säule gefundenen Geheimtext zu dem Okkultisten und Manuskript-Experten Emile Hoffet (1873–1946), der ihn dechiffrieren konnte. Wie dieser dabei vorgegangen sein soll, können Sie im Anhang nachlesen. Hoffet muss ein Genie gewesen sein, denn auf die zahlreichen zur Entschlüsselung notwendigen Schritte wäre wohl selbst ein heutiger Meister-Codeknacker mit Computer-Unterstützung nicht gekommen. Am Ende seiner genialen Dechiffrierung erhielt Hoffet den folgenden Satz:

BERGERE PAS DE TENTATION QUE POUSSIN TENIERS GARDENT LA CLEF PAX DCLXXXI PAR LA CROIX ET CE CHEVAL DE DIEU J'ACHEVE CE DAEMON DE GARDIEN A MIDI POMMES BLEUES.

Man kann den Text etwa so übersetzen: „Schäferin keine Versuchung, dass Poussin, Teniers den Schlüssel besitzen, Friede 681, beim Kreuz und diesem Pferd Gottes zerstöre ich diesen Dämon von Wächter zu Mittag, blaue Äpfel." Was sagt uns diese Nachricht? Poussin und Teniers sind zwei Maler, die beide ein bestimmtes Motiv gemalt haben, bei dem im Hintergrund angeblich real existierender Felsen in der Nähe von Rennes-le-Château zu sehen ist. Und dort wiederum soll angeblich Pfarrer Saunière seinen Schatz gefunden haben.

Bis Ende der sechziger Jahre kannte man den angeblichen Schatz von Rennes-le-Château praktisch nur in Frankreich.

Dann jedoch wurde der britische Fernsehjournalist Henry Lincoln darauf aufmerksam. Er produzierte eine Dokumentation für die BBC darüber (ohne zu erwähnen, dass die gesamte Geschichte frei erfunden war) und veröffentlichte 1982 mit zwei Kollegen das Buch „The Holy Blood and the Holy Grail" („Der heilige Gral und seine Erben"). Darin wurde die gesamte Geschichte mit zahlreichen weiteren pseudohistorischen Erkenntnissen erzählt. Das Buch wurde ein Bestseller und machte den Schatz von Rennes-le-Château international bekannt.

Wer nun dachte, diese dämliche Geschichte habe mit dem „Sachbuch" von Lincoln und seinen Kollegen ihren Höhepunkt erreicht, sah sich getäuscht. 2003 verarbeitete nämlich der Bestsellerautor Dan Brown einige Inhalte des Buchs in seinem Roman „Sakrileg". Zwar wird der Schatz von Rennes-le-Château darin nicht wörtlich erwähnt, doch es gibt ein paar Anspielungen darauf. Die vielen Besucher, die daraufhin in den letzten Jahren nach Rennes-le-Château pilgerten, mussten jedoch feststellen, dass die Säule, in der der Pfarrer die Pergamente gefunden haben soll (sie steht jetzt in einem Museum), nicht hohl ist und daher als Versteck nicht infrage kommt. Wer das vermeintliche Schatzversteck finden will (vielleicht hat Pfarrer Saunière dort noch etwas vergessen), muss sich daher nach einem anderen Ort umsehen. Ein heißer Kandidat ist der bei Dan Brown erwähnte Behälter unterhalb der Spitze der umgekehrten Glaspyramide nahe dem Louvre in Paris. Doch außer Putzmitteln hat man dort bisher nichts gefunden.

Der dritte und letzte Fall einer verschlüsselten Schatzkarte, ist – Sie werden staunen, dass das möglich ist – noch offensichtlicherer Humbug als die Geschichte um den Fall von Rennes-le-Château. Das angebliche Schatzversteck liegt dieses Mal an einem genau bekannten Ort, und zwar auf der Insel Oak Island vor der Ostküste Kanadas. Dort soll ein Holzfäller im 18. Jahrhundert einen von Menschenhand ausgehobenen Schacht entdeckt haben. Dies ist erstaunlich, denn die kanadische Insel befand sich damals fernab der Zivilisation. Seit dieser angeblichen Entdeckung haben zahlreiche Forscher und Glücksritter in und um diese Vertiefung gegraben, ohne dass so genau klar wäre, was sie dort überhaupt suchten. Heute ist an der fraglichen Stelle nur noch ein tiefes Loch zu sehen, wobei niemand weiß, ob sich dort im 18. Jahrhundert tatsächlich einmal ein Schacht befunden hat.

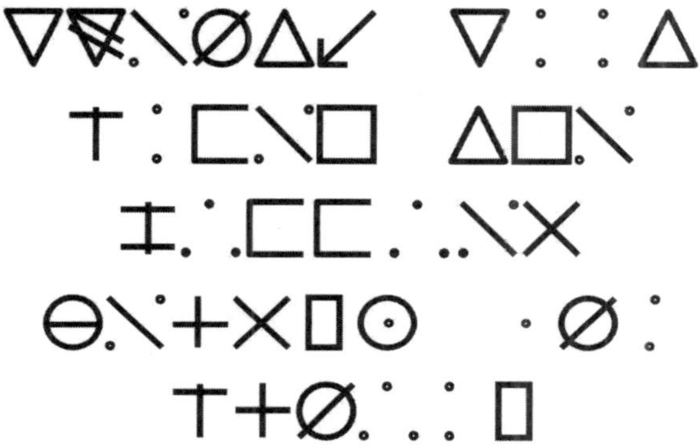

(74) Dieser Text stand angeblich auf einer Schiefertafel, die auf der kanadischen Insel Oak Island gefunden wurde. In ihm wird die Lage eines Schatzes angegeben.

Im Jahr 1805 soll eine Expedition im Oak-Island-Schacht eine Schiefertafel gefunden haben, auf der eine verschlüsselte Botschaft stand. Die Tafel ist verschollen, doch der angeblich darauf geschriebene Text ist erhalten geblieben. Er ist leicht zu dechiffrieren, da es sich um eine einfache Buchstabenersetzung handelt. Der Klartext lautet: FORTY FEET BELOW TWO MILLION POUNDS ARE BURIED. Auf Deutsch: „40 Fuß tiefer sind 2 Millionen Pfund begraben." Selbstverständlich sind schon mehrere Schatzsucher diesem Hinweis gefolgt. Das Ergebnis können Sie sich denken.

ZWEIFEL AN DER GLAUBWÜRDIGKEIT

Kommen wir zurück zur Geschichte von Thomas Beale. Steckt in ihr mehr Wahrheit als in den wenig glaubhaften Schatzlegenden von La Réunion, Rennes-le-Château und Oak Island? Wohl kaum, denn die ganze Angelegenheit hat einen gewaltigen Haken: Alle Informationen, die wir darüber besitzen, stammen aus einem Groschenroman. Keiner der entscheidenden Punkte der Geschichte wird durch eine zweite Quelle bestätigt. Und das, obwohl Beale-Enthusiasten längst so ziemlich jede denkbare Spur verfolgt haben. Beispielsweise haben Historiker versucht, einen Beleg für die Existenz von Thomas Beale zu finden. Zwar stießen sie in Volkszählungsunterlagen des 19. Jahrhunderts tatsächlich auf einige US-Amerikaner, die so hießen, doch keiner davon ließ sich als der Gesuchte identifizieren. Auch der Ort, an dem die Männer angeblich das Gold fanden, wurde nie identifiziert. Die Fundstelle soll 250 bis 300 Meilen nördlich von Santa Fe gelegen haben. Wenn dort 30 Männer mehrere Jahre lang gearbeitet und dabei große Mengen Erde und Gestein bewegt haben sollen, dann erscheint es zumindest erstaunlich, dass ihre Spuren nie entdeckt wurden.

Immerhin gab es den Hoteldirektor Robert Morriss wirklich. Als die Beale-Schrift veröffentlicht wurde, war Morriss jedoch längst tot. Auch ist nicht bekannt, wer Morriss' Freund gewesen sein soll, der 1885 über den Verleger Ward den Bericht über den Schatz veröffentlichte. Noch Jahrzehnte nach Erscheinen des Büchleins (z. B. im Gespräch mit den Hart-Brüdern) war Ward nicht bereit, dessen Identität zu lüften. Wie nicht anders zu erwarten, sind außerdem die Briefe von Beale an Morriss sowie die Unterlagen in der Kiste verschwunden. James Ward gab später gegenüber den Hart-Brüdern an, diese Dokumente seien einem Brand in der Druckerei zum Opfer gefallen (immerhin hat es einen solchen, wie bereits erwähnt, wohl tatsächlich gegeben).

Wenn es überhaupt eine zweite Quelle gibt, die einen Teil der Beale-Geschichte bestätigt, dann ist dies eine Zeitung aus St. Louis vom 2. August 1832. Darin ist eine Liste von Personen abgedruckt, denen die Post eine Sendung nicht zustellen konnte und die nun aufgefordert wurden, diese abzuholen. Solche Listen wurden damals regelmäßig in der Lokalpresse veröffentlicht. In der fraglichen Ausgabe ist in diesem Zusammenhang ein Robert Morriss aufgeführt. Dieser Eintrag könnte – ganz viel guten Willen vorausgesetzt – mit dem Beale-Schatz zu tun haben. Die Person namens Robert Morriss wäre demnach der besagte Hoteldirektor, und der Brief wäre das von Beale angekündigte Schreiben eines Freunds, das den Schlüssel zur Lösung der Kryptogramme enthielt. Durch einen Fehler in der Adresse oder aus einem anderen Grund wäre das Schreiben dieser Vermutung zufolge nicht nach Lynchburg ausgeliefert worden, sondern blieb in St. Louis hängen. Doch leider wirkt das alles nicht gerade zwingend: So hatte Hoteldirektor Morriss in den USA mehrere Namensvettern, und es wurden sicherlich viele Briefe an Personen dieses Namens verschickt.

Die einzige Quelle ist und bleibt also das Ward-Büchlein. Es verbietet sich nahezu von selbst, den Inhalt eines solchen Groschenromans für bare Münze zu nehmen – erst recht wenn es um eine so spektakuläre Behauptung geht. Zumal es in der Beale-Geschichte nur so von Ungereimtheiten wimmelt. Einige davon verdanken wir den Untersuchungen des US-Wissenschaftlers und Journalisten Joe Nickell. Dieser gilt einerseits als einer der weltweit führenden Experten für die Untersuchung der Echtheit von Dokumenten. Zum anderen ist er ein sehr aktives Mitglied der Skeptiker-Bewegung und hat schon zu so manchem scheinbar unerklärlichen Rätsel die Erklärung geliefert.

Nickell fand unter anderem heraus, dass Morriss das Washington-Hotel erst 1823 übernommen hatte – zu diesem Zeitpunkt hatte Beale die Kiste nach Angaben der Beale-Schrift schon längst übergeben. Hat sich Morriss in seinen Lebenserinnerungen vielleicht mit den Jahreszahlen vertan? Kaum anzunehmen, denn die Datierung des Briefs stimmt mit seinen Angaben überein. Auch sprachliche Analysen lassen Zweifel aufkommen. Die Texte Beales enthalten die Wörter „stampede", „appliance" und „improvise", die erst Jahre später erstmals in anderen Dokumenten aus Virginia auftauchen. Vor allem „stampede" ist nach Ansicht von Nickell ein Anachronismus.

Für einen Scherz spricht nicht zuletzt die Beale-Geschichte selbst. Ist es glaubhaft, dass Goldschürfer den Ertrag jahrelanger Arbeit über Tausende von Kilometern in ein Versteck transportieren lassen? Warum haben sie das Gold nicht in einem Banktresor deponiert? Warum hat offenbar jeder der 30 Männer sein Geheimnis mit ins Grab genommen? Unklar ist auch, wie Beale den Schatz transportiert hat. Glaubt man der zweiten Beale-Nachricht, dann müssten das Gold und das Silber zusammen etwa 3,6 Tonnen gewogen haben. Wer wollte eine solche Fracht – maximal mit Hilfe einiger Pferde – über Tausende von Kilometern durch den Wilden Westen schleppen?

Auch die Nachrichten geben Rätsel auf. Warum gibt es drei davon, obwohl eine genügt hätte? Warum hat der Urheber verschiedene Verschlüsselungsverfahren angewandt? Geht man von einem Scherz aus, dann wäre dies verständlich: Die zweite, entschlüsselte Nachricht gibt den Inhalt und die ungefähre Lage des angeblichen Schatzes bekannt und macht dadurch die beiden anderen Teile umso interessanter.

Zudem wirft die verwendete Verschlüsselungstechnik einige Fragen auf. In der Beale-Schrift ist die Unabhängigkeitserklärung abgedruckt, die den Schlüssel für die zweite Nachricht liefert. Allerdings sind darin ein paar Fehler enthalten. Erstaunlicherweise liefert die Entschlüsselung nur mit dieser falschen Version das korrekte Ergebnis. Hatten Beale und der anonyme Autor durch einen Zufall die gleiche fehlerhafte Abschrift der Unabhängigkeitserklärung vorliegen? Mehr als unwahrscheinlich, denn diese falsche Version taucht sonst nirgendwo auf.

All diese Zweifel kann ich nur teilen. So gehört das zur Verschlüsselung der zweiten Nachricht verwendete Verfahren zum Besten, was in der Kryptologie des frühen 19. Jahrhunderts bekannt war. Konnte ein Büffeljäger um das Jahr 1820 ein derartiges kryptologisches Fachwissen besitzen? Es wäre erstaunlich, denn die vier Jahrzehnte später im US-Sezessionskrieg eingesetzten Verschlüsselungsmethoden waren größtenteils deutlich schlechter. Ohnehin müsste es sich bei Beale um einen recht gebildeten Büffeljäger gehandelt haben, denn die von ihm verfassten Briefe sind sprachlich einwandfrei und haben geradezu literarisches Niveau.

Geht man dagegen davon aus, dass die Beale-Chiffren um das Jahr 1885 entstanden sind, klingt die Angelegenheit erheblich plausibler. In den Jahrzehnten zuvor hatte sich die Kryptologie im Schlepptau der immer populärer werdenden Telegrafie erheblich weiterentwickelt. Nicht zuletzt durch den Sezessionskrieg war das Wissen um Verschlüsselungsverfahren nun zudem deutlich weiter verbreitet. Für einen US-Amerikaner mit entsprechender Schulbildung und Interesse an der Kryptologie war eine homophone Verschlüsselung zu diesem Zeitpunkt sicherlich kein Hexenwerk mehr. Auch die literarische Qualität der Beale-Briefe wäre unter diesen Umständen einfacher zu erklären.

Zudem fällt selbst einem Laien auf, dass die angeblich von Beale geschriebenen Briefe in einem ähnlichen Stil verfasst sind wie das Ward-Büchlein. Sollten sie von derselben Person stammen, wäre dies ein sicherer Hinweis auf eine Fälschung. Um diesen Verdacht genauer zu untersuchen, muss man eine äußerst faszinierende Wissenschaftsdisziplin anwenden: die Stilometrie.

Diese nutzt aus, dass jeder Mensch einen individuellen Schreibstil hat, der sich in zahlreichen messbaren Größen niederschlägt. Zu diesen messbaren Größen gehören unter anderem die durchschnittliche Satzlänge, die Häufigkeit von Passivformen, die Häufigkeit von negierten Formulierungen und der Anteil an Nebensätzen. Selbst die Anzahl der verwendeten Satzzeichen und der bestimmten und unbestimmten Artikel sind für einen Schreiber typisch. Für einen Laien wie mich ist es ausgesprochen erstaunlich, wie aussagekräftig solche Statistiken sind. Ermittelt man zehn oder mehr stilometrische Kenngrößen, dann sind diese unter geeigneten Voraussetzungen so unverwechselbar wie ein Fingerabdruck.

Mir sind drei stilometrische Vergleiche zwischen den Beale-Briefen und dem Ward-Text bekannt. Der erste stammt vom bereits erwähnten Joe Nickell, der zweite von dem Kryptologen Louis Kruh und der dritte von dem Journalisten Richard Belfield. Keiner der drei Autoren ist ein ausgewiesener Stilometrie-Experte, und so kann keiner von ihnen für sich in Anspruch nehmen, bei seiner Analyse die Möglichkeiten der Stilometrie vollständig ausgeschöpft zu haben. Insgesamt prüften die drei jedoch über 30 statistische Kriterien, was schon recht ausführlich ist. Das Ergebnis: Die ermittelten Eigenschaften des Ward-Texts und der Beale-Briefe weisen frappierende Ähnlichkeiten auf. Die Wahrscheinlichkeit ist sehr hoch, dass sie aus der Feder derselben Person stammen.

So spricht nahezu alles dafür, dass die Beale-Geschichte eine Erfindung ist. Diese Erkenntnis hat sich mittlerweile bei nahezu allen Experten durchgesetzt.

DIE SCHATZERFINDER

Interessant ist nun die Frage, wer hinter dem Beale-Schabernack steckte. Höchstwahrscheinlich wusste James Ward über den Schwindel Bescheid. Ob er selbst der Autor war oder ob ihm jemand zuarbeitete, ist dagegen unklar. Man muss Ward in jedem Fall zugestehen, dass seine Verlade bestens funktionierte. Selbst nach 130 Jahren erregt die Beale-Geschichte immer noch die Gemüter. Möglicherweise diente die Schummelei sogar einem guten Zweck: Im Jahr 1883, also zwei Jahre vor der Veröffentlichung des Beale-Büchleins, hatte ein Feuer einige Häuser in Wards Heimatstadt zerstört. Es gibt Hinweise darauf, dass der sozial eingestellte Verleger einen Teil des Erlöses für die in Not geratenen Mitbewohner spenden wollte.

Unter Hobbyforschern ist es leider eine weit verbreitete Unsitte, in Fällen unklarer Urheberschaft irgendwelche Prominente ins Spiel zu bringen. Nicht umsonst musste Leonardo da Vinci als vermeintlicher Schöpfer des Voynich-Manuskripts herhalten (siehe Kapitel 1). Der prominente Lieblings-Verdächtige einiger Beale-Forscher heißt Edgar Allan Poe. Hat der berühmte US-Schriftsteller den Beale-Groschenroman verfasst? Immerhin gibt es einige brauchbare Argumente. Poe interessierte sich leidenschaftlich für Kryptologie. Eine erfundene Geschichte um einen Goldschatz wäre ihm sicherlich zuzutrauen gewesen, zumal die Hintergrundgeschichte literarischen Charakter hat.

Der Amateur-Kryptologe Ron Gervais hat auf seiner Web-Seite eine stilometrische Analyse veröffentlicht, in der er ein Werk von Poe mit dem Beale-Text vergleicht. Das Ergebnis ist nicht eindeutig. Es wäre sicherlich hilfreich, eine ausführlichere Analyse von einem Fachmann zu haben. Unabhängig davon muss man sich eines vor Augen halten: Abgesehen von recht allgemeinen Argumenten gibt es keinerlei Anhaltspunkte dafür, dass der berühmte Dichter etwas mit den Beale-Chiffren zu tun hatte.

Deutlich glaubhafter ist eine andere von Ron Gervais aufgestellte Theorie. Demnach soll ein gewisser John William Sherman der Urheber gewesen sein – der Besitzer der Druckerei, die das Beale-Büchlein herausgab. Außerdem war er Herausgeber der Zeitung Lynchburg Virginian, in der ein Großteil der Werbeanzeigen für das Ward-Büchlein erschien. In seiner Freizeit schrieb Sherman Romane und Theaterstücke. Stilometrische Untersuchungen, die Gervais durchführte, haben auffällige Übereinstimmungen zwischen Texten Shermans und den Beale-Texten ergeben.

Besonders einfallsreich musste der Erfinder der Beale-Geschichte jedenfalls nicht sein. In den USA kursierten damals wie heute zahlreiche Legenden, in denen es um geheimnisvolle Gold- und Silberminen ging. Die bekannteste davon ist die so genannte Swift-Silbermine. Sie beschäftigt bis heute mindestens genauso viele Schatzsucher wie der Beale-Schatz und hat einige Gemeinsamkeiten mit diesem. Das Gegenstück zu Thomas Beale ist hierbei ein Engländer namens Jonathan Swift, von dem nicht sicher ist, ob er jemals gelebt hat.[20] Swift soll im Jahr 1760 irgendwo im Osten der USA ein Silbervorkommen entdeckt und dort eine Mine angelegt haben. Das geförderte Silber vergrub er irgendwo in der Nähe. Auf Grund widriger Umstände musste er die Mine jedoch nach einiger Zeit aufgeben und abreisen. Da er später sein Augenlicht verlor, konnte er die Mine nicht wiederfinden.

Alle Informationen über Swift stammen aus einem als „Journal" bezeichneten Text. Swift selbst soll ihn verfasst haben. Dieses Journal, von dem es Dutzende unterschiedlicher Versionen gibt, enthält im Gegensatz zum Ward-Büchlein zwar keinen verschlüsselten Text, spielt aber ansonsten eine ähnliche Rolle. In ihm werden zahlreiche Felsen, Bäume, Schluchten, angebrachte Markierungen und Ähnliches erwähnt, die es in der Nähe der Swift-Silbermine gegeben haben soll. Sogar eine (wenig aussagekräftige) Landkarte ist im Journal enthalten. Schon im 19. Jahrhundert versuchten Swift-Schatzsucher, über diese Hinweise die verlorene Mine zu finden – allerdings vergeblich.

DIE UNVERBESSERLICHEN

Ist der Beale-Schatz-Traum angesichts der mehr als überzeugenden Fakten ausgeträumt? Nicht für alle. So meinen einige Beale-Forscher, der Schatz existiere tatsächlich, stamme aber nicht von irgendwelchen Büffeljägern. Eine Hypothese lautet, dass es sich um Gold, Silber und Juwelen aus den Südstaaten handelte, die kurz vor Ende des Sezessionskriegs von den Eigentümern versteckt wurden. Da der Sezessionskrieg bekanntlich für die Südstaaten (die so genannte Konföderation) verloren ging, hätten Regierung und wohlhabende Familien ihr noch verbleibendes Vermögen vor den siegreichen Feinden verbergen wollen. In den USA ranken sich zahlreiche Legenden um diese angeblichen Schätze der Konföderierten, auch wenn bisher keine nennenswerten Funde bekannt wurden. Wenig Konkretes weiß man insbesondere über das so genannte Konföderierten-Gold. Damit bezeichnet man einen Goldvorrat aus der Staatskasse der Süd-

[20] Gemeint ist natürlich nicht der gleichnamige Schriftsteller, der „Gullivers Reisen" verfasst hat. Dieser hat zweifelsfrei gelebt.

staaten, der seit Ende des Sezessionskriegs verschollen ist. Ob dieses Gold irgendwo vergraben ist, ist ungewiss.

Enthalten die Beale-Chiffren in Wirklichkeit Informationen über einen versteckten Konförderierten-Schatz? Wenn ja, dann wäre die Geschichte mit den Büffeljägern nur Tarnung. Hotel-Direktor Robert Morriss hätte in diesem Fall entweder nichts mit der Sache zu tun, oder er wäre ein Strohmann irgendwelcher Südstaatler gewesen, der die erfundene Geschichte weitererzählt hat. Die Verschlüsselung wäre eine für Insider, die nur von einem eingeweihten Südstaatler verstanden werden konnte. Leider wirkt das alles reichlich an den Haaren herbeigezogen.

Etwas mehr Substanz hat eine Theorie, die der US-Amerikaner Robert N. Williams bereits seit 20 Jahren vertritt. Demnach war der Mann, der sich Thomas Beale nannte, in Wirklichkeit ein weiterer berühmter französischer Pirat: Jean Lafitte (1780–1826). Dieser machte zwischen etwa 1808 und 1825 die Karibik unsicher, wobei er sein Beutegut meist in die USA bringen ließ, um es dort zu versilbern. 1817 ließ er sich auf der Insel Galveston vor der Küste von Texas nieder und machte sie zu einem Umschlagplatz für Piratenbeute und andere Ware. Die US-Regierung, die zeitweise mit Lafitte zusammenarbeitete, ließ den Freibeuter zwar vorläufig gewähren, doch das konnte sich jederzeit ändern. 1820 wurde Lafitte das Pflaster zu heiß. Er zog sich in die Karibik zurück, wo er weiterhin unbehelligt seinen illegalen Geschäften nachging.

(75) War er der wahre Thomas Beale? Der Pirat Jean Lafitte sah etwa so aus, wie Beale beschrieben wurde, und war sicherlich reich genug, um einen Schatz zu verstecken.

Williams' Theorie besagt nun Folgendes: Vor seiner Flucht von Galveston wollte Jean Lafitte einen Teil seines Beuteguts in Sicherheit bringen. Dazu verfrachtete er es nach Virginia, wobei er sich als Thomas Beale ausgab und dem Hoteldirektor die Kiste überließ. Da Lafitte nie wieder in die USA zurückkam und schließlich 1826 verstarb, holte niemand die Kiste wieder ab. So weit die Theorie von Williams. Interessant, zu wie viel Phantasie ein kleines Büchlein über büffeljagende Goldritter anzuregen vermag.

IST DER CODE ZU KNACKEN?

Auch wenn der Beale-Schatz höchstwahrscheinlich nicht existiert, könnten die beiden verbleibenden verschlüsselten Nachrichten durchaus einen sinnvollen Inhalt haben. Wie bei allen anderen bedeutenden Kryptogrammen fehlt es auch bei den Beale-Chiffren nicht an Leuten, die meinen, eine Lösung gefunden zu haben. Allerdings ist keine dieser „Lösungen" auch nur halbwegs überzeugend, weshalb ich nicht näher darauf eingehen will. Es darf also weiter gerätselt werden.

Wie könnte die Lösung des Rätsels aussehen, falls es eine gibt? Vielleicht findet sich in einem der verschlüsselten Texte eine Nachricht, die den Scherz enthüllt. Oder erhält man auf diese Weise einen Text, der neue Rätsel aufgibt, um das Interesse neu zu entfachen? Andererseits ist es auch denkbar, dass der Urheber einen sinnvollen, aber belanglosen Text verschlüsselt hat. Die Wahrheit werden wir wohl erst erfahren, wenn es tatsächlich jemandem gelingt, die Beale-Chiffren zu lösen.

An kryptologischen Untersuchungen mangelt es nicht. Der bereits erwähnte Informatik-Professor Carl Hammer war der Erste, der die drei verschlüsselten Nachrichten mit einem Computer analysierte. Dabei konnte er sie zwar nicht lösen, doch ihm fielen interessante Details auf – etwa, dass der Urheber das homophone Verschlüsselungsverfahren für die zweite Nachricht nicht sachgemäß eingesetzt hatte. Anstatt auf eine gleiche Häufigkeit zu achten, bevorzugte der Verschlüssler jeweils bestimmte Zahlen. Darüber hinaus enthielt die Verschlüsselung einige Fehler. Man kann daher davon ausgehen, dass der Verfasser der Beale-Chiffren im Verschlüsseln nicht allzu geübt war.

Statistische Analysen legen nahe, dass die erste und die dritte Nachricht auf ähnliche Weise verschlüsselt sind. Allerdings ist die Buchstabenverteilung nicht so flach wie bei der zweiten, bereits entschlüsselten. Es könnte sein, dass es sich bei diesen beiden um Wörter-Codes handelt. Dies würde bedeuten, dass jede Zahl für ein bestimmtes Wort steht (siehe Prolog). Die Häufigkeit der jeweiligen Zahlen sowie einige andere Beobachtungen passen sehr gut zu dieser Vermutung. Weiter ist bisher jedoch noch niemand gekommen.

Vielleicht sind die beiden ungelösten Nachrichten in Wirklichkeit nicht zu knackender Datenmüll. Sollte dies der Fall sein, ist dies leider nur schwer zu beweisen. 1980 veröffentlichte der US-amerikanische Informatiker James Gillogly eine Untersuchung, die die Unsinnshypothese stützt. Gillogly versuchte, die erste Nachricht auf dieselbe Weise zu entschlüsseln wie die zweite. Zu seiner Überraschung stieß er im Resultat auf die Buchstabenfolge ABFDEFGHIIJKLMMNOHPP. Unter der Einbeziehung von zwei Fehlern, die beim Verschlüsseln der zweiten Nachricht passiert sind, wurde daraus ABCDEFGHIIJKLMMNOOPP. Diese Folge dürfte kaum per Zufall entstanden sein. Wie ist dieses Ergebnis zu deuten? Am wahrscheinlichsten ist, dass der Verfasser sinnlose Daten verschlüsselt hat, um so ein nicht dechiffrierbares Ergebnis zu generieren.

Einige Beale-Forscher haben darauf hingewiesen, dass die Buchstabenfolge ABCDEFGHIIJKLMMNOOPP auch in einer ansonsten sinnvollen Nachricht vorkommen kann – beispielsweise als Trenner zwischen zwei Nachrichtenteilen. Der erwähnte Carl Hammer zeigte sogar, dass es Verschlüsselungsverfahren gibt, bei denen eine solche Folge als vermeintliches Entschlüsselungsresultat auftreten kann, obwohl der wahre Klartext ein anderer ist. Allerdings halte ich es für unwahrscheinlich, dass der Verfasser der Beale-Chiffren ein solches Verfahren kannte und anwendete. Außerdem weiß man inzwischen, dass sich aus den Beale-Chiffren noch weitere auffällige Buchstabenfolgen ergeben, wenn man sie – wie James Gillogly – mit der US-Unabhängigkeitserklärung entschlüsselt. Der Computer-Experte John C. King fand beispielsweise ABBBCCCCDDE sowie einige weitere Folgen. Insgesamt sprechen diese Resultate dafür, dass kein sinnvoller Text hinter den Beale-Chiffren steckt – doch bewiesen ist das nicht.

Es könnte sich also nach wie vor lohnen, sich mit den Beale-Chiffren kryptologisch zu beschäftigen. Nach dem Schatz zu suchen ist dagegen reine Zeitverschwendung. So sieht es auch David Kahn, der weltweit bedeutendste Fachmann für Kryptologie-Geschichte. „Die Sache mit den Beale-Chiffren ist nicht mehr als eine geschickt erzählte, aber frei erfundene Geschichte. Bemerkenswert daran ist nur, dass es noch immer Leute gibt, die daran glauben und nach dem Schatz suchen."

9 Kryptos
Die rätselhafte Skulptur auf dem CIA-Gelände

Kennen Sie den Roman „Das verlorene Symbol" von Dan Brown? Wenn ja, dann erinnern Sie sich vielleicht an die ersten Sätze des Buchs:

> *Im Jahre 1991 wurde ein Dokument im Safe des CIA-Direktors eingeschlossen. Dieses Dokument befindet sich heute noch dort. Sein kryptischer Text enthält Hinweise auf ein altes Portal und einen unbekannten Ort im Untergrund. Außerdem enthält das Schriftstück den Satz: „Irgendwo da draußen liegt es vergraben."*

Dan Brown nimmt es in seinem Roman zwar mit den historischen Fakten nicht immer so genau (obwohl er in der Einleitung das Gegenteil behauptet), doch diese ersten Sätze sind keine Fiktion. Um die seltsamen Aussagen zu verstehen, muss man eine Skulptur kennen, die vor dem CIA-Hauptquartier im US-Bundesstaat Virginia steht. Diese Skulptur heißt Kryptos. Das Besondere daran: Auf der Skulptur ist ein verschlüsselter Text zu lesen. Dieser hat in den letzten Jahren Tausende von Menschen in seinen Bann gezogen und ist zum vielleicht berühmtesten Kryptogramm der Welt geworden. Eine einzigartige Koalition aus Kunstinteressierten, Codeknackern und neuerdings auch Dan-Brown-Lesern ist seit über einem Jahrzehnt hinter der Lösung her – doch Kryptos hat sein Geheimnis noch nicht vollständig preisgegeben.

(76) Die Skulptur Kryptos steht auf dem Gelände der CIA in der Nähe von Washington.

DIE SKULPTUR

Kryptos besteht hauptsächlich aus vier gewölbten Kupferplatten, die mit ausgesparten Buchstaben versehen sind. Pro Platte gibt es 14 Zeilen. Auf den beiden linken Platten befindet sich der verschlüsselte Text, auf den beiden rechten sind in jeder Zeile die 26 Buchstaben des Alphabets aneinandergereiht. Ein versteinerter Baumstamm bildet das linke Ende der Skulptur. Geschaffen hat dieses Werk der US-Künstler Jim Sanborn (geboren 1945). Es entstand Ende der achtziger Jahre, als die CIA ein neues Gebäude errichten ließ. Die Arbeiten an dem 250.000 Dollar teuren Kunstwerk dauerten zwei Jahre – Sanborn musste jedes noch so kleine Bauteil durch die aufwendigen Sicherheitskontrollen der CIA schleusen, wo es auf Sprengstoff und Abhörwanzen untersucht wurde.

Sanborns Idee, die Skulptur mit einem Verschlüsselungsrätsel zu versehen, lag nahe, hat die CIA doch von Amts wegen mit Geheimnissen zu tun. Da der Künstler selbst aber nicht viel von Verschlüsselungstechnik verstand, wandte er sich an den hochrangigen CIA-Kryptologen Ed Scheidt, der kurz vor der Pensionierung stand. Die beiden erstellten einen aus 865 Druckzeichen

(861 Buchstaben und vier Fragezeichen) bestehenden verschlüsselten Text, den Sanborn in die beiden linken Kupferplatten einarbeitete. 1990 wurde die Skulptur eingeweiht. Der Text lautet wie folgt:

```
E M U F P H Z L R F A X Y U S D J K Z L D K R N S H G N F I V J
Y Q T Q U X Q B Q V Y U V L L T R E V J Y Q T M K Y R D M F D
V F P J U D E E H Z W E T Z Y V G W H K K Q E T G F Q J N C E
G G W H K K ? D Q M C P F Q Z D Q M M I A G P F X H Q R L G
T I M V M Z J A N Q L V K Q E D A G D V F R P J U N G E U N A
Q Z G Z L E C G Y U X U E E N J T B J L B Q C R T B J D F H R R
Y I Z E T K Z E M V D U F K S J H K F W H K U W Q L S Z F T I
H H D D D U V H ? D W K B F U F P W N T D F I Y C U Q Z E R E
E V L D K F E Z M O Q Q J L T T U G S Y Q P F E U N L A V I D X
F L G G T E Z ? F K Z B S F D Q V G O G I P U F X H H D R K F
F H Q N T G P U A E C N U V P D J M Q C L Q U M U N E D F Q
E L Z Z V R R G K F F V O E E X B D M V P N F Q X E Z L G R E
D N Q F M P N Z G L F L P M R J Q Y A L M G N U V P D X V K P
D Q U M E B E D M H D A F M J G Z N U P L G E W J L L A E T G
E N D Y A H R O H N L S R H E O C P T E O I B I D Y S H N A I A
C H T N R E Y U L D S L L S L L N O H S N O S M R W X M N E
T P R N G A T I H N R A R P E S L N N E L E B L P I I A C A E
W M T W N D I T E E N R A H C T E N E U D R E T N H A E O E
T F O L S E D T I W E N H A E I O Y T E Y Q H E E N C T A Y C R
E I F T B R S P A M H N E W E N A T A M A T E G Y E E R L B
T E E F O A S F I O T U E T U A E O T O A R M A E E R T N R T I
B S E D D N I A A H T T M S T E W P I E R O A G R I E W F E B
A E C T D D H I L C E I H S I T E G O E A O S D D R Y D L O R I T
R K L M L E H A G T D H A R D P N E O H M G F M F E U H E
E C D M R I P F E I M E H N L S S T T R T V D O H W ? O B K R
U O X O G H U L B S O L I F B B W F L R V Q Q P R N G K S S O
T W T Q S J Q S S E K Z Z W A T J K L U D I A W I N F B N Y P
V T T M Z F P K W G D K Z X T J C D I G K U H U A U E K C A R
```

Die Lösung des Rätsels übergab Sanborn dem damaligen CIA-Direktor William Webster in einem versiegelten Umschlag. Dieses Schreiben liegt vermutlich bis heute in einem CIA-Tresor. Es ist allerdings nicht klar, ob der Umschlag tatsächlich die komplette Lösung enthält. Genauso wenig weiß man, ob Ed Scheidt vollständig eingeweiht ist oder ob Sanborn den verschlüsselten

Text gegenüber der Scheidt bekannten Version noch verändert hat. Sicher ist nur, dass Sanborn selbst die Lösung kennt – oder dass er sie zumindest kannte. Nach eigenen Angaben hat er versucht, die entsprechenden Informationen zu vergessen, um sich nicht zu verplappern.

DAVID STEIN LÖST DIE ERSTEN BEIDEN TEILE

In den ersten Jahren nach der Fertigstellung nahm kaum jemand Notiz von Kryptos. Das Gelände der CIA ist nicht öffentlich zugänglich, und daher konnten nur CIA-Mitarbeiter und deren Besucher die ungewöhnliche Skulptur in natura betrachten. Als Rätsel für die Allgemeinheit waren die Kryptos-Texte ohnehin nicht gedacht gewesen. Erst nach Jahren verbreiteten sich Fotos der Skulptur sowie Abschriften des verschlüsselten Texts im Internet – doch noch immer war die Zahl derer, die sich für das Rätsel interessierten, klein. Einer der Ersten, die sich mit der Lösung des Rätsels befassten, war der CIA-Mitarbeiter David Stein. Auf seinem Weg zur Arbeit ging er täglich an Kryptos vorbei und war von dem Kunstwerk zunehmend fasziniert. Obwohl kein Verschlüsselungs- oder Computer-Experte, hatte Stein seit seiner Kindheit ein Faible für Rätsel. Nun nahm er sich des Kryptos-Rätsels an.

Um einen Einstieg zu finden, musste sich Stein erst einmal die Grundlagen der Dechiffrierungskunst aneignen. Dabei entschied er sich, keinen Computer zu Hilfe zu nehmen, sondern sich allein auf Papier und Stift zu verlassen. Diese Vorgehensweise ist zwar veraltet, doch Kryptos-Schöpfer Jim Sanborn hatte mehrfach betont, dass das Kryptos-Rätsel auch ohne Computer lösbar sei. In siebenjähriger Arbeit ging Stein dem Kryptos-Text auf den Grund. Er erkannte in den Buchstabenkolonnen vier Abschnitte, deren Abgrenzung nicht ohne Weiteres ersichtlich war. Die ersten beiden Teile ähnelten einander und hatten andere statistische Eigenschaften als der dritte und der vierte. Der erste Teil besteht aus den ersten beiden Textzeilen:

```
E M U F P H Z L R F A X Y U S D J K Z L D K R N S H G N F I V J
Y Q T Q U X Q B Q V Y U V L L T R E V J Y Q T M K Y R D M F D
```

Den zweiten Teil bildet der Rest der ersten Platte:

```
V F P J U D E E H Z W E T Z Y V G W H K K Q E T G F Q J N C E
G G W H K K ? D Q M C P F Q Z D Q M M I A G P F X H Q R L G
T I M V M Z J A N Q L V K Q E D A G D V F R P J U N G E U N A
Q Z G Z L E C G Y U X U E E N J T B J L B Q C R T B J D F H R R
Y I Z E T K Z E M V D U F K S J H K F W H K U W Q L S Z F T I
H H D D D U V H ? D W K B F U F P W N T D F I Y C U Q Z E R E
E V L D K F E Z M O Q Q J L T T U G S Y Q P F E U N L A V I D X
F L G G T E Z ? F K Z B S F D Q V G O G I P U F X H H D R K F
F H Q N T G P U A E C N U V P D J M Q C L Q U M U N E D F Q
E L Z Z V R R G K F F V O E E X B D M V P N F Q X E Z L G R E
D N Q F M P N Z G L F L P M R J Q Y A L M G N U V P D X V K P
D Q U M E B E D M H D A F M J G Z N U P L G E W J L L A E T G
```

Stein fand heraus, dass bei der Verschlüsselung eine Variante des so genannten Vigenère-Verfahrens angewandt worden war – eine seit dem 16. Jahrhundert bekannte Methode, die mit heutigen Mitteln selbst ohne Computer zu knacken ist. Im Februar 1998 gelang es Stein, die ersten beiden Kryptos-Teile zu lösen. Beim ersten Teil, so zeigte sich, spielten die Schlüsselwörter KRYPTOS und PALIMPSEST eine wichtige Rolle. Genaueres können Sie im Anhang nachlesen. Der Klartext des ersten Teils lautete wie folgt:

```
BETWEEN SUBTLE SHADING AND THE ABSENCE OF LIGHT
LIES THE NUANCE OF IQLUSION[21]
```

Jim Sanborn gab später an, diesen Satz selbst formuliert zu haben, und zwar mit „großer Sorgfalt". Welche Botschaft er transportieren soll, ist eher unklar. Vielleicht ist diese erst zu verstehen, wenn der gesamte Text dechiffriert ist. Oder gibt der erste Satz Hinweise darauf, wie die anderen Textteile zu entschlüsseln sind? Man weiß es nicht. Immerhin fällt auf, dass IQLUSION falsch geschrieben ist. Absicht? Druckfehler? Auch hier gibt es noch keine Antwort.

Wenig überraschend, weil nahe liegend, ist sicherlich das Schlüsselwort KRYPTOS. Von PALIMPSEST kann man das

[21] Übersetzung: *Zwischen feinsinnigen Schattierungen und der Abwesenheit von Licht liegt der Zwischenton der Täuschung.*

dagegen nicht behaupten. Ein Palimpsest bezeichnet ein Schriftstück, dessen ursprünglicher Inhalt gelöscht und überschrieben wurde. Eine solche Praxis war früher weit verbreitet. Da Schreibmaterial wie Pergament oder Papyrus bis in die Neuzeit hinein teuer war, nahmen viele Schreiber vorhandene Schriftstücke, kratzten die Aufschrift ab (das ging damals leichter als auf heutigem Papier) und beschrieben sie neu. Heute sind Wissenschaftler oftmals in der Lage, die ursprünglichen Aufschriften eines Palimpsests wieder sichtbar zu machen.

Der zweite Teil der Nachricht wurde mit demselben Verfahren wie der erste verschlüsselt. Die Schlüsselwörter, die Stein herausfand, lauteten KRYPTOS und ABSCISSA. Letzteres heißt auf Deutsch „Abszisse" und steht in der Mathematik für die waagerechte Achse (x-Achse) in einem Koordinatenkreuz. Damit ergab sich folgende Lösung (Details finden sich im Anhang):

```
IT WAS TOTALLY INVISIBLE HOWS THAT POSSIBLE? THEY
USED THE EARTHS MAGNETIC FIELD X THE INFORMATION
WAS GATHERED AND TRANSMITTED UNDERGRUUND TO AN
UNKNOWN LOCATION X DOES LANGLEY KNOW ABOUT THIS ?
THEY SHOULD ITS BURIED OUT THERE SOMEWHERE X WHO
KNOWS THE EXACT LOCATION ? ONLY WW THIS WAS HIS
LAST MESSAGE X THIRTY EIGHT DEGREES FIFTY SEVEN
MINUTES SIX POINT FIVE SECONDS NORTH SEVENTY SEVEN
DEGREES EIGHT MINUTES FORTY FOUR SECONDS WEST X
LAYER TWO[22]
```

In dieser Darstellung ist eine Sache berücksichtigt, die Stein noch nicht wissen konnte: Sanborn hatte in der letzten Zeile des zweiten Kryptos-Teils einen Buchstaben weggelassen, da ansonsten das O am Ende auf die untere Platte gerutscht wäre. Dadurch lauten die letzten acht Buchstaben bei korrekter Entschlüsselung IDBYROWS. Diese Buchstabenfolge, die man als „ID by rows" interpretieren kann, sorgte in der Kryptos-Szene für einige Verwirrung, da sie keinen Sinn ergibt. Erst als Sanborn

[22] Übersetzung: *Es war vollkommen unsichtbar. Wie ist das möglich? Sie nutzten das Magnetfeld der Erde. Die Informationen wurden gesammelt und unter der Erde zu einer unbekannten Stelle übermittelt. Weiß Langley davon? Es sollte, es ist nämlich irgendwo da draußen vergraben. Wer weiß genau wo? Nur WW, es war seine letzte Mitteilung. 38 Grad, 57 Minuten, 6,5 Sekunden Nord; 77 Grad, 8 Minuten, 44 Sekunden West. Schicht zwei.*

2006 seine Unterschlagung einräumte, wurde die Sache klar: Wenn man in der letzten Zeile des verschlüsselten Texts zwischen PLGE und WJLL ein S ergänzt, endet der Klartext mit XLAYERTWO. Keinen Kommentar gibt es von Sanborn dagegen zum Wort UNDERGRUUND – ein weiterer Druckfehler?

Auch diesen zweiten Kryptos-Abschnitt hat Sanborn vermutlich selbst formuliert. Langley ist der Name des Washingtoner Vororts, in dem sich die CIA-Zentrale (und damit auch Kryptos) befindet. WW steht wahrscheinlich für den bereits erwähnten CIA-Direktor William Webster. Besonders spannend sind die beiden letzten Zeilen, die eine geografische Position angeben: 38 Grad, 57 Minuten, 6,5 Sekunden Nord; 77 Grad, 8 Minuten, 44 Sekunden West. Die damit bezeichnete Stelle befindet sich auf dem CIA-Gelände etwa 50 Meter von der Skulptur entfernt auf einer Grasfläche. Jim Sanborn, der nicht nur die Skulptur selbst, sondern auch das sie umgebende Gelände gestaltet hat, könnte dort etwas vergraben haben – im Text heißt es schließlich: BURIED OUT THERE. Leider ist die entsprechende Stelle für die Öffentlichkeit nicht zugänglich, und selbst CIA-Angestellte können dort nicht graben, ohne das Wachpersonal auf den Plan zu rufen.

In jedem Fall hat es Sanborn mit dieser Textstelle geschafft, die immer größer werdende Gemeinde der Geocacher auf Kryptos aufmerksam zu machen. Wie in der Einführung dieses Buchs erwähnt, sind Geocacher Menschen, die mit Hilfe von GPS-Navigatoren nach Behältern („Caches") suchen, die andere zu diesem Zweck versteckt haben – sie betreiben also eine moderne Form der Schnitzeljagd. Eine besondere Variante des Geocachings sind so genannte Mystery-Caches. Bei einem solchen muss der Geocacher erst ein Rätsel (häufig ein Verschlüsselungsrätsel) lösen, um die richtigen Koordinaten zu erfahren. Interessanterweise existierte Geocaching zur Entstehungszeit von Kryptos noch gar nicht. Man kann Jim Sanborn daher als Geocaching-Pionier bezeichnen. Sofern an der genannten Stelle tatsächlich etwas versteckt ist, schuf Sanborn den ersten Cache und gleichzeitig den ersten Mystery-Cache der Geschichte. Außerdem wäre er wohl der Einzige, der jemals einen Cache auf einem Hochsicherheitsgelände angelegt hat.

DIE LÖSUNG DES DRITTEN TEILS

Auch den dritten Teil des Kryptos-Texts konnte Stein lösen. Für ihn hatten Sanborn und Scheidt eine andere Form der Verschlüsselung gewählt. Anstatt Buchstaben zu ersetzen, änderten sie dieses Mal lediglich deren Reihenfolge. So ein Vorgehen wird Umordnungsverfahren genannt. Zwei Beispiele dafür kennen Sie bereits: die in der Einleitung erwähnte Nachricht des Spions Pablo Waberski (eigentlich Lothar Witzke) und den Doppelwürfel (Kapitel 5).

Dass er es im dritten Kryptos-Teil mit einem Umordnungsverfahren zu tun hatte, bemerkte David Stein schnell – ein solches ist leicht zu identifizieren, da es die Buchstabenhäufigkeiten nicht verändert. Hätten Sanborn und Scheidt alle Möglichkeiten ausgeschöpft, die Umordnungsverfahren bieten, hätte Stein vermutlich (mit oder ohne Computer) bis zu seinem Lebensende vergeblich nach der richtigen Buchstabenreihenfolge gesucht. Sanborn und Scheidt begnügten sich jedoch mit einer vergleichsweise harmlosen und damit lösbaren Umordnungsvariante (sie wird im Anhang beschrieben). Die meisten Dechiffriermethoden, die es für Umordnungsverfahren gibt, sehen vor, Wörter zu erraten oder typische Buchstabenkombinationen zu suchen und untypische zu verwerfen. Nachdem sich Stein mit den entsprechenden Methoden vertraut gemacht hatte, konnte er den dritten Kryptos-Teil ohne größere Mühe wie folgt dechiffrieren:

SLOWLY DESPARATLY SLOWLY THE REMAINS OF PASSAGE DEBRIS THAT ENCUMBERED THE LOWER PART OF THE DOORWAY WAS REMOVED WITH TREMBLING HANDS I MADE A TINY BREACH IN THE UPPER LEFT HAND CORNER AND THEN WIDENING THE HOLE A LITTLE I INSERTED THE CANDLE AND PEERED IN THE HOT AIR ESCAPING FROM THE CHAMBER CAUSED THE FLAME TO FLICKER BUT PRESENTLY DETAILS OF THE ROOM WITHIN EMERGED FROM THE MIST X CAN YOU SEE ANYTHING?[23]

[23] Übersetzung: *Langsam, verdammt langsam wurden die Reste des Schutts entfernt, der den unteren Teil der Eingangstür bedeckte. Mit zitternder Hand machte ich einen kleinen Spalt in der oberen linken Ecke und dehnte das Loch ein wenig aus. Ich hielt die Kerze hinein und schaute hinein. Die heiße Luft, die aus der Kammer entwich, ließ die Flamme flackern. Dennoch kamen im Nebel sogleich Einzelheiten aus dem Innern zum Vorschein. Siehst Du etwas?*

Die Textpassage stammt – wenn auch mit einigen Abänderungen – von dem Archäologen Howard Carter, der die Zeilen am 26. November 1922, dem Tag, an dem er das Grab des ägyptischen Pharaos Tutanchamun entdeckte, in sein Tagebuch eintrug. Doch warum suchte Sanborn ausgerechnet diesen Text aus? Wollte er auf einen vergrabenen Gegenstand hinweisen, der zur Lösung der übrigen Textteile beitragen konnte? Dies würde zum zweiten Kryptos-Text passen, in dem ebenfalls von etwas Vergrabenem die Rede ist und sogar eine Position angegeben wird. Bisher ließ sich diese Vermutung weder bestätigen noch widerlegen.

David Stein jedenfalls war nach dieser dritten Dechiffrierung am Ende seiner Möglichkeiten angelangt. Den vierten Teil konnte er nicht lösen. Obwohl die ersten drei Kryptos-Nachrichten keine kryptologischen Höchstschwierigkeiten darstellen, verdient Steins Arbeit höchsten Respekt. Der akribische CIA-Angestellte hat sich mit Bravour durch ein verwirrendes Labyrinth aus Textteilen, unterschiedlichen Verschlüsselungsverfahren und diversen Schlüsselwörtern gekämpft. Und das, obwohl er zunächst kaum etwas von der Materie verstand und alle Arbeiten in seiner Freizeit erledigen musste. Die häufigste Frage, die Stein beantworten musste, lautete daher: „Wie viel Geld haben Sie für diesen Job erhalten?" Viele dachten fälschlicherweise, es habe eine Prämie für das Finden der richtigen Lösung gegeben. Eine andere beliebte Frage lautete: „Wie lange haben Sie dafür gebraucht?" Die Antwort darauf lieferte Steins Frau: „So lange, dass es sich beinahe nicht gelohnt hätte."

Nachdem Stein die Lösung der ersten drei Teile gefunden hatte, wurde sie innerhalb der CIA bekannt gemacht. Die Öffentlichkeit erfuhr dagegen zunächst nichts davon – die CIA ist naturgemäß sehr zurückhaltend, wenn es um die Veröffentlichung interner Informationen geht. Daher wusste auch der weltweit wohl bedeutendste Spezialist für das Knacken historischer Verschlüsselungen, James Gillogly, der über das Internet auf Kryptos aufmerksam geworden war, nichts von Steins Arbeit. Kryptos war für ihn ein gefundenes Fressen. Im Gegensatz zu Stein nutzte er einen Computer für die Suche nach der richtigen Lösung – und kam damit genauso weit. Er konnte die ersten drei Teile dechiffrieren, musste jedoch beim vierten passen. Als Gillogly seinen Erfolg 1999 verkündete, war er scheinbar der Erste, der die Lösung von Kryptos gefunden hatte. Doch es war wie beim Hasen und dem Igel. Die CIA veröffentlichte nun die Arbeit von David Stein, der damit gleichsam rief: „Ich bin schon da."

Nun kam allerdings noch der US-Geheimdienst NSA (National Security Agency) ins Spiel. Die NSA – und nicht etwa die CIA – verfügt in den USA über das größte Know-how beim Knacken von Verschlüsselungen. Für ihre Dechiffrier-Arbeiten stehen der Organisation mit Sitz im Bundesstaat Maryland ein Milliarden-Budget und ein ganzes Heer von Fachleuten zur Verfügung. Vermutlich arbeiten bei der NSA mehr Kryptologen als an allen Universitäten und in allen Privatunternehmen der Welt zusammen. Unter Verschlüsselungsexperten gilt die NSA unangefochten als weltweit erste Adresse. Auch ihre Geheimniskrämerei ist legendär. Spötter sagen daher, NSA stehe eigentlich für „Never Say Anything" oder „No Such Agency". Nachdem Gillogly und die CIA ihre Lösungen vorgestellt hatten, sagte die NSA zur Abwechslung doch etwas: Sie gab bekannt, die ersten drei Teile bereits 1992 dechiffriert zu haben. Kaum jemand zweifelte an dieser Darstellung, auch wenn sich die geheimnisumwitterten Schlapphüte bis 2005 Zeit ließen, bevor sie Details veröffentlichten. Doch auch die allmächtige NSA war an ihre Grenzen gestoßen: Sie hatte es nicht geschafft, den vierten Kryptos-Teil zu lösen.

DER VIERTE TEIL BLEIBT EIN RÄTSEL

Der vierte Teil von Kryptos ist somit nach wie vor ungelöst. Er lautet:

```
                         ?OBKR
UOXOGHULBSOLIFBBWFLRVQQPRNGKSSO
TWTQSJQSSEKZZWATJKLUDIAWINFBNYP
VTTMZFPKWGDKZXTJCDIGKUHUAUEKCAR
```

Vor allem dank dieses ungelösten Teils ist Kryptos in den letzten Jahren erstaunlich populär geworden. Seit 2003 gibt es ein ständig wachsendes Internet-Forum zum Thema, in dem inzwischen über 2.000 Enthusiasten aktiv sind. Als Galionsfigur der Kryptos-Dechiffrierung gilt die US-Amerikanerin Elonka Dunin. Sie ist im Hauptberuf Entwicklerin von Computer-Spielen. Ihre Web-Seite (www.elonka.com), die umfangreiches Informationsmaterial zur Verfügung stellt, gilt als wichtigste Anlaufstelle für Kryptos-Interessierte. Die Lösung des vierten Kryptos-Teils hat bisher jedoch weder sie noch einer ihrer Mitstreiter gefunden.

(77) Elonka Dunin ist die weltweit bedeutendste Expertin, wenn es um die Dechiffrierung von Kryptos geht. Hier ist sie neben der Sanborn-Skulptur „Antipodes" zu sehen.

Nachdem sich die Kryptos-Jünger jahrelang nur über das Internet ausgetauscht hatten, trafen sich einige Dutzend von ihnen im Oktober 2009 zum ersten Mal persönlich. Das Treffen fand am Rande eines Kongresses über die Geschichte der Verschlüsselungstechnik in der Nähe von Baltimore (unweit der NSA-Zentrale) statt. Ich ließ mir diese Gelegenheit nicht entgehen und flog an die US-amerikanische Ostküste, um sowohl am Kongress als auch am Kryptos-Treffen teilzunehmen. Dort lernte ich zunächst Elonka Dunin kennen, mit der mich seitdem eine Freundschaft verbindet. Aus jeder Zeile des Vortrags, den die charismatische 52-Jährige in Baltimore hielt, war ihre Begeisterung für das Kryptos-Rätsel herauszuhören. Kein Wunder, dass sie in den USA inzwischen zu einem Medienstar aufgestiegen ist. Selbst die CIA lud sie im Jahr 2002 zu einem Vortrag ein – ein Anlass, zu dem sie Kryptos erstmals im Original betrachten konnte, was bisher nur wenigen Kryptos-Fans vergönnt war.

Von Elonka Dunin erfuhr ich auch, welche Verbindung zwischen Kryptos und dem Schriftsteller Dan Brown besteht. Auf dem Umschlag von Browns Bestseller „Sakrileg"sind zwei Hinweise auf Kryptos abgedruckt (im Roman selbst spielt die Skulptur dagegen keine Rolle). Der erste Hinweis findet sich auf der Rückseite in Form geografischer Koordinaten, die bis auf die erste Zahl (sie lautet 37 statt 38) mit denjenigen übereinstimmen, die im zweiten Teil des Kryptos-Rätsels angegeben sind. Es ist nicht bekannt, was der Grund für die eine veränderte Ziffer ist. Möglich wäre ein Druckfehler, doch Dan Brown bestreitet dies. Hat die falsch angegebene Ziffer eine Bedeutung? Oder soll sie nur Verwirrung stiften? Die Antwort lautet wieder einmal: Man weiß es nicht. Noch nicht.

Der zweite Hinweis auf dem „Sakrileg"-Umschlag ist der Satz „only WW knows" – ebenfalls ein Beinahe-Zitat aus dem zweiten Kryptos-Text, in dem steht: WHO KNOWS THE EXACT LOCATION ? ONLY WW. Mit WW ist, davon gingen zumindest alle Codeknacker aus, der frühere CIA-Präsident William Webster gemeint. Oder vielleicht doch nicht? In einem Interview sorgte Dan Brown für Verwirrung, als er behauptete, man müsse WW umdrehen und als MM lesen. Dann stehe es für Maria Magdalena. Diese spielt eine wichtige Rolle in der pseudowissenschaftlichen Theorie, die besagt, dass Jesus mit Maria Magdalena verheiratet war, wovon Leonardo da Vinci angeblich wusste, weswegen er entsprechende Hinweise in sein berühmtes Gemälde „Das Abendmahl" schmuggelte. Diese verschwörungstheoretische Behauptung verarbeitete Dan Brown in seinem Roman, der den „Da-Vinci-Code" sogar im Namen trägt. Gibt es also eine Verbindung zwischen Kryptos und dem angeblichen Code in Da Vincis Gemälde? Vermutlich nicht. Browns Versuch, WW als Initialen von Maria Magdalena zu interpretieren, war vermutlich nur ein netter PR-Gag. Die Behauptung ist an den Haaren herbeigezogen – genauso wie der Da-Vinci-Code selbst.

Dan Brown brachte Kryptos auch bei anderer Gelegenheit ins Gespräch. So gab es auf seiner Web-Seite eine Denksportaufgabe zu lösen, die die längst berühmt gewordene Skulptur betraf. Außerdem kursierte schon bald nach der Veröffentlichung von „The Da Vinci Code" in der Kryptos-Szene das Gerücht, Brown wolle das rätselhafte Kunstwerk in seinem nächsten Roman erwähnen. Kurz vor dem ersten Kryptos-Treffen im Herbst 2009, an dem ich selbst teilnahm, bestätigte sich diese Vermutung. Dan Browns bis dahin neuestes Werk „The Lost Symbol" war gerade auf den Markt gekommen, und Kryptos spielte darin eine Rolle.

Elonka Dunin, die natürlich begeistert ist von der Tatsache, dass ihr Rätsel in Dan Browns Buch auftaucht, erzählte mir stolz, wie der Autor im Rahmen seiner Recherchen für „Das verlorene

Symbol", so der deutsche Titel, mit ihr telefoniert hatte. Mehr noch: Er hatte sie sogar zu einer Protagonistin des Romans gemacht. Ihren Vornamen hatte er dazu in NOLA KE umgeordnet und daraus den Namen Nola Kaye gemacht – im Roman eine Kryptologin in Diensten der CIA, die versucht, den Kryptos-Text zu entschlüsseln. Das gelingt ihr zwar auch in der Fiktion nicht (es wäre auch zu schön gewesen, die Kryptos-Lösung bei Dan Brown nachlesen zu können), doch dafür hilft sie dem Romanhelden Robert Langdon, einen anderen Text zu dechiffrieren. Dies bringt Langdon auf der Suche nach dem titelgebenden verlorenen Symbol entscheidend weiter.

Auch die anderen Kryptos-Fans, die ich auf dem Kongress traf, entpuppten sich als faszinierende Persönlichkeiten. Da gab es den Ingenieur Jim, der mit seiner beruhigenden, überaus korrekten Art Ordnung in die zuweilen chaotischen Kryptos-Diskussionen brachte. Als Gegenpol fungierte die Musikerin Donna – mit ihrer Phantasie und Kreativität, ständig interessante Denkanstöße gebend. Zur Gruppe gehörten auch zwei Schülerinnen: typische Teenager, die neben verschiedenen Popstars jedoch auch Elonka Dunin verehrten und sich besonders freuten, sie einmal persönlich zu treffen.

Die abendliche Besprechung – der erste Kryptos-Austausch, der nicht im Internet stattfand – lief genauso lebhaft ab, wie ich es angesichts einer derart zusammengewürfelten Truppe erwartet hatte. In einer wilden Diskussion kam unter anderem zur Sprache, dass Kryptos auf einer ellipsenförmigen Fläche steht. Mir fiel auf, dass das Verhältnis der beiden Ellipsenachsen ca. 1,4 beträgt, was etwa der Wurzel von zwei entspricht. Ob diese Beobachtung zur Lösung beiträgt? Meine Anmerkung wurde jedenfalls ausführlich diskutiert. Vor meinem inneren Auge sah ich bereits die Schlagzeile „Kryptos gelöst, Wurzel von zwei war der Schlüssel" durch die Weltpresse gehen – eine Meldung, die Sie bisher jedoch vergeblich suchen werden.

Nach der knapp zweistündigen Diskussion stand ein gemeinsames Abendessen an, und zwar sowohl mit Kryptos-Künstler Jim Sanborn als auch seinem Berater Ed Scheidt. Sie hatten sich dem Charme der einladenden Elonka Dunin nicht entziehen können und waren aus der Umgebung von Baltimore angereist. Zwangsläufig fragten wir uns vorher, ob wir den beiden Geheimnisträgern wohl einen Hinweis würden entlocken können. Der englische Journalist Richard Belfield, der ebenfalls zu den Teilnehmern zählte, schlug vor: „Wir hängen die beiden mit den Füßen an der Decke auf und lassen sie erst runter, wenn sie uns die Lösung gesagt haben.“ Black british humour.

Das Abendessen mit Sanborn und Scheidt verlief äußerst heiter, die Gespräche mit den beiden Erschaffern von Kryptos waren spannend – auch wenn diese nicht den geringsten Hinweis zur Lösung des Rätsels herausrückten. Da wir an einem langgestreckten Tisch saßen, wie er auf dem Abendmahl-Bild von Leonardo da Vinci zu sehen ist, kam jemand auf die Idee, die Abendmahlszene für ein Foto nachzustellen. Gesagt, getan, und so stellten wir eine weitere Brücke zwischen Kryptos und dem Da-Vinci-Code her. Jim Sanborn mit seinem Vollbart war wie geschaffen für die Rolle des Jesus. Elonka Dunin gab eine überzeugende Maria Magdalena.

ENTHALTEN ANDERE SANBORN-KUNSTWERKE HINWEISE?

Am nächsten Tag fuhren wir in die nahe gelegene US-Hauptstadt Washington, um die von Jim Sanborn geschaffene Skulptur namens „Antipodes“ (sprich „Antipodihs“ mit Betonung auf der zweiten Silbe) zu besichtigen. Vor dem Hirshhorn Museum, unweit des Kapitols, ist sie im Gegensatz zu Kryptos öffentlich zugänglich. Das Kunstwerk ähnelt Kryptos, auch wenn es für meinen Geschmack nicht ganz die Eleganz des Vorbilds erreicht. Antipodes besteht ebenfalls aus Kupferplatten, in die links und rechts je zwei Textblöcke integriert sind. Während bei Kryptos ein versteinerter Holzstamm die Skulptur auf der linken Seite abschließt, steht bei Antipodes ein ähnlicher Steinblock in der Mitte. Die beiden Textblöcke rechts davon wiederholen Teile des Kryptos-Texts. Links davon befinden sich zwei Textblöcke, die in kyrillischer (also russischer) Schrift verfasst sind. Diese Anordnung soll den Kalten Krieg veranschaulichen, wobei der Kryptos-Teil für die USA und der kyrillische Text für die Sowjetunion steht.

Antipodes ist kein Einzelstück. Es gibt ein zweites Exemplar davon, das zwar etwas kleiner ist, aber ansonsten gleich aussieht. Diese zweite Skulptur steht im Garten eines privaten Sammlers in Kalifornien. Von den mir bekannten Kryptos-Fans hat bisher noch niemand dieses Kunstwerk im Original gesehen. Sind auf ihm vielleicht Hinweise auf die Lösung des Kryptos-Rätsels versteckt? Niemand außer Sanborn selbst weiß es.

(78) Antipodes ist eine Skulptur von Jim Sanborn, die Kryptos ähnelt. Anders als Kryptos ist sie öffentlich zugänglich.

Der kyrillische Text auf Antipodes ist verschlüsselt. Es handelt sich um die Kopie eines Texts, der auf einem weiteren Sanborn-Kunstwerk zu sehen ist: dem Cyrillic Projector, der seit 1997 auf dem Gelände der Universität von Charlotte in North Carolina steht. Der in den Cyrillic Projector gravierte Text ist neben Kryptos das zweite kryptologische Rätsel, das Jim Sanborn geschaffen hat. Dabei kam er ohne die Hilfe eines Kryptologen aus. Elonka Dunin erstellte zusammen mit einigen Mitstreitern eine Abschrift und stellte sie auf ihrer Web-Seite zur Verfügung. Einige Kryptos-Fans beschäftigten sich anschließend damit und ließen sich dabei nicht davon abschrecken, dass der Cyrillic-Projector-Text in kyrillischer Schrift verfasst ist. Innerhalb von etwa zwei Monaten fanden gleich zwei Personen aus dem Kryptos-Dunstkreis unabhängig voneinander die richtige Lösung – ohne Russisch zu können.

Im Gegensatz zu Kryptos besteht der Cyrillic-Projector-Text nur aus einem Teil, den Sanborn wieder mit einer Variante der Vigenère-Verfahren erstellte. Der Lösungstext erwies sich als kurze Abhandlung über Spionage. Hinweise auf die Kryptos-Lösung hat bisher niemand darin entdeckt.

(79) Eine von sieben Installationen, die Jim Sanborn für das „Zola Spy Restaurant“ in Washington geschaffen hat.

Als ich Antipodes mit Elonka Dunin und einigen ihrer Kollegen in Augenschein nahm, suchten wir auch nach möglichen Hinweisen zur Lösung von Kyptos. Schließlich war es Sanborn zuzutrauen, derartiges im oder am Kunstwerk versteckt zu haben. Fündig wurden auch wir leider nicht.

Nach diesem Termin verabschiedete ich mich. Ich wollte noch dem nahe gelegenen Washingtoner Spionagemuseum einen Besuch abstatten, in dem einige Exponate zur Verschlüsselungstechnik ausgestellt sind. Zuvor hatte ich aber noch einen Gefallen zu erledigen: Unweit des Museums befindet sich das „Zola Spy Restaurant“, dessen Wände mehrere Installationen von Jim Sanborn zieren. Elonka Dunin bat mich, diese Objekte zu fotografieren und die Bilder den Kryptos-Interessierten zur Verfügung zu stellen. Als ich das Restaurant betrat, musste ich nicht lange suchen. Bei den Installationen handelte es sich um weiße Platten mit ausgesparten Buchstaben, die an verschiedenen Stellen in die Wände eingelassen sind. Was mir dabei sofort auffiel: Die Ähnlichkeit mit Kryptos und Antipodes war nicht zu übersehen.

Sieben Installationen fand ich im Restaurant und fotografierte sie. Alle sind sie mit kyrillischen Buchstaben beschrieben – allerdings unverschlüsselt. Später schickte ich die Bilder per E-Mail an Elonka Dunin, die sie ihren Gesinnungsgenossen zugänglich machte. Meines Wissens hat bisher noch niemand einen Hinweis darin entdeckt, der zur Entschlüsselung von Kryptos führen könnte.

Auf der Rückreise besorgte ich mir am Flughafen schließlich noch „Das verlorene Symbol", den damals brandneuen Roman von Dan Brown, und las in ihm von Nola Kaye alias Elonka Dunin. Auch Kryptos wird im Roman, wenn auch nebenbei, erwähnt. Auf Anhieb verstand ich nun die ersten Zeilen des Romans:

- *Im Jahre 1991 wurde ein Dokument im Safe des CIA-Direktors eingeschlossen.* Dabei handelt es sich um die Lösung des Kryptos-Rätsels. Ob das Dokument wirklich im Safe des Direktors deponiert wurde, ist zwar nicht bekannt, aber irgendwo bei der CIA ist es sicherlich gelandet.
- *Dieses Dokument befindet sich heute noch dort.* Das Dokument lagert noch immer in den Untiefen der CIA-Archive.
- *Sein kryptischer Text enthält Hinweise auf ein altes Portal und einen unbekannten Ort im Untergrund.* Die Passagen aus Howard Carters Tagebuch enthalten in der Tat derartige Hinweise. Das Portal ist der Eingang zum Grab von Tutanchamun.
- *Außerdem enthält das Schriftstück den Satz: „Irgendwo da draußen liegt es vergraben."* Auch das ist korrekt. Dieser Satz kommt im zweiten Kryptos-Text vor.

Mit der Handlung des Romans haben diese Einführungszeilen kaum etwas zu tun. Aber immerhin: Nachdem Brown nun schon in zwei Bestsellern auf Kryptos verwiesen hat, ist die Popularität der Skulptur in ungeahnte Höhen gestiegen. Selbst die Boulevard-Presse hat sich des „geheimnisvollen CIA-Codes" angenommen. 20.000 Menschen sollen sich inzwischen an der Lösung versuchen. Doch nach wie vor ist Teil 4 nicht entziffert – er ist damit eine der bedeutendsten ungelösten Verschlüsselungen der Welt.

Allerdings ist keineswegs sicher, dass der vierte Kryptos-Teil überhaupt eine Lösung hat. Es könnte sich um eine sinnlose

Buchstabenfolge handeln, die niemand dechiffrieren kann. Sanborn kann es schließlich nur recht sein, wenn die Kryptologen der Welt sich die Zähne an seiner Skulptur ausbeißen. Allerdings hat er mehrfach betont, dass auch der vierte Teil lösbar ist. Möglicherweise hat der Künstler sogar von Anfang an weiter gedacht. Seinen Ausführungen zufolge ist Kryptos ein „mehrschichtiges Rätsel, und wir werden möglicherweise sehen, dass unter der einen Schicht eine weitere folgt." Heißt das, dass der noch unentschlüsselte vierte Teil ein weiteres Rätsel enthält? Oder ist im Klartext der ersten drei Teile eine Nachricht versteckt, die bisher noch niemand gefunden hat? Kann man diese Nachricht bisher nicht finden, da der vierte Teil des Klartexts noch nicht dechiffriert ist? Die Antwort wissen nur Jim Sanborn und Ed Scheidt.

DIE SUCHE GEHT WEITER

Im November 2010 machte Kryptos wieder einmal Schlagzeilen. Anlässlich des zwanzigjährigen Bestehens der Skulptur und des 65. Geburtstags von Jim Sanborn gab Letzterer den Kryptos-Fans über die New York Times einen Tipp: Die Buchstabenfolge NYPVTT im vierten Teil steht für BERLIN. Mit diesem Hinweis könne das Rätsel nun sehr viel schneller gelöst werden, so Sanborn, der sich außerdem verwundert zeigte: „Ich nahm an, dass der Code in ziemlich kurzer Zeit geknackt würde." Gleichzeitig kündigte der Künstler schon den nächsten Hinweis an, den er allerdings erst in zehn Jahren geben will – sofern es dann noch notwendig ist. Sanborns Einlassung verursachte einen enormen Wirbel, selbst dem Nachrichtensender CNN war sie eine Meldung wert. Auch in Deutschland nahm man Notiz von Sanborns Berlin-Tipp – aus naheliegenden Gründen vor allem in der Bundeshauptstadt. „'Berlin' hilft Code-Knackern bei CIA-Rätsel", kalauerte beispielsweise die Berliner Morgenpost.

In jedem Fall muss man Sanborn bescheinigen, mit Kryptos einen großen Erfolg gelandet zu haben. Mit seiner Skulptur beschäftigen sich selbst Menschen, die noch nie eine Kunstgallerie von innen gesehen haben. Mehr noch: So viele Schlagzeilen wie Kryptos hat in den letzten Jahren nicht einmal die Mona Lisa gemacht. Im Vergleich zu deren Wert wirken die 250.000 Dollar, die Kryptos gekostet hat, geradezu wie Kleingeld – immerhin leben wir in einer Zeit, in der van Goghs und Rembrandts für zweistellige Millionenbeträge den Besitzer wechseln. Kein Wunder, dass aus dem nur regional bekannten Künstler Jim Sanborn längst eine weltbekannte Persönlichkeit geworden ist. Man muss den Kryptos-Schöpfer sogar dafür bewundern, wie wenig er versucht, aus seinem Ruhm Kapital zu schlagen. Vermutlich könnte er Kunstwerke mit verschlüsselten Texten inzwischen am Fließband produzieren. Davon kann jedoch keine Rede sein: Seit dem Cyrillic Projector, der Anfang der neunziger Jahre entstanden ist, hat Sanborn keine neuen Verschlüsselungsrätsel mehr in die Welt gesetzt. Das ist wohl auch nicht nötig – Kryptos ist ja schließlich rätselhaft genug.

10
Robert Thouless' Experiment
Kommt die Lösung aus dem Jenseits?

Gibt es ein Leben nach dem Tod? Und wenn ja, kann ein Toter im Jenseits Kontakt mit der diesseitigen Welt aufnehmen? Vermutlich sind Sie überrascht, von solchen Fragen in einem Buch über Kryptologie zu lesen. Doch keine Angst, ich werde nicht anfangen, über diese Fragen zu spekulieren, zumal man für die Beantwortung der zweiten nicht allzu viel Energie aufbringen sollte. Stattdessen will ich Ihnen aber ein bemerkenswertes kryptologisches Rätsel vorstellen, das auf die beiden genannten Fragen eine Antwort liefern möchte. Und da sage noch einer, in der Kryptologie gehe es nicht um Leben und Tod.

Am Anfang der skurrilen Geschichte steht der britische Psychologe Robert Thouless (1894–1984), der sich auch für Parapsychologie interessierte und zwei Jahre lang Präsident der Parapsychologen-Vereinigung Society for Psychical Research (SPR) war. 1948 dachte er sich ein Experiment aus: Er verschlüsselte eine Nachricht in einer Form, die seiner Meinung nach nicht zu knacken war, und kündigte an, nach seinem Tod – sofern möglich – die Lösung des Kryptogramms aus dem Jenseits ins Diesseits zu übermitteln. Sollte dies gelingen, wäre bewiesen, dass Tote mit Lebenden kommunizieren können, so die Idee.

DREI VERSCHLÜSSELTE BOTSCHAFTEN

Die verschlüsselte Nachricht, die Robert Thouless für sein Experiment erstellte, lautet wie folgt:

```
CBFTM HGRIO TSTAU FSBDN WGNIS BRVEF BQTAB
QRPEF BKSDG MNRPS RFBSU TTDMF EMA BIM
```

Diese später als Nachricht A bezeichnete Botschaft veröffentlichte Thouless 1948 in einer parapsychologischen Fachzeitschrift. Er gab an, für die Verschlüsselung ein Schlüsselwort verwendet zu haben, das er nach seinem Tod aus dem Jenseits mitteilen würde. Ein Kryptologie-Experte hätte an Thouless' Stelle vermutlich bekannt gegeben, welches Verschlüsselungsverfahren er verwendet hatte, und hätte lediglich das Schlüsselwort mit ins Grab genommen. Thouless, der in kryptologischen Fragen nicht besonders beschlagen war, sagte dagegen nicht genau, wie er beim Verschlüsseln vorgegangen war. Er musste also neben dem Schlüsselwort auch die Funktionsweise des Verschlüsselungsverfahrens aus dem Reich der Toten übermitteln. Oder er musste darauf hoffen, dass ein schlauer Kopf die Nachricht gegebenenfalls alleine mit dem Schlüsselwort lösen konnte.

Immerhin gab Thouless einen Tipp: Er habe ein wohlbekanntes Verschlüsselungsverfahren verwendet, bei dem es sich weder um eine einfache Buchstabenersetzung noch um eine einfache Buchstabenumordnung handelte. Das Schlüsselwort hatte Thouless nach eigenen Angaben so gewählt, dass er es sich bis nach seinem Tod merken konnte. Den verschlüsselten Text hielt er bewusst kurz, um ein Knacken des Codes ohne Schlüsselwort möglichst schwierig zu machen. Damit seine Nachwelt gegebenenfalls falsche Lösungen ausschließen konnte, verriet Thouless, dass es sich bei der Nachricht um ein Zitat aus einem Stück von William Shakespeare handelte.

Für den Fall, dass etwas schiefgehen würde, veröffentlichte der Perfektionist Thouless im Anhang desselben Artikels noch eine zweite verschlüsselte Botschaft (Nachricht B). Auch deren Lösung wollte er erst nach seinem Ableben kommunizieren. Sie lautete wie folgt:

```
INXPH CJKGM JIRPR FBCVY WYWES NOECN SCVHE GYRJQ
TEBJM TGXAT TWPNH CNYBC FNXPF LFXRV QWQL
```

Dieses Mal beschrieb Thouless genau, wie er beim Verschlüsseln vorgegangen war. Er hatte hierfür einen Schlüsseltext verwendet, der aus einem Buch oder einer anderen öffentlichen Quelle stammte. Jedes Wort im Schlüsseltext diente der Verschlüsselung eines Buchstabens (die Details stehen in Anhang), wobei er bei mehrfach enthaltenen Wörtern jeweils nur das erste Vorkommen berücksichtigte. Da der verschlüsselte Text 74 Buchstaben enthält, dürfte der Schlüsseltext aus etwa 100 Wörtern bestehen. Wo der Schlüsseltext nachzulesen ist, wollte Thouless aus dem Jenseits mitteilen. Das zu übermittelnde Schlüsselwort war also in diesem Fall kein Wort im eigentlichen Sinne, sondern der Verweis auf eine Textstelle.

In seinem Artikel, der 1948 erschien, rief Thouless dazu auf, die beiden Schlüsselwörter schon zu seinen Lebzeiten zu suchen. Diese Aufforderung ging einerseits an vermeintlich übersinnlich begabte Menschen, die die Lösungen auf telepathischem Weg ermitteln sollten, andererseits an Codeknacker, die kryptologische Methoden anwendeten. Ersteren traute Thouless hierbei offensichtlich mehr zu. „Es besteht zweifellos die Möglichkeit, dass jemand das Schlüsselwort noch zu meinen Lebzeiten durch Gedankenlesen ermittelt“, heißt es in seinem Artikel. „Ich glaube [aber] nicht, dass die Nachricht [gemeint ist Nachricht A] von einem Verschlüsselungsexperten ohne Kenntnis des Schlüssels gelöst werden kann.“ Nachricht B bezeichnete er sogar als „praktisch undechiffrierbar“.

Doch Robert Thouless unterschätzte die Möglichkeiten der Kryptologie, während er die Fähigkeiten der Parapsychologie überschätzte. Bereits ein paar Wochen nach Erscheinen des Artikels meldete sich ein (namentlich nicht bekannter) Codeknacker, der Nachricht A gelöst hatte. Der anonyme Fachmann hatte zunächst herausgefunden, dass Thouless das so genannte Playfair-Verfahren verwendet hatte. Als Schlüsselwort ermittelte er SURPRISE, der Klartext stammte aus Shakespeares „Macbeth“ und lautete:

```
BALM OF HURT MINDS GREAT NATURE'S X SECOND COURSE
CHIEF NOURISHER IN LIFE'S FEAST.
```

Trotz des Schlüsselworts SURPRISE kam der Erfolg des unbekannten Codeknackers aus heutiger Sicht nicht überraschend. Mit den damals verfügbaren Mitteln war es möglich, eine Playfair-Verschlüsselung zu lösen. Immerhin erwies sich Thouless' zweites Kryptogramm (Nachricht B) als vorläufig sicher – zumindest meldete sich hier niemand mit der richtigen Lösung. Thouless erschien es jedoch zu riskant, nur noch eine ungelöste Nachricht im Rennen zu haben. Er entschied sich daher, eine weitere Botschaft nachzureichen, und veröffentlichte zu diesem Zweck 1949 folgende verschlüsselte Zeilen (Nachricht C):

```
BTYRR OOFLH KCDXK FWPCZ KTADR GFHKA
HTYXO ALZUP PYPVF AYMMF SDLR UVUB
```

Er gab an, dass er für Nachricht C zwei Playfair-Verfahren mit unterschiedlichen Passwörtern verwendet hatte. Das nach seinem Tod zu übermittelnde Schlüsselwort war in diesem Fall also ein Wortpaar. Da sich nach der Veröffentlichung vorläufig niemand mit der richtigen Lösung meldete, konnte Thouless davon ausgehen, dass die Verschlüsselung sicher war. Nachdem es damit keine kryptologischen Einwände mehr gab, konnte das parapsychologische Experiment seinen Lauf nehmen.

PARAPSYCHOLOGISCHE EXPERIMENTE

Völlig neu war die Idee von Thouless nicht. Bereits im 19. Jahrhundert hatte der Schriftsteller und Parapsychologe Frederic William Henry Myers (1843–1901) ein ähnliches Experiment gestartet. Allerdings verwendete er keinen verschlüsselten Text, sondern einen versiegelten Umschlag, den er einer Vertrauensperson aushändigte. Myers kündigte ebenfalls an, nach seinem Tod – falls möglich – aus dem Jenseits Angaben über den Inhalt des Umschlags zu übermitteln. Allerdings kam – wen wundert's? – niemals eine Nachricht an. Andere versuchten es mit weiteren Experimenten dieser Art und hatten ebenfalls keinen Erfolg. Die Parapsychologen mussten also feststellen: Verstorbene sind weniger mitteilsam, als sie es vermutet hatten.

Thouless' Neuerung bestand darin, statt eines versiegelten Umschlags eine verschlüsselte Botschaft zu verwenden. Er hielt diese Methode aus zwei Gründen für besser. Zum einen befürchtete er, dass ein Hellseher den Inhalt eines Briefumschlags auf übersinnlichem Weg ermitteln konnte – als Parapsychologie-Anhänger hielt er so etwas für möglich. Ein Schlüsselwort, das nirgendwo aufgeschrieben ist, war nach Thouless' Logik dagegen auch mit der besten Hellsichtigkeit nicht zu ermitteln. Für Nicht-Parapsychologen ist sicherlich der zweite Grund einleuchtender: Bei der Briefumschlag-Methode ist das Experiment mit dem Öffnen des Umschlags beendet, während man bei einer verschlüsselten Nachricht beliebig oft die Probe aufs Exempel machen kann.

DIE SUCHE BEGINNT

Robert Thouless starb im Jahr 1984. In den Folgemonaten gingen etwa 100 Vorschläge für die gesuchten Schlüsselwörter bei der Society for Psychical Research ein. Eine richtige Lösung war nicht dabei. Das Interesse am Thouless-Experiment nahm schnell wieder ab – selbst in der parapsychologischen Presse ist in den letzten 25 Jahren sehr wenig zu diesem Thema erschienen. Um mehr über Thouless zu erfahren, nahm ich Kontakt mit der Society for Psychical Research in Großbritannien auf. Dort sagte man mir, dass es in der Universitätsbibliothek Cambridge verschiedene Unterlagen zu Thouless gebe.

Im Frühjahr 2011 machte ich mich auf den Weg nach Cambridge, ließ mir in der Universitätsbibliothek einen Ausweis ausstellen und durfte anschließend den ehrwürdigen Manuskript-Lesesaal betreten. Ein Mitarbeiter der Society for Psychical Research hatte vereinbarungsgemäß einen Karton bereitgestellt, in dem sich eine Lose-Blatt-Sammlung zu Robert Thouless befand. Sie enthielt allerlei Briefe, Artikel und Protokolle. Ich war den ganzen Vormittag mit dem Abfotografieren der Unterlagen beschäftigt.

Auf der Weiterfahrt nach London betrachtete ich die fotografierten Schätze in Ruhe im Zugabteil. Es war eine illustre Sammlung. Unter anderem fanden sich Briefe, die im Jahr 1948 geschrieben worden waren – also noch zu Lebzeiten Thouless' –, deren Verfasser meinten, die Lösung gefunden zu haben. 1956 schrieb ein Londoner Hellseher, das Schlüsselwort-Paar für Nachricht C sei seiner Ansicht nach ALPHA OMEGA, und der Schlüsseltext für Nachricht B stamme aus Shakespeares Hamlet (THE FRIENDS THOU HAST, AND THEIR ADOPTION TRIED…). Beides erwies sich als falsch.

Viele der Schreiber hatten erkennbar keine große Ahnung von Kryptologie. Manche schickten nur ein vermeintliches Schlüsselwort zu Nachricht C, obwohl zwei gefordert waren. Andere verstanden offensichtlich nicht, dass zwei verschlüsselte Texte mit unterschiedlichen Schlüsselwörtern im Spiel waren. Wiederum andere schickten gleich den gesamten vermeintlichen Klartext (z. B. JOIN THE CANDELIGHT PROCESSION). Letztendlich hatten die Schreiben jedoch eines gemeinsam: Sie lagen alle daneben.

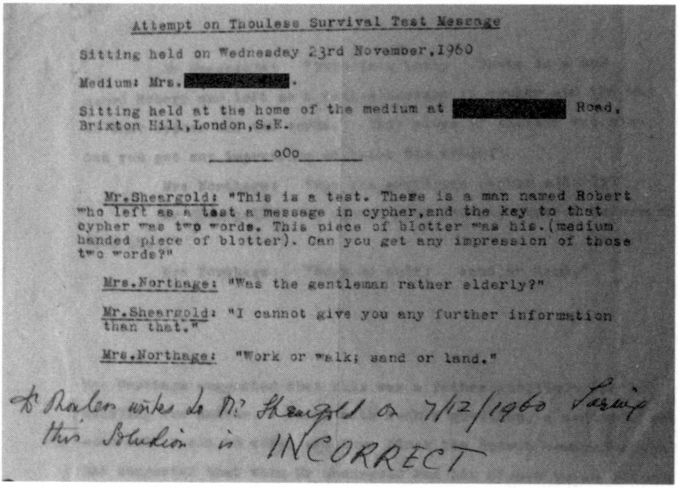

Attempt on Thouless Survival Test Message

Sitting held on Wednesday 23rd November,1960

Medium: Mrs.[redacted].

Sitting held at the home of the medium at [redacted] Road, Brixton Hill,London,S.E.

oOo

Mr.Sheargold: "This is a test. There is a man named Robert who left as a test a message in cypher,and the key to that cypher was two words. This piece of blotter was his.(medium handed piece of blotter). Can you get any impression of those two words?"

Mrs.Northage: "Was the gentleman rather elderly?"

Mr.Sheargold: "I cannot give you any further information than that."

Mrs.Northage: "Work or walk; sand or land."

[illegible] wrote to Mr Sheargold on 7/12/1960 saying this solution is INCORRECT

(80) Das Wort „incorrect" findet sich ziemlich oft in den Thouless-Unterlagen. Hier landete eine Hellseherin im Jahr 1960 mit ihren Lösungsvorschlägen WORK bzw. WALK und SAND bzw. LAND keinen Treffer.

Anhand der Unterlagen aus Cambridge konnte ich nachvollziehen, dass die Zahl der Lösungsvorschläge nach Thouless' Tod im Jahr 1984 noch einmal deutlich angestiegen war. Naturgemäß änderte sich jetzt die Aufgabenstellung der Hellseher. Bis dahin mussten sie das Geheimnis einem Lebenden entlocken, der sich zum Schweigen verpflichtet hatte. Nun hatten sie es mit einem Toten zu tun, der sein Schweigen brechen wollte. Einem Hellseher aus New York gelang es nach eigenen Angaben, mit Robert Thouless im Jenseits in Kontakt zu treten. Statt der Lösung erhielt er jedoch die offensichtlich verschlüsselte Nachricht XEGE PLBGJ OUHCK WUHLQ IMBWM: das erste Kryptogramm aus dem Jenseits, dem ich jemals begegnet bin. Leider konnte im Diesseits bisher niemand entscheidende Erkenntnisse daraus gewinnen.

Auch ein Hellseher aus London gab an, mit Thouless nach dessen Tod kommuniziert zu haben. Sein Kommentar: „Thouless, wenn er es wirklich ist, findet es schwerer als erwartet, die zwei Sätze zu übermitteln. Er weiß anscheinend selbst nicht, warum das so ist. Ich vermute, es liegt an seinem Charakter, vielleicht an einer gewissen Sturheit."

KRYPTOGRAMME AUS DER GRUFT

Zweifellos haben auch viele versucht, die beiden Thouless-Kryptogramme mit kryptologischen Mitteln zu lösen. In den Briefen an die Society for Psychical Research ist davon zwar kaum die Rede, doch das dürfte daran liegen, dass die Hobby-Kryptologen in der Lage waren, ihre Ergebnisse selbst zu prüfen. In den Unterlagen von Cambridge ist immerhin dokumentiert, dass die britische Parapsychologin Betty Markwick sich im Jahr 1985 als konventionelle Codeknackerin versucht und dabei einen Computer bemüht hatte. Dafür wurde sie von einem Kollegen scharf kritisiert. Der hatte es für besser gehalten, auf das Lösen der Kryptogramme mit diesseitigen Methoden zu verzichten, um das Experiment nicht zu gefährden. Seine Befürchtungen waren jedoch unbegründet: Markwick fand die gesuchten Schlüsselwörter nicht.

Gestandene Verschlüsselungsexperten ließen sich ohnehin nicht von irgendwelchen Parapsychologen abhalten – schon gar nicht der in diesem Buch mehrfach erwähnte Codeknacker James Gillogly. Dieser knöpfte sich 1995 zusammen mit seinem Kollegen Larry Harnisch Nachricht C vor. Um die doppelte Playfair-Verschlüsselung zu knacken, nahmen die beiden aus einem Wörterbuch 64.000 Schlüsselwortkandidaten und prüften mit statistischen Methoden, ob das gewählte Wort als zweites Schlüsselwort infrage kam. Wenn ja, suchten sie mit einer anderen Methode nach einem dazu passenden ersten Schlüsselwort. Nach einiger Zeit kristallisierte sich auf diese Weise BEAUTY als Kandidat für das zweite Codewort heraus. Die weitere Berechnung von Gillogly und Harnisch ergab, dass BLACK als erstes Schlüsselwort dazu passte. Damit war das Rätsel gelöst. Das Schlüsselwort-Paar lautete BLACK BEAUTY, und der Klartext las sich wie folgt:

```
THIS IS A CIPHER WHICH WILL NOT BE READ UNLESS I
GIVE THE KEY WORDS X
```

Gillogly und Harnisch präsentierten ihre Lösung 1996 in der Fachzeitschrift Cryptologia. Ihr Beitrag mit dem originellen Titel „Cryptograms from the Crypt" („Kryptogramme aus der Gruft") zeigt, wie zwei Kryptologen mit Know-how und Spürsinn schafften, woran Parapsychologen jahrzehntelang gescheitert waren. Die Prämie von 1.000 Dollar, die es für die Lösung zu gewinnen gab, war inzwischen allerdings verfallen. Gillogly und Harnisch nahmen es mit Humor: „Unsere erfolgreiche Computer-Séance war schon eine Belohnung für sich."

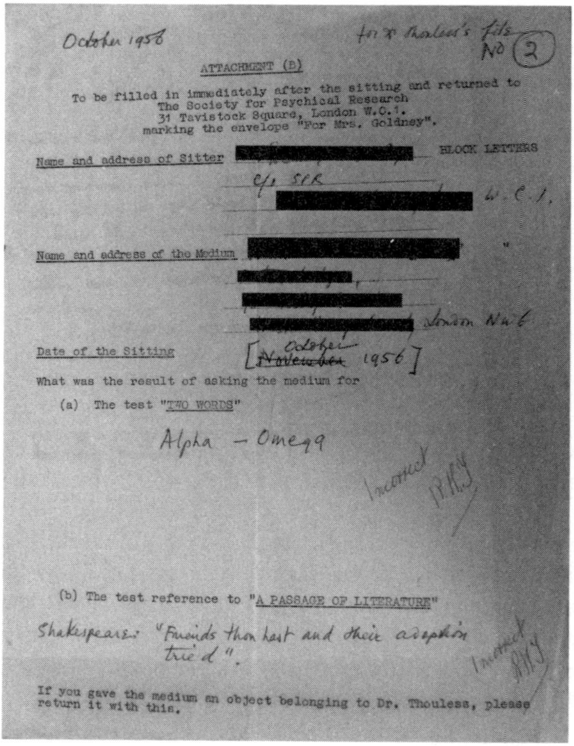

October 1956

for Dr Thouless's file No (2)

ATTACHMENT (B)

To be filled in immediately after the sitting and returned to
The Society for Psychical Research
31 Tavistock Square, London W.C.1.
marking the envelope "For Mrs. Goldney".

Name and address of Sitter [redacted] BLOCK LETTERS
c/o SPR
[redacted] W.C.1.

Name and address of the Medium [redacted] London N.W.6

Date of the Sitting [October ~~November~~ 1956]

What was the result of asking the medium for

(a) The test "TWO WORDS"

Alpha – Omega

Incorrect R.H.T.

(b) The test reference to "A PASSAGE OF LITERATURE"

Shakespeare: "Friends thou hast and their adoption tried".

Incorrect R.H.T.

If you gave the medium an object belonging to Dr. Thouless, please return it with this.

(81) 1956 gab ein Medium an, von Thouless telepathisch die Schlüsselwörter ALPHA und OMEGA erhalten zu haben. Richtig waren, wie sich später herausstellte, BLACK und BEAUTY. Knapp daneben.

Nach diesem Erfolg versuchten sich Gillogly und Harnisch auch an Nachricht B. Als Kandidaten für den Schlüsseltext prüften sie mit Computer-Unterstützung Hunderte von Büchern, darunter sämtliche Werke Shakespeares und die Bibel. Nachdem sie BLACK BEAUTY als Lösungswort von Nachricht C identifiziert hatten, versuchten sie es auch hier mit dem Titel des Romans von Anna Sewell. Sie hatten jedoch keinen Erfolg. Bis heute ist Nachricht C ungelöst.

DAS RÄTSEL VON WOOD

Robert Thouless rief in seinem Artikel dazu auf, es ihm nachzumachen. Andere sollten ebenfalls einen Text verschlüsseln und das Schlüsselwort mit ins Grab nehmen. Je mehr Experimente dieser Art es gab, so Thouless' Kalkül, desto aussagekräftiger wurde das Gesamtergebnis. Meines Wissens gab es zunächst jedoch nur eine Person, die dieser Aufforderung nachkam: ein gewisser T. E. Wood aus Bournemouth in England. Wood, 1887 geboren, von Beruf Rechtsanwalt und ebenfalls Mitglieder der Society for Psychical Research, veröffentlichte im Jahr 1950 folgenden Geheimtext:

```
FVAMI NTKFX XWATB OIZVV X
```

Der Text ist mit der gleichen Methode wie Nachricht B von Thouless verschlüsselt. Wood hat also einen Schlüsseltext verwendet. Er gab an, der Text stamme aus einem allgemein zugänglichen Buch, das nicht in englischer Sprache verfasst ist. Der Klartext selbst sei in mehreren Sprachen verfasst – wie auch immer das bei einer 21-Buchstaben-Passage möglich sein soll. Neben dem Schlüsselwort (also dem Verweis auf die Textstelle) wollte Wood auch die Sprache des Schlüsseltexts sowie die Sprachen der Nachricht aus dem Jenseits kommunizieren. Die unterschiedlichen Sprachen verwendete Wood nach eigenen Angaben, um das Dechiffrieren mit kryptologischen Mitteln zu erschweren.

In seinem Artikel gab T. E. Wood außerdem an, dass er der Society for Psychical Research seinen vollständigen Namen, ein Foto und weitere Informationen zur Verfügung stellen würde.

Außerdem verfügte er, dass nach seinem Tod die näheren Umstände seines Ablebens (inklusive dem Sterbedatum) an die Society for Psychical Research übermittelt werden sollten. Als ich im Frühjahr 2011 in Cambridge die Unterlagen zu Robert Thouless sichtete, wurde mir freundlicherweise auch Einblick in die Informationen über T. E. Wood gewährt. Das angekündigte Foto sowie ein Schreiben anlässlich seines Todes suchte ich jedoch vergebens.

Dafür fand ich einen ausführlichen Lebenslauf, den Wood selbst im Jahr 1950 verfasst hatte. Darin konnte ich nachlesen, dass Woods vollständiger Vorname Thomas Eugène lautete, er eine behütete Jugend als Sohn eines Glasfabrikanten verlebt und sich schon früh für das Übersinnliche interessiert hatte. Seine Familie, zwei Weltkriege sowie berufliche Engagements im Unternehmen seines Vaters und als Rechtsanwalt ließen ihm jedoch nicht allzu viel Zeit für sein Faible. Als Wood seinen verschlüsselten Text veröffentlichte, war er bereits über 60 Jahre alt und genoss seinen Ruhestand.

Die Cambridge-Unterlagen zeigen: Nach Woods Veröffentlichung gingen bei der Society for Psychical Research zahlreiche Lösungsvorschläge aus der Parapsychologen-Szene ein – ähnlich wie bei Thouless. Seltsamerweise schickte kaum jemand einen Hinweis auf einen fremdsprachigen Text, obwohl Wood nach eigenen Angaben einen solchen zum Verschlüsseln verwendet hatte. Die Mehrheit schlug englische Passagen vor und ignorierte Woods Hinweis auf Mehrsprachigkeit damit schlichtweg. Ein Kandidat lautete beispielsweise: LIFE HAS CONQUERED DEATH. Eine andere Zuschrift enthielt: HERE ONLY WAS FEAR OF VICE, eine weitere THE LORD IS MY SHEPHERD TW. Alle Vorschläge erwiesen sich als falsch, wie Wood meist persönlich festhielt. Selten konnte man den Begriff „Holzweg" so wörtlich nehmen.

Leider geht aus den Cambridge-Unterlagen nicht hervor, wann T. E. Wood starb. Die letzte datierte Notiz, die man als Lebenszeichen deuten kann, stammt aus dem Jahr 1962. Zu diesem Zeitpunkt war Wood 75 Jahre alt. Ob er in diesem Alter verschied oder nur das Interesse an seinem Experiment verlor oder einfach nur seine Unterlagen nicht mehr archiviert wurden, ist mir nicht bekannt. Bei der Society for Psychical Research kennt man Woods Todesdatum ebenfalls nicht und hat wohl auch seit langem keine Lösungsvorschläge mehr erhalten. Briefe, die nach Woods Tod eingegangen sind, enthält die Sammlung in Cambridge nicht. Im Gegensatz zu Thouless wurde das Wood-Kryptogramm nie in einer kryptologischen Fachpublikation veröffentlicht. Vermutlich haben sich bisher nicht allzu viele Kryptologen damit beschäftigt.

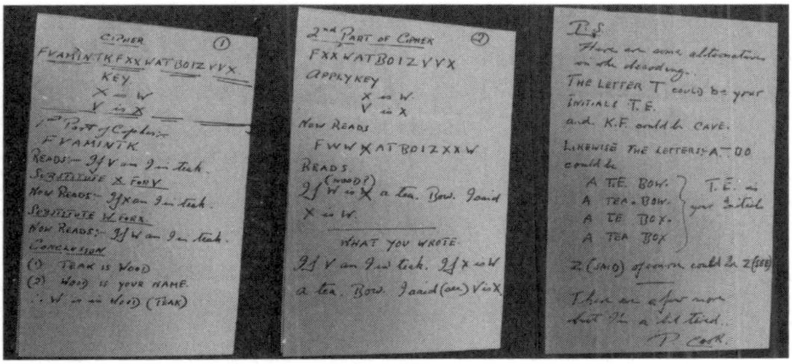

(82) Auch zu T. E. Woods Kryptogramm gingen zahlreiche Lösungsvorschläge ein. Dieser hier ist zwar falsch, sieht dafür aber beeindruckend kompliziert aus.

Eines gaben die Unterlagen aber doch noch her: Nach Woods Tod (wann immer das war) versuchte sein Sohn, mit ihm im Jenseits Kontakt aufzunehmen, wobei er die Hilfe mehrerer Medien in Anspruch nahm. Seiner Ansicht nach gelang es ihm tatsächlich, seinen Vater im Reich der Verstorbenen ausfindig zu machen und mit ihm zu reden. Als er nach dem Schlüsselwort fragte, hatte er jedoch Pech. Sein Vater konnte sich nicht mehr daran erinnern.

LASSEN SICH DIE RÄTSEL LÖSEN?

Es ist wenig überraschend: Die parapsychologischen Experimente von Thouless und Wood waren nicht von Erfolg gekrönt. Auch nach über 60 Jahren haben sie bisher nicht den gewünschten Hinweis darauf erbracht, dass es ein Leben nach dem Tod gibt. Der Weg über den Jordan erwies sich bisher als genauso unumkehrbar wie eine kryptologische Einwegfunktion. Völlig umsonst waren die Forschungen von Thouless und Wood trotzdem nicht.

Denn zum einen ist die Bestätigung der Nullhypothese auch ein Ergebnis. Und zum anderen haben die Fans kryptologischer Rätsel auf diese Weise zwei skurrile, aber spannende und ungelöste Geheimtexte erhalten: Nachricht B von Thouless sowie die Nachricht von Wood.

Wie stehen die Chancen, diese beiden Rätsel zu lösen? Nach wie vor könnte es natürlich passieren, dass Thouless oder Wood ihre Totenruhe unterbrechen und das jeweils gesuchte Schlüsselwort verkünden. Dass dies bisher noch nicht geschehen ist, könnte daran liegen, dass eine Verzögerung von wenigen Jahrzehnten in der Ewigkeit des Jenseits nur eine kurze Zeitspanne darstellt. Oder es stehen im Himmel nicht genügend Computer-Terminals bereit, was angesichts des großen Andrangs – vermutlich möchte fast jeder Tote mit seinen Verwandten in Kontakt treten – kaum verwundert. Es könnte aber auch einfach daran liegen, dass Tote nicht mit Lebenden kommunizieren können – oder um es mit dem Titel einer bekannten Fernsehserie zu sagen: „Tote reden nicht". Statt der Parapsychologen sollten also lieber die Kryptologen ran.

Sowohl bei Thouless als auch bei Wood bildet ein Text die Grundlage der Verschlüsselung. Eine nahe liegende Frage lautet nun: Benötigt man diesen Text für das Dechiffrieren oder gibt es eine andere Möglichkeit, an den Klartext heranzukommen? Meiner Meinung nach ist Ersteres der Fall. Das von Thouless eingeführte und von Wood übernommene Verfahren ist so sicher, dass es mit den üblichen kryptologischen Methoden praktisch nicht zu knacken ist – schon gar nicht bei einer kurzen Nachricht von nur einigen Dutzend Buchstaben. Gillogly und Harnisch sehen dies genauso. Der in kryptologischen Fragen nicht besonders erfahrene Thouless hatte in diesem Fall also ein gutes Verfahren ausgewählt.

Doch um welche Schlüsseltexte könnte es sich handeln? Es ist unnötig zu erwähnen, dass wir es hier mit der Suche nach zwei Stecknadeln in einem riesigen Heuhaufen zu tun haben. Es gibt jedoch ein paar Anhaltspunkte. So wählte Thouless BLACK BEAUTY als Schlüsselwort-Paar und eine Stelle aus Shakespeares „Macbeth" als Klartext. Sowohl „Black Beauty" als auch „Macbeth" sind Klassiker der englischen Literatur. Vielleicht hat er für Nachricht B ebenfalls ein berühmtes literarisches Werk gewählt.

Auch bei T. E. Wood ergeben sich Ansätze für die Suche. Er gab an, sein Schlüsseltext stamme aus einem allgemein zugänglichen Buch – allerdings einem, das nicht in englischer Sprache verfasst ist. Leider fand ich in den Cambridge-Unterlagen keine Hinweise darauf, welches Buch und welche Sprache gemeint sein könnten. Immerhin erwähnte Wood in einem Brief eine geplante Reise nach Madeira, wo man Portugiesisch spricht. Müssen wir vielleicht nach einem portugiesischen Buch Ausschau halten?

Weder Thouless noch Wood konnten ahnen, dass man ihre Rätsel irgendwann mit Computer-Unterstützung zu lösen versucht. Vielleicht haben sie aus diesem Grund etwas weniger exotische Schlüsseltexte ausgesucht. Außerdem mussten sie damit rechnen, dass es nach ihrem Tod vielleicht etwas dauern würde, bevor sie ihre Lösungen ins Diesseits übermitteln konnten. Vermutlich haben sie deshalb Texte verwendet, die sie für zeitlos hielten. Diese Anforderung wird wohl am besten von einem bekannten literarischen Werk erfüllt. Ich bin gespannt, ob irgendjemand irgendwann das richtige findet.

NOCH EIN EXPERIMENT

Außer Robert Thouless und T. E. Wood gibt es inzwischen noch jemanden, der eine verschlüsselte Nachricht zur postmortalen Verwendung veröffentlicht hat. Dieser Jemand ist der Autor dieses Buches. Ich glaube zwar nicht, dass Tote mit Lebenden kommunizieren können, aber interessant finde ich ein solches Experiment trotzdem. Immerhin bietet die computergestützte Verschlüsselungstechnik inzwischen Möglichkeiten, die Thouless und Wood noch nicht zur Verfügung standen. Außerdem gilt auch und gerade für einen überzeugten Skeptiker wie mich: Probieren ist besser als Philosophieren.

Bevor ich mein Experiment beginnen konnte, musste ich erst einmal ausloten, wie dieses im Zeitalter der Computer-Verschlüsselung sinnvollerweise aussehen sollte. Leider ist die Literatur zum Thema computergestützte Post-mortem-Kryptologie ziemlich dürftig – um nicht zu sagen nichtexistent. Die folgenden Zeilen sind daher meines Wissens die ersten, die dazu zu Papier gebracht wurden. Klar ist: Mit dem Computer lassen sich extrem sichere Verschlüsselungsverfahren durchführen. Zahlreiche erstklassige Verfahren für diesen Zweck sind öffentlich bekannt. Ihre Sicherheit liegt jeweils in einem Schlüsselwort, ohne das eine Dechiffrierung nach menschlichem Ermessen nicht gelingen kann.

Die Sache hat jedoch einen erheblichen Nachteil: Allzu exotische Schlüsselwörter (beispielsweise GDOFJIKANEDOI) kann sich ein Mensch in der Regel nicht merken – schon gar nicht über den Tod hinaus. Die Menge der nichtexotischen Wörter ist dagegen begrenzt. Wenn wir beispielsweise sämtliche Wörter der deutschen Sprache inklusive aller Nebenformen nehmen, landen wir maximal bei einigen Hunderttausend. Selbst wenn man zusätzlich die Wörter anderer gängiger Sprachen berücksichtigt, außerdem geografische Begriffe, falsche Schreibweisen und einiges mehr, dürfte die Zahl der gedächtnistauglichen Wörter maximal bei zehn Millionen liegen. Diese kann ein Computer-Programm ohne größere Mühe durchprobieren und jeweils testen, ob eine Entschlüsselung ein sinnvolles Ergebnis liefert. So etwas dauert nicht länger als ein paar Stunden.

Im täglichen Leben löst man dieses Problem, indem man ein Schlüsselwort auf einer Chipkarte oder auf der Festplatte speichert. Der Anwender muss es sich also nicht merken, und daher kommt ein Vielfaches von zehn Millionen Schlüsselwörtern infrage – kein Computer kann hierbei alle Möglichkeiten durchprobieren. Im Falle meines Experiments fiel diese Variante jedoch flach – eine Chipkarte kann ich ja schlecht ins Jenseits mitnehmen. Ich musste also ein Schlüsselwort wählen, das ich mir merken konnte und das trotzdem nicht zu erraten war. Die meisten Experten empfehlen für einen solchen Fall, sich einen Satz zu überlegen (z. B. „Das Nest geht unter. Archimedes bleibt noch drei Stunden lang auf Korsika"), um anschließend die Anfangsbuchstaben und Satzzeichen als Schlüsselwort zu verwenden. Im Beispiel wäre dies „DNgu.AbndSlaK" – sehr exotisch, aber dennoch halbwegs gut zu merken.

Ich beschloss, mein Schlüsselwort auf diese Weise zu generieren. Vor meinem Tod werde ich es niemandem preisgeben. Nach meinem Tod werde ich zwei Möglichkeiten haben, das Passwort zu übermitteln: entweder als Buchstabenfolge oder in Form eines kompletten Satzes. Ich bin gespannt, welche der beiden Varianten im Jenseits besser funktionieren wird. Wie ich das Schlüsselwort zum Verschlüsseln eingesetzt habe und wie Sie Schlüsselwort-Kandidaten testen können, können Sie in Anhang nachlesen. Der resultierende Geheimtext sieht wie folgt aus:

```
35 12 C7 9E 9B 4D 41 53 60 BC 75 6E B9 25 B2 53
```

Viel Erfolg!

Epilog

Erinnern Sie sich noch an Donald und Bettye Harden, das Ehepaar aus Kalifornien, das die erste Nachricht des Zodiac-Killers geknackt hat? Das Verblüffende an ihrem Erfolg war, dass es sich bei den Hardens um blutige Anfänger in Sachen Kryptologie handelte. Statt mit Geheimtexten hatten sie sich zuvor nur mit Kreuzworträtseln beschäftigt. Trotzdem waren sie beim Dechiffrieren des Zodiac-Kryptogramms erfolgreicher als die besten Profi-Codeknacker der USA.

CODEKNACKER GESUCHT!

Das Beispiel von Donald und Bettye Harden zeigt, dass man weder Kryptologie-Professor noch Geheimdienstmitarbeiter sein muss, um sich erfolgreich als Codeknacker zu betätigen. Vielmehr lassen auch und gerade Hobby-Kryptologen immer wieder mit spektakulären Dechiffrierungen aufhorchen. Ob Kryptologie-Allzweckwaffe James Gillogly, Kryptos-Expertin Elonka Dunin, Kryptos-Löser David Stein, Enigma-Forscher Frode Weierud oder Postkarten-Dechiffrierer Tobias Schrödel – sie alle gehen einer beruflichen Tätigkeit nach, die nichts mit Verschlüsselung zu tun hat.

Wahrscheinlich gibt es kein wissenschaftliches Betätigungsfeld, in dem Sie als Amateur wertvollere Ergebnisse erzielen können als im Lösen von Verschlüsselungen. Ich kann Sie also nur ermuntern, selbst aktiv zu werden. Die erste Frage hierbei ist sicherlich, wie Sie sich die Fähigkeiten des Codeknackens (von Fachleuten auch Kryptoanalyse genannt) aneignen können. Leider gibt es dazu bisher kein Buch, das ich uneingeschränkt empfehlen kann (interessanterweise gibt es zwar viele Kryptologie-, aber nur wenige Kryptoanalyse-Bücher). Die im Anhang aufgeführten Literaturempfehlungen sollten Ihnen jedoch eine gute Grundlage liefern.

Da ein Codeknacker in der Regel statistische Analysen durchführen muss, benötigen Sie als Nächstes ein geeignetes Computerprogramm. Zu diesem Zweck sollten Sie sich CrypTool zulegen. Das ist keine Werbung, denn die Krypto-Lernsoftware, die auch zahlreiche Funktionen zum Codeknacken bietet, ist kostenlos zu haben. Sie kann einfache Verschlüsselungen sogar automatisch lösen und ist auch in einer deutschsprachigen Version verfügbar. Mehr erfahren Sie im Internet unter www.cryptool.org.

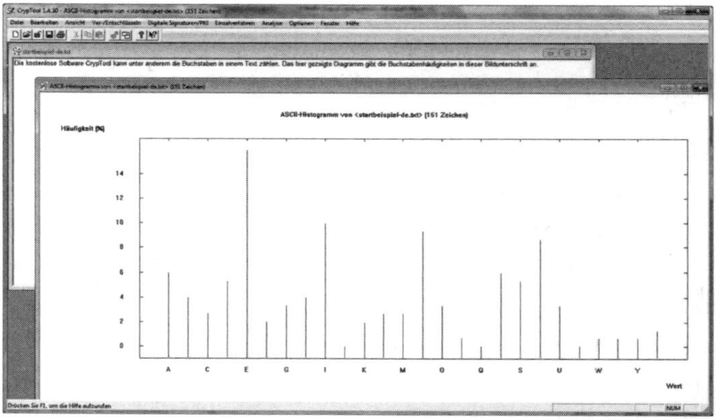

(83) Die kostenlose Software CrypTool kann unter anderem die Buchstaben in einem Text zählen. Das hier gezeigte Diagramm gibt die Buchstabenhäufigkeiten in dieser Bildunterschrift an.

WAS GIBT ES ZU KNACKEN

Wenn Sie nun Ihre ersten Verschlüsselungen lösen wollen, empfehle ich Ihnen den Anhang dieses Buchs. Dort gibt es einige Kryptogramme mit unterschiedlichem Schwierigkeitsgrad. Außerdem sollten Sie sich bei Mystery Twister C3 umsehen, einem von Kryptologie-Experten entwickelten Web-Portal, auf dem verschieden schwere Kryptogramme zu lösen sind. Dort finden Sie zudem Zusatzfunktionen, ein Diskussionsforum und eine Hall of Fame für Codeknacker. Hinter Mystery Twister C3 steht ein hochkarätiges Expertenteam, zu dem die Professoren Bernhard Esslinger (Universität Siegen) und Alexander May (Ruhr-Universität Bochum) sowie der in diesem Buch erwähnte Kryptologe Arno Wacker gehören.

Sofern Sie auf Erfolgserlebnisse aus sind, sollten Sie bei Mystery Twister C3 auf Stufe I beginnen. Die dort gestellten Aufgaben sind einfach lösbar. Stufe II ist schon schwieriger, und auf Stufe III geht es um richtig harte Brocken. Schließlich gibt es noch Stufe X, wo die bisher ungelösten Kryptogramme versammelt sind. Einige davon kennen Sie aus diesem Buch. So werden Sie dort beispielsweise dem Doppelwürfel und der Kryptos-Skulptur begegnen.

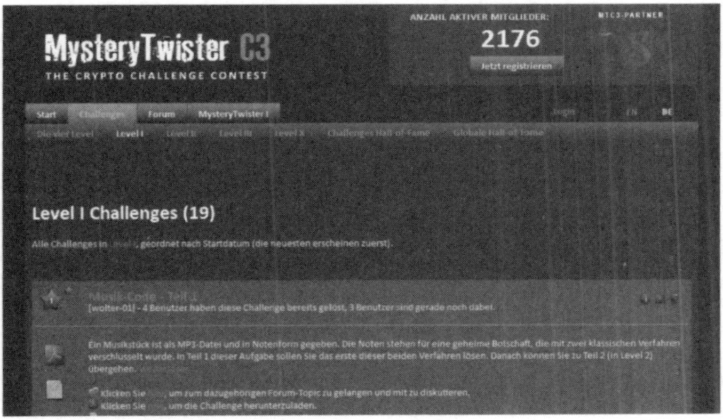

(84) Das Web-Portal Mystery Twister C3 ist eine Spielwiese für alle, die sich gerne mit Kryptogrammen beschäftigen.

Falls Sie Ihre ersten Codeknacker-Schritte statt mit einer Web-Seite lieber mit einem Buch absolvieren wollen und außerdem mit der englischen Sprache nicht auf Kriegsfuß stehen, sollten Sie es mit „The Mammoth Book of Secret Codes and Cryptograms" von Elonka Dunin versuchen. In ihm sind Kryptogramme in unterschiedlichen Schwierigkeitsgraden inklusive Lösungen sowie Informationen zu Kryptos, den Beale-Chiffren und einigen anderen in diesem Buch enthaltenen Kryptogrammen aufgeführt.

Spätestens wenn Sie sich mit Stufe X von Mystery Twister C3 oder mit den hinteren Kapiteln im Buch von Dunin beschäftigen, sind Sie in der Welt der authentischen Kryptogramme angekommen. Damit sind verschlüsselte Texte gemeint, die sich nicht jemand zur Bespaßung von Rätselfans ausgedacht hat, sondern eine gewisse historische Relevanz haben – solche Rätsel also, wie sie in diesem Buch zusammengestellt sind. Vielleicht fühlen Sie sich schon bereit, sich an der Lösung eines aus der Reihe der Top-Ten-Kryptogramme zu versuchen? Im Folgenden habe ich die zehn Kryptogramme dieses Buchs nach ihrem Schwierigkeitsgrad geordnet. Versuchen Sie Ihr Glück erst einmal an den Rätseln auf den hinteren Plätzen.

- **Platz 10 – Enigma-Funksprüche**: Viele der überlieferten Enigma-Originalfunksprüche sind zu knacken und werden einen bescheidenen Teil zur Geschichtsschreibung des Zweiten Weltkriegs beitragen.
- **Platz 9 – Codex Rohonci**: Der Codex Rohonci wurde von der Kryptologenzunft vernachlässigt. Es gibt daher gute Chancen auf eine baldige Lösung!
- **Platz 8 – Hampton**: James Hamptons Notizbuch enthält zahlreiche Ansätze für eine erfolgreiche Dechiffrierung. Die Chancen stehen nicht schlecht.
- **Platz 7 – Kryptos**: Der vierte Teil von Kryptos ist eine harte Nuss – aber laut dem Künstler Jim Sanborn lösbar.
- **Platz 6 – Somerton-Mann**: Vermutlich stehen die etwa 50 Buchstaben der Taman-Shud-Chiffre für die Anfangsbuchstaben von Wörtern. Knifflig. Hier ist mehr Erfindungsreichtum als kryptologische Kenntnis vonnöten.
- **Platz 5 – Zodiac-Briefe**: An Zodiac-340 haben sich schon viele erfolglos versucht. Doch Zodiac-408 wurde gelöst. Zodiac-13 und Zodiac-32 sind möglicherweise zu kurz, um überhaupt lösbar zu sein.
- **Platz 4 – Thouless/Wood**: Die beiden Kryptogramme von Thouless und Wood sind wohl nur mit dem passenden Schlüsseltext zu lösen. Vielleicht wird irgendwann jemand fündig.
- **Platz 3 – Doppelwürfel**: Der Doppelwürfel ist ein sehr sicheres Verschlüsselungsverfahren. Das in diesem Buch vorge-

stellte Doppelwürfel-Kryptogramm dürfte daher nur sehr schwer zu knacken sein.

- **Platz 2 – Beale-Chiffren**: Die Beale-Chiffren, welche angeblich die Lage eines Schatzes verraten, sind gut untersucht. Ich würde nicht viel darauf wetten, dass irgendwann jemand die Lösung findet.
- **Platz 1 – Voynich-Manuskript**: Zahlreiche Experten haben das Voynich-Manuskript in den letzten Jahrzehnten intensiv untersucht. Forscher wie Gordon Rugg oder Andreas Schinner gehen inzwischen davon aus, dass es gar keine Lösung gibt. Falls doch, dürfte diese sehr schwer zu ermitteln sein. Das Voynich-Manuskript ist daher das schwierigste aller Kryptogramme in diesem Buch.

Auch wenn Sie sich nicht zum Codeknacker berufen fühlen, sich aber für historische Verschlüsselungsrätsel interessieren, können Sie aktiv werden. Wie Sie beim Lesen dieses Buchs vielleicht bemerkt haben, wimmelt es in der Geschichte der Kryptologie nur so von weißen Flecken. Noch hat niemand eine Liste der erhalten gebliebenen Enigma-Originalfunksprüche veröffentlicht, und zum Voynich-Manuskript sind ebenfalls viele Fragen ungeklärt. Beim Codex Rohonci und dem Hampton-Notizbuch stehen die Untersuchungen ohnehin noch ziemlich am Anfang. Auf Historiker, Kunsthistoriker und Schriftexperten warten viele interessante Aufgaben.

Zum Schluss verrate ich Ihnen noch eine Wunschvorstellung, die ich beim Schreiben dieses Buchs immer im Hinterkopf hatte. Ich stelle mir vor, wie ich eines Tages meinen PC anschalte, meinen Web-Browser starte und ein Nachrichtenportal aufrufe. Dort sehe ich dann die Schlagzeile: „Berühmtes Kryptologierätsel gelöst". Anschließend lese ich, dass ein kluger Kopf eines aus der Top Ten der Kryptorätsel gelöst hat. Auf die Frage, wie er auf die Idee gekommen sei, sich mit diesem Rätsel zu beschäftigen, antwortet der erfolgreiche Codeknacker: „Ich habe im Buch von Klaus Schmeh davon gelesen. Danach hat es mich nicht mehr losgelassen."

Anhang
Rätsel

Sie wollen nicht nur lesen, wie andere Kryptogramme gelöst haben, sondern auch selbst aktiv werden? Dann sollten Sie sich an den zehn folgenden kryptologischen Rätseln versuchen. Deren Schwierigkeitsgrad ist zunächst recht niedrig, steigt jedoch immer weiter an. Die kostenlose Software CrypTool (im Internet erhältlich) bietet einige Analysefunktionen, die Ihnen das Dechiffrieren erleichtern. Die Lösungen erhalten Sie, wenn Sie mir eine kurze E-Mail schreiben: klaus@schmeh.org. Natürlich können Sie mir in einer solchen Mail auch gleich ein Feedback zu diesem Buch geben.

KRYPTOGRAMM 1

Schaffen Sie es, den folgenden Text zu dechiffrieren?

```
Rutnal leppa il Lag arts one Atle caug Nil, muros
pi iu Qmai tret Inati Uqa mailae Agleb t nuloc nim
anu. Murau q sert setra pnia sivid sin Mot sea il
Lag.
```

KRYPTOGRAMM 2

Und noch eine leichte Aufgabe:

```
IBZ RVFR ORSERVG FVAQ FGEBZ HAQ ONRPUR.
```

KRYPTOGRAMM 3

Auch das folgende Kryptogramm ist nicht besonders schwer:

Vnr Blqfxkjujwm rblq ernu blqxnwna jub Ljuroxawrj,
frn j snmna fxrbb, bjp sx txrw Blqnrbb. Vnr Blqfx-
kjujwm rblq ernu blqxnwna jub Ljuroxawrj. R krw
pjwi pnaw qrna, jd fnww r rv Frwcna oarna.

KRYPTOGRAMM 4

Jetzt wird es etwas komplizierter:

LFCOMG OIGSRLOIKW VPOIEQICXRRDEYXRXJ OIYSKWQKDX
COWQ FZMYVP KEJVPJOICWQ YKYSPJ BNEYCW PBMGMGFRXRS-
MEQIC DXGSQKSMLXKE KELX

KRYPTOGRAMM 5

Kennen Sie Geocaching? Bei dieser Art der Freizeitgestaltung geht es darum, Plastikdosen („Caches") zu finden, die jemand anderer versteckt hat. Der wichtigste Anhaltspunkt hierbei sind die Koordinaten (der Längen- und Breitengrad) des Verstecks, die man auf einer Internet-Seite nachlesen kann. Bei manchen Caches sind die Geokoordinaten verschlüsselt, wodurch das Suchen zur Denksportaufgabe wird. Das folgende Kryptogramm enthält die Geokoordinaten eines echten Caches. Für Experten: Der GC-Code des Chaches ist GC3231N.

IFNVNOEETODFRUONENIEHGITUOFRVIFEVIFEVESEOFNUSERE-
NEVDOTONWTEOVIFEXISFEVISTXIHEEREHGIT

KRYPTOGRAMM 6

Der folgende Text ist mit einem relativ simplen Umordnungsverfahren verschlüsselt:

FEODRNGDLEXTTEEMSIITNEETINEFMIECNAHRMDUOGUSNN-
FEAVRNRVHECRHESSUSLELET

KRYPTOGRAMM 7

Nun ein Text, der mit dem Doppelwürfel verschlüsselt wurde. Da die beiden verwendeten Schlüsselwörter recht kurz sind, ist das Rätsel lösbar.

OIDAHWMPFLESOENEEFDSNEOROEURICISSEEURMRNEDRFESU-
ISDEFSECHUCSRCANPSIUNHENBLHNRSGEESTWLOAHKHEEOSS-
CENRVLEEVEEERLMRRNUSHEEMEOSTFSEFAIFNLSSMASIHEGH-
VDHHELTNESTNDUITGMCSINCTIWEUNANLRTVAHSFKEUNMEIS-
SEEDZEFMSNRNVLDTESCPSAIRAIATTNTLSDISAISBCOFRHN-
FOHSLOHIEASRHRESSINOTIRALIHIESERSTZRLHLIEEIRECD-
WESTNELIDLHLEZSRIIRRSRURURNLESTEVGEAPIGSENTLEEE-
ELDENHUNHUNDRURICESGIUFHMSSFECNIEHCAERNRGIITUICA-
NEAUZEEESAZRNWBRCISNMIIIEGCISNEUEIRMHPTSEERTPT-
DASCEWESHESEULAAEVUNETINMNSEOAIWRECNUDFETGHENES-
FLEIARTEVDRTBSLNEBEIHGNVHER

KRYPTOGRAMM 8

Beim folgenden Kryptogramm sind Umordnung und Buchstabenersetzung miteinander kombiniert. Finden Sie den Klartext?

TWUVIGQPQGEHPTEHNIGCGMEEUKITEKYFABERNJAHRAATRW-
NODWRGHGEIYHHKLITGMCUSEXEZQIGGRXQRBXDXRPEXCRQO-
VADKXSBYDMZSRXGTEUAXNZQORWDKUDAHDKFFRBJKBBAXO-
KEFTGNKQSBAWXZSUXCRZSABEAYARKRJZWRZTGZBQLNOQRF-
TEXFGBWPKEHRUTZTSGTSAQOFNNTGRRWIBTFRSUTRDBGG-
JZZHWEJDRHBAZPGAXTGTQQANALSGKLCQCHYFVUBFWRRQPTX-
NOSSNEIKFFIFOTQSOFHXOOUMEFZBHATJDSAGUKZNUXZJEOG-
PIKBSRWUUIHVKEJLARWEKNAUKCGTHRSNTGVGWRKGSABWTL-
RVTZTSUATGKQZQMNAFPFXAKFVNNTYZIRLEJUGHUNKQBAWI-
ALBHZFVABTWNRGRHWAZPGAXIFQKQANAMSGKZIFVSBPMEIQGE-
ONZQKUFGSWFECXSJGRKQCOKSTZWHMORYWVLSZGOHVFNUS-
FKRRQPRNDSMBEMOTBGHKZZQSYKTOTQHXNXGBNWELDRUBEF-

GBNMDYZSYWLUQOTKAYTQGXZZSCVUSKUGPMIYUVEXSTUSFXNX-
RBRZSGESVXMTEHVXEKPBYVEQDBROKVOOEMEJXVUHMX-
GOTBTYYFOHTOEHRXNORBZNTGEGQNDTQWTXSLQOHLRKM-
VAXAATTZKEZFUFXUKZWVGSJUBZWLZAGAVENQPQXPIFYR-
TIVYFHGESDSOBSTTSPLBXUSRMIJMUAXAAXSRZDKTGBAURMF-
BFSYERFTIKZGFVTNUQJAGKUFALIKDRRNILQHHAZTPTABET

KRYPTOGRAMM 9

Hier kam ein homophones Verschlüsselungsverfahren zur Anwendung. Die zu einem Klartextbuchstaben gehörenden Homophone wurden jeweils abwechselnd gebraucht.

20 22 2 8 44 9 17 26 37 3 23 1 4 12 38 6 5 43 15 35
47 49 40 50 46 53 42 28 3 52 22 7 16 27 6 54 13 36
2 44 35 9 15 48 37 3 25 5 40 38 47 17 29 41 31 3 10
1 43 36 12 46 6 12 30 42 45 16 27 52 8 33 35 25 54
31 17 53 21 12 20 1 32 29 11 2 51 40 9 30 33 12 23
37 22 4 38 11 49 39 27 15 43 44 5 42 47 50 21 12 36
53 46 31 52 18 28 22 54 2 3 41 16 39 27 35 23 44 45
48 9 51 40 6 37 49 1 15 38 47 4 50 21 12 17 53 43
23 49 42 32 1 18 41 35 46 5 22 50 27 52 3 32 54 44
45 2 51 5 36 47 39 32 20 25 6 30 29 12 10 9 15 12
37 4 24 38 3 11 33 40 17 53 21 12 23 22 18 28 43 49
50 26 46 8 44 12 47 32 16 42 53 1 41 52 45 12 29 54
6 11 2 27 15 9 3 37 23 1 12 35 10 25 6 38 26 30 32
43 40 46 48 52 15 54 51 3 2 16 36 22 49 44 9 6 33
4 31 31 37 15 25 20 38 28 47 50 32 29 42 53 43 3 35
10 22 6 48 15 46 17 52 24 30 18 8 20 54 3 28 1 32
33 11 2 41 40 9 32 1 37 45 51 42 38 12 1 39 27 23
43 44 4 16 11 46 47 18 12 25 21 12 49 35 52 41 10
30 54 6 2 48 9 15 8 29 31 3 53 12 12 45 16 39 27 40
50 11 22 42 37 44 51 38 11 4 25 21 12 31 43 11 30
39 27 35 46 18 40 6 52 23 1 15 49 21 12 36 33 54 50
23 2 17 9 3 5 47 42 35 37 31 38 41 16 29 43 6 46 25
45 10 52 53 49 33 51 31 54 4 10 22 2 44 39 27 30 18
9 47 51 37 4 50 1 36 21 12 38 18 32 1 11 11 43 41
32 16 45 51 46 53 17 52 22 23 40 31 54 5 1 42 2 4
20 25 44 39 27 30 5 28 9 11 49 37 21 12 50 35 38 18

23 43 26 40 46 11 5 52 15 10 47 54 48 2 3 53 41 11
9 22 45 16 36 42 37 49 5 29 38 6 1 8 33 15 29 43 39
32 32 46 27 3 52 51 10 54 6 20 2 31 9 8 37 44 21 12
4 38 35 50 39 27 18 43 46 32 1 52 41 47 31

KRYPTOGRAMM 10

Das letzte Kryptogramm ist mit dem VIC-Verfahren verschlüsselt. Können Sie auch diesen Code knacken?

62888 20784 82445 47618 84761 73888 37301 58429
35821 23888 32938 82329 55888 21988 97188 28714
21247 18883 29188 97288 88462 72771 88207 47727
58802 74882 32776 21242 07372 12456 23574 88232
76798 86188 76172 88883 73761 57188 78232 98008
89728 88223 67971 88973 88847 27588 87828 89671
71882 40588 46212 48890 48897 82542 12478 88329
27268 82630 22588 47617 38883 73220 44821 23423
72071 97188 23784 02758 89674 74882 33821 92374
75878 82372 37207 18988 96788 97825 42124 71886
18897 18827 07197 31882 00971 84827 35572 82073
23882 00867 31882 07327 61882 03019 71208 23238
82037 28718 82402 82082 32388 24744 71882 87212
62771 20823 23832 93802 92828 73188 16797 34021
24471 88129 39324 76184 74522 02771 88324 76127
01980 22027 87884 00327 01988 40212 44718 84021
24471 01240 27588 42124 27748 46232 42927 45761
88821 98852 48273 61237 18824 02071 88618 82237
67388 47272 04520 74562 82882 12388 96788 76124
76588 82198 82237 62476 58897 82542 12427 01948
88329 27277 19758 98890 28658 82362 75889 67474
88233 82192 37475 87882 28273 88904 88237 40285
78897 82542 12478 88329 27268 9

Dankesliste und Aufruf

Folgende Personen und Organisationen haben zum Gelingen dieses Buchs beigetragen, wofür ich mich herzlich bedanke:

John Alexander, Dr. Christiane Angermayr, Detlev Auvermann, Barbara Barrett, Craig Bauer, Dr. Mark Benecke, Andrea Bersch, Jörg Drobick, Elonka Dunin, Stefan Dzikowski, Ralph Erskine, Prof. Bernhard Esslinger, Gerald Feltus, Jeff Haley, Prof. Dr. Martin Hermann, Claudia Höckle, Günter Hütter, David Kahn, Levente Király, Dr. Jürgen Koller, Klaus Kopacz, Christian Koth, Benedek Láng, Dr. Otto Leiberich, Peter Lichtenberger, Bernd Lippmann, Phil Marks, Philip Neal, Nick Pelling, Prof. Dr. Bart Preneel, Norbert Ryska, Volker Schmeh, Tobias Schrödel, Ludek Smolik, Dennis Stallings, Mark Stamp, Rene Stein, Prof. Dr. Gerhard Strasser, Geoff Sullivan, Gábor Tokai, Dr. Arno Wacker, Frode Weierud.

Archives of American Art, Bundesamt für Sicherheit in der Informationstechnik (BSI), Cambridge University Library, cryptovision, Heinz Nixdorf MuseumsForum, NSA Cryptologic Museum, Smithsonian American Art Museum, Society for Psychic Research, Ungarische Akademie der Wissenschaften, Universitätsbibliothek Bochum.

Falls Sie als Leser(in) dieses Buchs irgendwelche Anmerkungen oder Verbesserungsvorschläge haben, freue ich mich über eine E-Mail (klaus@schmeh.org). In einer eventuellen neuen Ausgabe nehme ich Sie gegebenenfalls gerne in die Dankesliste auf (falls Sie das nicht wollen, bitte sagen). Interessant ist für mich auch immer die Frage, wie Sie auf das Buch gestoßen sind bzw. warum Sie es gekauft haben.

Bildnachweis

Prolog

(1) Public Domain
(2) Schmeh (aufgenommen im Heinz Nixdorf MuseumsForum)
(3) Schmeh (aufgenommen im Heinz Nixdorf MuseumsForum)
(4) Schmeh
(5) Schmeh
(6) Schmeh
(7) Schmeh
(8) Gillogly
(9) Schmeh
(10) Public Domain
(11) Public Domain
(12) Schmeh
(13) Geochaching.com

Voynich

(14) Schmeh
(15) Beinecke Library
(16) Schmeh
(17) Schmeh
(18) Beinecke Library
(19) Schmeh
(20) Beinecke Library, Schmeh, Public Domain
(21) Beinecke Library
(22) Beinecke Library
(23) Public Domain

Codex Rohonci

(24) Schmeh
(25) Ungarische Akademie der Wissenschaften
(26) Schmeh
(27) Schmeh

(28) Ungarische Akademie der Wissenschaften
(29) Titelbild des Buchs „Rohonczi Codex. Descifrare, transcriere şi traducere“ von Viorica Enăchiuc (Editura Alcor, 2002), Public Domain, Public Domain
(30) Ungarische Akademie der Wissenschaften
(31) Ungarische Akademie der Wissenschaften
(32) Public Domain
(33) Ungarische Akademie der Wissenschaften
(34) Ungarische Akademie der Wissenschaften

Hampton

(35) Schmeh
(36) Archives of American Art
(37) Archives of American Art
(38) Schmeh
(39) Archives of American Art
(40) Archives of American Art
(41) Public Domain

Enigma

(42) Schmeh
(43) Schmeh
(44) Schmeh
(45) Schmeh
(46) Matt Crypto
(47) Schmeh
(48) Matt Crypto
(49) Schmeh
(50) National Security Agency
(51) Matt Crypto
(52) Public Domain
(53) Frode Weierud
(54) Public Domain
(55) Public Domain

Doppelwürfel

(56) Bundesamt für Sicherheit in der Informationstechnik (BSI)
(57) Public Domain

Somerton

(58) Public Domain
(59) Public Domain
(60) Public Domain
(61) Public Domain

(62) Gerry Feltus
(63) Mark Benecke

Zodiac-Killer

(64) Public Domain
(65) Schmeh
(66) Public Domain
(67) Public Domain
(68) Public Domain
(69) Schmeh
(70) Aus dem Buch „Codes And Ciphers" von John Laffin (Adelard-Schuman, 1964)

Beale

(71) Public Domain
(72) Public Domain
(73) Public Domain
(74) Schmeh
(75) Public Domain

Kryptos

(76) Public Domain
(77) Schmeh
(78) Schmeh
(79) Schmeh

Thouless

(80) SPR
(81) SPR
(82) SPR

Epilog

(83) Screenshot
(84) Screenshot

Zusätzliche Informationen

PROLOG

Weiterführende Literatur

Aldrich, Richard: GCHQ: *The Uncensored Story of Britain's Most Secret Intelligence Agency*. HarperCollins 2010. – Erklärt einige kryptologische Hintergründe des Falklandkriegs. Details fehlen jedoch, da die Informationen über den Krieg nach wie vor unter Verschluss sind.

Boklan, Kent D.: *How I Broke the Confederate Code (137 Years Too Late)*. Cryptologia 4/2006. – Kent Boklan erklärt, wie er einen Südstaaten-Code aus dem Sezessionskrieg geknackt hat.

Boklan, Kent D.; Assarpour, Ali: *How We Broke the Union Code (148 Years Too Late)*. Cryptologia 3/2010. – Hier legt Boklan dar, wie auch die Codes der Nordstaatler seinem krytologischen Geschick zum Opfer fielen.

Gillogly, James: *Astle Cipher Solved*. Cryptologia 1978/3. – Artikel über das erste bedeutende historische Kryptogramm, das James Gillogly gelöst hat.

Kahn, David: *The Codebreakers*. B & T 1996. – Der Klassiker von David Kahn enthält Informationen zur Schlacht von Tannenberg, zum Zimmermann-Telegramm und zum Teapot-Dome-Skandal.

Mahon, Thomas; Gillogly, James: *Decoding the IRA*. Mercier Press 2008. – Im ersten Teil dieses Buchs wird beschrieben, wie James Gillogly mehrere Hundert verschlüsselte Nachrichten der IRA aus den zwanziger Jahren knackt.

Palmer, Jean: *The Agony Column Codes & Ciphers*. Authors Online, 2006. – Listet über 1.000 verschlüsselte Liebesbotschaften auf, die im 19. Jahrhundert per Zeitungsanzeige verschickt wurden.

Schmeh, Klaus: *Codeknacker gegen Codemacher – Die faszinierende Geschichte der Verschlüsselung*. W3L 2007. – Erzählt die Geschichte der Kryptologie von der Antike bis zur Gegenwart.

Schmeh, Klaus: *Kryptografie – Verfahren, Protokolle, Infrastrukturen*. Dpunkt 2009. – Beschreibt die moderne (computergestützte) Kryptologie in ausführlicher Form.

Vašák, Pavel Vašák: *Šifrovaný deník Karla Hynka Mácha*. Akropolis 2007. – Buch über das teilweise verschlüsselte Tagebuch von Karel Hynek Mácha.

Yardley, Herbert: *The American Black Chamber*. Bluejacket Books 2004 (Original von 1931). – Enthält ein Kapitel über den Fall Pablo Waberski.

DAS VOYNICH-MANUSKRIPT

Worin besteht das Rätsel?

Das Voynich-Manuskript ist ein in einer unbekannten Schrift verfasstes Buch aus dem Mittelalter. Aus nahe liegenden Gründen kann ich Ihnen an dieser Stelle keinen Abdruck des gesamten Manuskripts bieten. Eine eingescannte Fassung finden Sie auf der Web-Seite der Beinecke Library (http://beinecke.library.yale.edu/digitallibrary/). Eine Transkription gibt es ebenfalls im Internet (http://www.voynich.nu/extra/eva.html).

Erklärungen

Der Brite Gordon Rugg schlug im Jahr 2004 eine einfache Methode vor, mit der man sinnlose Buchstabenfolgen erzeugen kann, die eine statistische Ähnlichkeit mit normaler Sprache haben. Es ist denkbar, dass der Autor des Voynich-Manuskripts mit einem ähnlichen Verfahren gearbeitet hat. Ruggs Methode sieht vor, dass man zunächst mehrere dreispaltige Tabellen nebeneinander schreibt, beispielsweise in folgender Form:

```
|S   |DF  |S   | |DKJ |MSN |WS  | |KJAS|QW  |QWE |
|SER |DERE|L   | |FFJ |    |GG  | |DKJF|FW  |QSDD|
|EE  |RTE |    | |GJ  |MEN |    | |    |LL  |LDLF|
|UGJ |    |S   | |DKKL|DD  |FG  | |KJAS|QW  |QWE |
```

```
|S    |FFDE|FS   | |KF   |LDKF|FS   | |     |FGQ |E    |
|FJ   |DFEE|     | |W    |MSN |     | |SFG  |HW   |LLE  |
```

Die einzelnen Tabellenfelder sind mit kurzen, zufälligen Buchstabenfolgen gefüllt, die man als Vor-, Mittel- und Nachsilbe auffassen kann, oder bleiben leer. Nun legt man auf die erste Tabelle eine Schablone, die in jeder Spalte ein Feld markiert. Etwa so:

```
|S    |DF  |S    | |DKJ  |MSN |WS   | |KJAS|QW   |QWE  |
|SER  |DERE|l    | |FFJ  |    |GG   | |DKJF|FW   |QSDD|
|EE   |RTE |     | |GJ   |MEN |     | |    |LL   |LDLF|
|UGJ  |    |S    | |DKKL|DD  |FG   | |KJAS|QW   |QWE  |
|S    |FFDE|FS   | |KF   |LDKF|FS   | |    |FGQ |E    |
|FJ   |DFEE|     | |W    |MSN |     | |SFG |HW   |LLE  |
```

Die Inhalte der markierten Zellen werden nun aufgeschrieben: SDERES. Damit haben wir das erste Wort unseres Unsinnstexts. Nun wird die Schablone auf die zweite Tabelle verschoben:

```
|S    |DF  |S    | |DKJ  |MSN |WS   | |KJAS|QW   |QWE  |
|SER  |DERE|L    | |FFJ  |    |GG   | |DKJF|FW   |QSDD|
|EE   |RTE |     | |GJ   |MEN |     | |    |LL   |LDLF|
|UGJ  |    |S    | |DKKL|DD  |FG   | |KJAS|QW   |QWE  |
|S    |FFDE|FS   | |KF   |LDKF|FS   | |    |FGQ |E    |
|FJ   |DFEE|     | |W    |MSN |     | |SFG |HW   |LLE  |
```

Das zweite Wort heißt DKJGG. Durch weiteres Verschieben erhalten wir die Unsinnswörter KJASFQQWE, SERRTEL, FFJMENGG, DKJFLLQSDD und so weiter. Der Text lautet damit:

```
SDERES DKJGG KJASFQQWE SERRTEL FFJMENGG DKJFLLQSDD
EE GJDD QWLDLF ...
```

Ist so das Voynich-Manuskript entstanden? Nicht auszuschließen, doch es gibt noch zahlreiche andere Möglichkeiten.

Weiterführende Literatur

Barlow, Michael: *The Voynich Manuscript – By Voynich?* Cryptologia 4/1986. – Enthält einige Überlegungen zur Frage, ob Wilfried Voynich selbst der Urheber des Manuskripts sein könnte. Diese Hypothese ist inzwischen widerlegt.

Barlow, Michael: *Review of Levitov*. Cryptologia 1/1988. – Kritischer Blick auf eine der zahlreichen „Lösungen" des Voynich-Manuskripts.

Churchill, Rob; Kennedy, Gerry: *Der Voynich-Code: Das Buch, das niemand lesen kann*. Hainer Kober 2005. – Dies ist das derzeit bekannteste Buch zum Voynich-Manuskript. Leider ist es inzwischen veraltet. So kommt die Radiocarbon-Datierung darin nicht vor – im Gegensatz zu einigen inzwischen überholten Theorien.

Däniken, Erich von: *Falsch informiert!: Vom unmöglichsten Buch der Welt, Henochs Zaubergärten und einer verborgenen Bibliothek aus Metall*. Kopp 2007. – Von Däniken konnte es nicht lassen, seine Ansichten zum Voynich-Manuskript kundzutun.

D'Imperio, M. E.: *The Voynich Manuscript. An Elegant Enigma*. Aegean Park Press 1978. – Zusammenfassung des Forschungsstands zum Zeitpunkt des Erscheinens. Leider veraltet.

Finn, James E.: *The Voynich Manuscript. Extraterrestrial Contact During The Middlew Ages*. Im Internet erhältlich, 2001. – Eine der zahlreichen pseudowissenschaftlichen Arbeiten, die im Internet kursieren.

Guy, J. B. M.: *Statistical Properties of Two Folios of the Voynich Manuscript*. Cryptologia 3/1991. – Eine von vielen statistischen Untersuchungen des Voynich-Texts.

Kraft, Hartmut: *Grenzgänger zwischen Kunst und Psychiatrie*. Deutscher Ärzte-Verlag 2005. – Ein Buch zur Kunst psychisch Kranker.

Landini, Gabriel: *Evidence of linguistic structure in the Voynich manuscript using spectral analysis*. Cryptologia 4/2001. – Eine statistische Untersuchung des Voynich-Manuskripts.

Landmann, Erhard: *Das sogenannte Voynich-Manuskript*. Internet-Veröffentlichung 2007. – Unfreiwillig komischer Artikel, in dem eine „Lösung" des Voynich-Manuskripts präsentiert wird.

Navratil, Leo: *Schizophrenie und Kunst*. Fischer 1996. – Auch Navratil widmet sich dem künstlerischen Output psychisch Kranker.

Papke, Ursula; Weydemann, Dirk: *Geheimnisvollstes Manuskript der Welt entschlüsselt*. Pressemitteilung 2005. – Meldung, in der die „Lösung“ des Manuskripts verkündet wird. Hervorragende Realsatire.

Pelling, Nick: *The Curse of The Voynich.* Compelling Press 2006. – Kaum jemand kennt das Voynich-Manuskript so gut wie Nick Pelling. Sein Buch enthält äußerst interessante Informationen, gleichzeitig aber auch viel Spekulatives.

Prinzhorn, Hans: *Die Bildnerei der Geisteskranken.* Springer-Verlag 2001 (Original von 1922). – Hans Prinzhorn ist der Begründer der Prinzhorn-Sammlung. Diese umfasst Kunstwerke von psychisch kranken Menschen.

Reeds, Jim: *William F. Friedman's Transcription of the Voynich Manuscript.* Cryptologia 1/1995. – Artikel, der sich mit einer frühen Transkription des Voynich-Texts beschäftigt.

Roitzsch, Peter: *Das Voynich-Manuskript: Ein Rätsel der Vergangenheit.* Monsenstein und Vannerdat 2010. – Lesenswertes Buch zum Voynich-Manuskript, das im Eigenverlag des Autors entstanden ist.

Rugg, Gordon: *An Elegant Hoax? A Possible Solution to The Voynich Manuscript.* Cryptologia 1/2004. – Beschreibt eine Möglichkeit zum Generieren sinnloser Buchstabenfolgen, die ähnliche statistische Eigenschaften haben wie Sprache.

Schinner, Andreas: *The Voynich Manuscript: Evidence of the Hoax Hypothesis.* Cryptologia 2/2007. – Statistische Untersuchungen, die die Unsinnshypothese stützen.

Williams, Robert L.: *A Note on the Voynich Manuscript.* Cryptologia 4/1999. – Statistische Analyse, die auf Griechisch als Ausgangssprache hindeutet.

DER CODEX ROHONCI

Worin besteht das Rätsel?

Der Codex Rohonci ist ein handgeschriebenes Buch, das in unbekannten Buchstaben verfasst ist. Eine eingescannte Fassung finden Sie im Internet (siehe weiterführende Literatur). Eine Transkription ist am Entstehen, wurde bis zum Redaktionsschluss dieses Buchs jedoch nicht veröffentlicht.

Weiterführende Literatur

Enăchiuc, Viorica: *Rohonczi Codex: descifrare, transcriere si traducere*. Editura Alcor 2002. – Die sehr ausführliche, aber wenig überzeugende „Lösung" von Viorica Enăchiuc in rumänischer Sprache.

Kahn, David: *The Codebreakers*. B & T 1996. – Der Klassiker von David Kahn geht auch auf die verschlüsselten Tagebücher von Samuel Pepys ein.

Láng, Benedek: *Why Don't We Decipher an Outdated Cipher System? The Codex of Rohonc*. Cryptologia 2/2010. – Dies ist die bisher einzige nennenswerte Veröffentlichung zum Codex Rohonci im Englischen.

Rohonczi Codex: One of the most mysterious document in the World. http://www.dacia.org/codex/. – Auf dieser Web-Seite finden Sie Scans von allen Seiten des Codex Rohonci.

Yardley, Herbert: *The American Black Chamber*. Bluejacket Books 2004 (Original von 1931). – Herbert Yardley war einer der besten Kryptologen seiner Zeit. Er beschäftigte sich auch damit, unbekannte Kurzschriften zu lösen. In diesem erstaunlich spannenden Buch erfährt man einiges über seine Arbeit.

JAMES HAMPTONS NOTIZBUCH

Worin besteht das Rätsel?

Der Künstler James Hampton (1909–1964) hat ein Notizbuch hinterlassen, in dem 104 Seiten in unbekannten Buchstaben beschrieben sind. Eine eingescannte Fassung dieser Notizen sowie eine Transkription finden Sie im Internet (siehe weiterführende Literatur).

Weiterführende Literatur

Hamptonese. http://www.cs.sjsu.edu/faculty/stamp/Hampton/hampton.html. – Die zweite Web-Seite zum Hampton-Notizbuch. Sie stammt von Mark Stamp. Hier finden Sie eine Transkription des Kryptogramms.

Stamp, Mark; Le, Ethan: *Analysis of Hamptonese Using Hidden Markov Models*. Undatiert. – Statistische Untersuchung mit Hidden Markov Models.

The Secret Writing of James Hampton, African American Sculptor, Outsider Artist, Visionary. http://ixoloxi.com/hampton/. – Diese Web-Seite von Dennis Stallings ist eine von zwei Hauptinformationsquellen zum Hampton-Notizbuch.

ENIGMA-FUNKSPRÜCHE

Worin besteht das Rätsel?

Leider ist es nicht möglich, an dieser Stelle alle noch ungelösten Enigma-Originalfunksprüche aufzuführen. Ich möchte mich daher mit acht davon begnügen, die nach meiner Einschätzung ein besonderes Interesse verdient haben. Diese „Enigmatischen Acht“ sind von E01 bis E08 durchnummeriert.

E01: Barbarossa-Funkspruch von 28. Juni 1941

In ihrem Projekt „Breaking German Wehrmacht Ciphers“ bearbeiteten Frode Weierud und Geoff Sullivan etwa 500 Funksprüche aus dem Jahr 1941. Diese stammen von der Heeresgruppe Nord, die am Unternehmen Barbarossa (dem Feldzug gegen die Sowjetunion) beteiligt war. Etwa 340 Funksprüche konnten die beiden bisher lösen. Den folgenden noch nicht.

```
1315 - 215 - ZKT FLP -
PLDRV ORIZX OIVHE YIGPK
KRBMI LKCYB FGMZB MSTYE
EWHKL SWKLX QWCGD LNMBB
KXCTJ AYXA- MZAL- LZWIF
BQFOJ NLHVZ QJKWI TROKZ
PFYLU BZJLJ YJPVB QJAPY
AWL-R --TMN ZXXPN BOVTO
BCIIE QOCPB BQJLS SKPFJ
AHVGW AARAS GFIRH YWJNL
BUBRE A-XZC BGVYK KTVEC
IWDCW DYCWS NJIGY
```

E02: Barbarossa-Funkspruch vom 30. September 1941

Unter den Barbarossa-Funksprüchen vom September 1941 stießen Weierud und Sullivan auf fünf, die sich von den restlichen unterschieden. Die Nachrichten wurden wahrscheinlich mit einem Enigma-Typ, der über andere Walzen verfügte, verschlüsselt. Folgend der umfangreichste dieser speziellen Funksprüche:

```
BYQMZ NYZKY DOEMG PSDUH
MLHJA TWMYC HIF-Y MAEST
AVLCG CNLGM ZIQUS QNRAI
KYJDE TUEXO JQPGX QSCEX
ENOSF ASJVT GBHXT VGQTW
KEWPP RIVYJ EHEWN GPFUE
AZTUW ZUQBL NBYET ZVSUA
JSEAS ZXYFT UMOSH URQES
STQMP AOPBF TY
```

E03: Nachricht 3 des M4-Projekts von Stefan Krah vom 25. November 1942

Es versteht sich von selbst, dass die von Stefan Krah im M4-Projekt bearbeitete, aber nicht gelöste Enigma-Nachricht zu den Enigmatischen Acht gehört. Hier ist sie noch einmal:

```
CLXP LWRU HCEY ZTCS OPUP PZDI UQRD LWXX FACT TJMB
HDVC JJMM ZRPY IKHZ
AWGL YXWT MJPQ UEFS ZBCT VRLA LZXW VXTS LFFF AUDQ
FBWR RYAP SBOW JMKL
DUYU PFUQ DOWV HAHC DWAU ARSW TXCF VOYF PUFH VZFD
GGPO OVGR MBPX XZCA
NKMO NFHX PCKH JZBU MXJW XKAU OD?Z UCVC XPFT CDXP
LWRU VA
```

E04: Ein Funkspruch der Abwehr vom Februar 1942

Die Abwehr (so hieß der deutsche Geheimdienst im Dritten Reich) verwendete eine eigene Enigma-Variante in mehreren Untervarianten. Die für den folgenden Funkspruch (zur Verfügung gestellt von Ralph Erskine) genutzte Untervariante wird als GGG bezeichnet:

```
FONOI AMAWO UPTDY TAEKA IMHQV WNIRV LILXR GKMYR
RYGAD LVTUJ TUXLI KDIPX PLNHF CPCOU GMLMD VBQLV
FURDK DJCIW KGLKN DAYWS IADOB VTORI SIGYX UYDYV
VBVPM TPGCK CFDVN DDERM RQNQX MXEEZ JUXQV BEPNY
PXCNA THUIA WJNYG IFLGM DVSYK BUTFD YQ-VS DNKQF
```

```
GRHSL XKCDD LZTBJ NMUTD IMPFH VLFFX CNZCN UALXN
CCKMF XLLGN CCQYW BHAR- IYEUT ZBRQT ZFPDQ IXIAG
DIHU- SKXLN WQYXF HIJNC EZNCC HREFP NROYH PKVMM
RECUR OLOLU LPRKP
```

E05: Eine Marine-Nachricht zwischen Berlin und Tokio vom 9. Mai 1942

Dies ist ein Funkspruch, der zwischen dem Hauptquartier der Kriegsmarine in Berlin und dem deutschen Marine-Attaché in Tokio ausgetauscht wurde (zur Verfügung gestellt von Phil Marks):

```
SODKS DSQHQ FPNYU BSQRQ IONTL IOXSX QMLJW TWMKK
MTKRF SX... XNHIQ
GSVRV VDKWV OTMHK VNKZF OCUFP NCJUI FDRRA BOOER
YQDOV ANVUQ SVAEM
BLYIA WA..X HEAIY XEASW GZLRG UVSSQ KWHRG JLAZV
JSQRC ODGQR SYWWX
VRHNX SSFEY SUPNK
```

E06: Ein Marine-Funkspruch von 1943

Die folgende Enigma-Nachricht aus dem Jahr 1943 stand auf einem Zettel, der in Bletchley Park aufgefunden wurde. Wahrscheinlich handelt es sich um einen Funkspruch der Marine. Leider ist sonst nichts darüber bekannt.

```
DTHY HYSR CGNH DEJL AVZO SHUN WLKN OPRT
KIDT VHWL APUT DRTW KPWK DUNC AMFR TYWM
OKHY ABGT JNDE RTMO PLCR BTRA UNCE KYNC
WUIN UIOP NGTC RTAZ QPMB RSAB DHIL WBCU
OPBG RTDV WRSN ERTC JKWA YHJI NK
```

E07: Ein Marine-Funkspruch mit Medusa-Schlüssel vom 7. Oktober 1943

Dieser Marine-Funkspruch (zur Verfügung gestellt von Ralph Erskine) stammt vom 7. Oktober 1943 und wurde mit dem Schlüsseltyp Medusa (Turtle) verschlüsselt:

```
UCUR HVXH 0625/7/502 80 7 October 1943 C/JD
NNCK ZWZR GUDM OBDT TYTC PPRL
```

```
LKGF AIQA PZZS XQAS KUUJ DWTV
DBZI HUQI YHAA UVSB VWXB FNMX
AUBS ZQVR RKMN DYOY PAGY JBIC
GFGT MYWS OOCO QBVM WNYT WVKK
OXEF GGHM KDYP IZFQ TRMC QTHU
JYUA RAJB RISN NOVL JBKV KLWB
VYUU RVBQ LBUJ YDRF OOAB AWZL
RFNK PWIW QDVE ZOUR AXFA QBEK
GDFI YWKA FRBQ TOLY IVZX QGFE
MSBK ZGOV WTIA FYJP RHWR MHBX
DTYH VGMO IRAS JCZS XZVE APUF
HQMT UOCB MUOM QWRY
```

E08: Internet-Nachricht

Eine Enigma-Nachricht kursiert im Internet und ist beispielsweise im Wikipedia-Eintrag zur Enigma abgebildet. Die Nachricht ist nicht datiert:

```
1827 3225XM C1626 W987
SEXTO
H6R 5RH DE C 1346 = 3TLE = 2TL 224 = HUW XNG =
DKRKI CUZAF MNSDC AWXVJ DVZNH DMOZN NWRJC KKJQO
ELWIK XDUUF RCEGN OUNNQ CIIZX FUTNF BTNWI GOECK
CMYUC KTTYB ZMDTU WCNWH OXOFX ERVQW JUCVY PQACQ
EBMXE NOQKF LWRWR LGKXZ BPYWR GQVYG WJDGA QXKVC
MQQJJ PVSLG WFZJZ HHWQG YFCQQ RMVRR QQIDQ QVVIW
LJLBH LHHDI OFWUY JJQGX BWPZ
CCT 2/3 RC GN
1852 FLC
```

Weiterführende Literatur

Breaking German Wehrmacht Ciphers. http://cryptocellar.web.cern.ch/cryptocellar/bgac/index.html. – Web-Seite von Geoff Sullivan und Frode Weierud mit ausführlichen Informationen zu ihren Enigma-Dechiffrierungen.

Erskine, Ralph: *Letter to The Editor.* Cryptologia 4/1996. – Ein Leserbrief, in dem Ralph Erskine drei ungelöste Enigma-Funksprüche vorstellt. Meines Wissens sind es die ersten, die veröffentlicht wurden.

Erskine, Ralph: *Naval Enigma: Seahorse and other Kriegsmarine cipher blunders.* Cryptologia 3/2004. – Beschreibt, wie US-Spezialisten verschlüsselte Funksprüche der Marine-Enigma knackten.

Erskine, Ralph: *Der Krieg der Code-Brecher.* Akademie Aktuell November 2002. – Online verfügbarer Artikel von einem der führenden Enigma-Experten.

Gillogly, James: *Ciphertext-only Cryptanalysis of Enigma.* Cryptologia 4/1995. – In diesem Artikel wird die Gillogly-Methode zum Dechiffrieren der Enigma beschrieben.

Kahn, David: *Seizing The Enigma.* Houghton Mifflin 1991. – Der Klassiker unter den Sachbüchern über die Enigma. David Kahn ist der weltweit bedeutendste Experte für Kryptologie-Geschichte.

Landwehr, Dominik: *Mythos Enigma: Die Chiffriermaschine als Sammler- und Medienobjekt.* Transcript 2008. – Lesenswerte Doktorarbeit, die sich nicht mit der Enigma selbst, sondern mit Enigma-Sammlern und Forschern beschäftigt.

M4 Message Breaking Project. http://www.bytereef.org/m4_project.html. – Web-Seite zum M4-Projekt von Stefan Krah.

Schmeh, Klaus: *Codeknacker gegen Codemacher – Die faszinierende Geschichte der Verschlüsselung.* W3L 2007. – Enthält ein Kapitel über die Enigma.

Schmeh, Klaus: *Die Geheimnismaschinen.* Spiegel Online (einestages) vom 9.11.2009. – Artikel über die Enigma und Bletchley Park.

Schmeh, Klaus: *Die Geheimnisse der Enigma.* Spiegel Online (einestages) vom 11.8.2010. – Artikel über zwei Enigma-Zeitzeugen.

Sebag-Montefiore, Hugh: *ENIGMA – The battle for the code.* Cassell Military Paperbacks 2004. – Ein weiteres interessantes Buch über die Enigma.

Smith, Michael: *ENIGMA entschlüsselt – Die „Codebreakers“ von Bletchley Park.* Heyne 2000. – Und noch ein empfehlenswertes Buch über die Enigma.

Sullivan, Geoff; Weierud, Frode: *Breaking German Army Ciphers.* Cryptologia 3/2005. – Artikel, in dem Sullivan und Weierud ihre Enigma-Dechiffrierungen vorstellen.

Ulbricht, Heinz: *Die Chiffriermaschine Enigma – Trügerische Sicherheit.* Technische Universität Braunschweig (Dissertation)

2005. – Doktorarbeit, in der die zahlreichen Enigma-Varianten beschrieben werden.

Winterbotham, Frederik: *The Ultra Secret*. Weidenfeld and Nicolson 1974. – Enthüllt die bis dahin geheime Entschlüsselung der Enigma durch die Briten.

DER DOPPELWÜRFEL

Worin besteht das Rätsel?

Das von mir nach Vorgaben von Otto Leiberich entwickelte Doppelwürfel-Kryptogramm ist bis heute ungelöst. Es hat folgenden Inhalt:

```
VESINTNVONMWSFEWNOEALWRNRNCFITEEICRHCODEEA
HEACAEOHMYTONTDFIFMDANGTDRVAONRRTORMTDHE
OUALTHNFHHWHLESLIIAOETOUTOSCDNRITYEELSOANGP
VSHLRMUGTNUITASETNENASNNANRTTRHGUODAAARAO
EGHEESAODWIDEHUNNTFMUSISCDLEDTRNARTMOOIREEY
EIMINFELORWETDANEUTHEEEENENTHEOOEAUEAEAHUHI
CNCGDTUROUTNAEYLOEINRDHEENMEIAHREEDOLNNIRAR
PNVEAHEOAATGEFITWMYSOTHTHAANIUPTADLRSRSDNOT
GEOSRLAAAURPEETARMFEHIREAQEEOILSEHERAHAOTNT
RDEDRSDOOEGAEFPUOBENADRNLEIAFRHSASHSNAMRLT
UNNTPHIOERNESRHAMHIGTAETOHSENGFTRUANIPARTAOR
SIHOOAEUTRMERETIDALSDIRUAIEFHRHADRESEDNDOION
ITDRSTIEIRHARARRSETOIHOKETHRSRUAODTSCTTAFSTHCA
HTSYAOLONDNDWORIWHLENTHHMHTLCVROSTXVDRESD
```

Erklärungen

Doppelwürfel

Der Doppelwürfel ist vergleichsweise einfach zu erklären. Als Beispiel verschlüsseln wir folgenden Satz: ERWARTE MORGEN ABEND NACHSCHUB. Das Verfahren erfordert zwei Schlüsselwörter. Als erstes Schlüsselwort verwenden wir SPIONAGE. Im ersten Schritt wird der zu verschlüsselnde Satz wie folgt unter das Schlüsselwort geschrieben:

```
S P I O N A G E

E R W A R T E M
O R G E N A B E
N D N A C H S C
H U B
```

Als Nächstes werden die Spalten dieser Tabelle so sortiert, dass die Buchstaben des Schlüsselworts alphabetisch geordnet sind:

```
A E G I N O P S

T M E W R A R E
A E B G N E R O
H C S N C A D N
      B     U H
```

Nun werden die Buchstaben des zu verschlüsselnden Texts spaltenweise ausgelesen: Das Ergebnis lautet wie folgt: TAH MEC EBS WGNB RNC AEA RRDU EONH. Auf dieses Zwischenergebnis wird nun das gleiche Verfahren noch einmal angewendet, dieses Mal mit dem zweiten Schlüsselwort. Verwenden wir beispielsweise das Schlüsselwort AGENT, dann erhalten wir folgende Tabelle:

```
A G E N T

T A H M E
C E B S W
G N B R N
C A E A R
R D U E O
N H
```

Sortieren wir diese so, dass die Buchstaben des Schlüsselworts in der ersten Zeile alphabetisch geordnet sind, dann sieht das Ergebnis wie folgt aus.

```
A E G N T

T H A M E
C B E S W
G B N R N
C E A A R
R U D E O
N   H
```

Es entsteht: TCGCRN HBBEU AENADH MSRAE EWNRO.

Das Entschlüsseln entspricht dem umgekehrten Ablauf: Erst wird mit dem zweiten Passwort, dann mit dem ersten umgeordnet.

VIC-Verfahren

Im Kapitel über den Doppelwürfel wird auch das VIC-Verfahren erwähnt. Dieses arbeitet mit einer Tabelle wie der folgenden:

```
  0 1 2 3 4 5 6 7 8 9
  R I A   T E N S   D
3 B C F G H J K L M O
8 P Q U V W X Y Z _ .
```

In der ersten Zeile stehen die Zahlen von 0 bis 9. Darunter finden sich die acht häufigsten Buchstaben des Alphabets. Im Deutschen sind dies E, N, I, S, R, A, T und D. Die willkürlich gewählte Reihenfolge der Buchstaben und die zwei Positionen, die leer bleiben, bilden zusammen den Schlüssel. Den Anfang der dritten und vierten Spalte bilden die beiden Zahlen, an deren Position in der ersten Zeile kein Buchstabe steht. Ansonsten werden die Zeilen drei und vier mit den verbleibenden Buchstaben in alphabetischer Reihenfolge aufgefüllt. Am Ende bleiben zwei Felder leer, für die man beispielsweise das Leerzeichen und den Punkt vorsehen kann. Jeder Buchstabe wird nun verschlüsselt, indem man zunächst die Zahl links davon (falls vorhanden) und dann die Zahl darüber einsetzt. Aus A wird so 2, aus B wird 30, aus C wird 31, aus D wird 9 und so weiter. Das Wort HAUS verschlüsselt sich so in 342827.

Weiterführende Literatur

Auszug aus der Beschreibung des Doppelwürfel TTS der tschechischen Exilregierung. http://scz.bplaced.net/m.html#tts. – *Doppelwürfel der HV A Agenten, 1959.* http://scz.bplaced.net/m.html#dwa. – *Doppelwürfel der HV A, NVA und BW.* http://scz.bplaced.net/m.html#dw. – Drei Texte zum Doppelwürfel, die Jörg Drobick, Experte für DDR-Verschlüsselungstechnik, ins Netz gestellt hat.

Barker, Wayne G.: *Cryptanalysis of The Double Transposition Cipher.* Aegean Park Press 1995. – Die derzeit beste Einführung in das Dechiffrieren des Doppelwürfels.

Kullback, Solomon: *General Solution for The Double Transposition Cipher.* Aegean Park Press 1990 (Original von 1934). – Alte, aber immer noch nützliche Einführung in das Dechiffrieren des Doppelwürfels.

Leiberich, Otto: *Vom Diplomatischen Code zur Falltürfunktion – 100 Jahre Kryptographie in Deutschland.* Spektrum der Wissenschaft Juni 1999. – Artikel, in dem Otto Leiberich den Doppelwürfel erstmals einer breiten Öffentlichkeit bekannt gemacht hat.

Objektiv begrenzt. Spiegel 41/1992. – Artikel über den Fall Diethelm Schröder, in dem auch der Doppelwürfel eine Rolle spielte.

Schmeh, Klaus: *Wettrennen der Codeknacker.* Telepolis vom 09.01.2008. – Geht auf das Doppelwürfelrätsel ein.

Schmeh, Klaus: *Codeknacker gegen Codemacher – Die faszinierende Geschichte der Verschlüsselung.* W3L 2007. – Behandelt den Doppelwürfel und Solitaire.

Stephenson, Neal: *Cryptonomicon.* Avon 2002. – Bestseller-Roman, in dem das Verschlüsselungsverfahren Solitaire eine Rolle spielt.

The VIC Cipher. http://www.quadibloc.com/crypto/pp1324.htm. – Web-Seite von John Savard, die das VIC-Verfahren (und viele andere) erklärt.

Wolf, Markus: *Spionagechef im geheimen Krieg: Erinnerungen.* Econ & List 1998. – In diesem Buch finden sich einige (leider nur wenige) Stellen, die Auskunft zur Nutzung des Doppelwürfels in der DDR geben.

DER SOMERTON-MANN

Worin besteht das Rätsel?

Bis kurz vor seinem Tod trug der Somerton-Mann ein Buch in der Tasche, in dem etwa 50 Buchstaben in fünf Zeilen notiert waren. Die fünf Zeilen lauten wie folgt (einige Buchstaben sind allerdings unsicher, da nicht eindeutig lesbar):

```
MRGOABABD
MLIAOI
MTBIMPANETP
MLIABOAIAQC
ITTMTSAMSTGAB
```

Weiterführende Literatur

Benecke, Mark: *Mordspuren. Neue spektakuläre Kriminalfälle – erzählt vom bekanntesten Kriminalbiologen der Welt.* Lübbe 2007. – Eines von mehreren Büchern, in denen der Kriminalbiologe Mark Benecke aus dem Nähkästchen plaudert.

Cipher Cracking. https://www.eleceng.adelaide.edu.au/personal/dabbott/wiki/index.php/Cipher_Cracking. – Auf dieser Web-Seite finden sich die kryptologischen Untersuchungen, die zum Schluss kommen, dass das Kryptogramm, das der Somerton-Mann bei sich trug, eine Folge von Anfangsbuchstaben sein könnte.

Feltus, Gerald: *The Unknown Man. A supsicious death at Somerton Beach.* O'Neil, 2010. – *Das* Buch zum Thema.

DER ZODIAC-KILLER

Worin besteht das Rätsel?

Der Zodiac-Killer schickte vier verschlüsselte Nachrichten an verschiedene Regionalzeitungen. Drei davon sind noch ungelöst: Zodiac-340, Zodiac-13 und Zodiac-32. Zodiac-340 lautet wie folgt (die Transkription stammt von Jürgen Koller):

```
HER>pl^VPk|1LTG2d
Np+B(#O%DWY.<*Kf)
By:cM+UZGW()L#zHJ
Spp7^l8*V3pO++RK2
_9M+ztjd|5FP+&4k/
p8R^FlO-*dCkF>2D(
#5+Kq%;2UcXGV.zL|
(G2Jfj#O+_NYz+@L9
d<M+b+ZR2FBcyA64K
-zlUV+^J+Op7<FBy-
U+R/5tE|DYBpbTMKO
2<clRJ|*5T4M.+&BF
z69Sy#+N|5FBc(;8R
lGFN^f524b.cV4t++
yBX1*:49CE>VUZ5-+
|c.3zBK(Op^.fMqG2
RcT+L16C<+FlWB|)L
++)WCzWcPOSHT/()p
|FkdW<7tB_YOB*-Cc
>MDHNpkSzZO8A|K;+
```

Zodiac-13 besteht nur aus 13 Buchstaben:

```
AENZ1K1M1tNAM
```

Und hier Zodiac-32 in transkribierter Form:

```
C9JI#OktAMf8oORTG
X6FDVj%HCELzPW9
```

Erklärungen

Der Zodiac-Killer nutzte für seine erste verschlüsselte Nachricht ein so genanntes homophones Verschlüsselungsverfahren, das mit einer Tabelle wie der folgenden arbeitet:

A	B	C	D	E	F	G	H	I	J	K	L	M
6, 29	28	20	10	5, 11, 16, 30	25	15	19	12, 26	3	34	4	27

N	O	P	Q	R	S	T	U	V	W	X	Y	Z
7, 8, 21	33	22	9	1, 32	17, 31	14, 35	23	18	2	13	36	24

Für die häufigen Buchstaben (insbesondere für das E) gibt es mehrere Entsprechungen. Dadurch wird es deutlich schwieriger, die Verschlüsselung mit Hilfe der Buchstabenhäufigkeiten zu lösen. Der Text „ES GIBT NICHTS GUTES AUSSER MAN TUT ES" verschlüsselt sich auf diese Weise in:

```
5 17 15 12 28 14 7 26 20 19 35 31 15 23 14 11 17 6
23 31 17 16 1 27 29 8 35 23 14 30 31
```

Weiterführende Literatur

Belfield, Richard: *Can You Crack The Enigma Code*. Orion Books 2006. – Enthält ein Kapitel über den Zodiac-Killer.

Grant, Raymond: *The Zodiac Murders – Solved!* Eigenverlag 2011. – Buch über angeblich in den Zodiac-Briefen versteckte Botschaften. Eher ein Kuriosum als ein ernst zu nehmender Beitrag.

Graysmith:, Robert: *Zodiac – Auf der Spur eines Serienkillers*. Heyne 2007. – Das wichtigste Buch zum Zodiac-Fall.

Kahn, David: *The Codebreakers*. B & T 1996. – Der Klassiker von David Kahn war zur Zeit des Zodiac-Killers das mit Abstand wichtigste Buch zur Kryptologie. Vermutlich hat der Mörder darin gelesen.

King, John C.; Bahler, Dennis R.: *An Algorithmic Solution of Sequential Homophonic Ciphers*. Cryptologia 2/1993. – Artikel über das Lösen homophoner Verschlüsselungen, in dem auch der Zodiac-Fall erwähnt wird.

Krogerus, Mikael: *„Ich töte gerne Menschen“*. NZZ Folio 12/2007. – Interessanter deutschsprachiger Artikel über den Zodiac-Killer (online verfügbar).

Laffin, John: *Codes And Ciphers*. Adelard-Schuman 1964. – Frühes Buch über Kryptologie. Darin ist ein „Zodiac-Alphabet“ abgebildet, das dem Zodiac-Killer als Vorbild gedient haben dürfte.

Schmeh, Klaus: *Codeknacker gegen Codemacher – Die faszinierende Geschichte der Verschlüsselung*. W3L 2007. – Enthält ein Kapitel über den Zodiac-Killer.

DIE BEALE-CHIFFREN

Worin besteht das Rätsel?

Es gibt drei Beale-Chiffren. Nummer eins und Nummer drei sind bisher nicht gelöst. Nummer eins lautet wie folgt:

```
71 194 38 1701 89 76 11 83 1629 48 94 63 132 16 111
95 84 341 975 14 40 64 27 81 139 213 63 90 1120 8
15 3 126 2018 40 74 758 485 604 230 436 664 582 150
251 284 308 231 124 211 486 225 401 370 11 101 305
139 189 17 33 88 208 193 145 1 94 73 416 918 263 28
500 538 356 117 136 219 27 176 130 10 460 25 485 18
436 65 84 200 283 118 320 138 36 416 280 15 71 224
961 44 16 401 39 88 61 304 12 21 24 283 134 92 63
246 486 682 7 219 184 360 780 18 64 463 474 131 160
79 73 440 95 18 64 581 34 69 128 367 460 17 81 12
103 820 62 116 97 103 862 70 60 1317 471 540 208
121 890 346 36 150 59 568 614 13 120 63 219 812 2160
1780 99 35 18 21 136 872 15 28 170 88 4 30 44 112
18 147 436 195 320 37 122 113 6 140 8 120 305 42 58
461 44 106 301 13 408 680 93 86 116 530 82 568 9
102 38 416 89 71 216 728 965 818 2 38 121 195 14
326 148 234 18 55 131 234 361 824 5 81 623 48 961
19 26 33 10 1101 365 92 88 181 275 346 201 206 86
36 219 324 829 840 64 326 19 48 122 85 216 284 919
861 326 985 233 64 68 232 431 960 50 29 81 216 321
603 14 612 81 360 36 51 62 194 78 60 200 314 676
112 4 28 18 61 136 247 819 921 1060 464 895 10 6 66
```

119 38 41 49 602 423 962 302 294 875 78 14 23 111
109 62 31 501 823 216 280 34 24 150 1000 162 286 19
21 17 340 19 242 31 86 234 140 607 115 33 191 67
104 86 52 88 16 80 121 67 95 122 216 548 96 11 201
77 364 218 65 667 890 236 154 211 10 98 34 119 56
216 119 71 218 1164 1496 1817 51 39 210 36 3 19 540
232 22 141 617 84 290 80 46 207 411 150 29 38 46
172 85 194 39 261 543 897 624 18 212 416 127 931 19
4 63 96 12 101 418 16 140 230 460 538 19 27 88 612
1431 90 716 275 74 83 11 426 89 72 84 1300 1706 814
221 132 40 102 34 868 975 1101 84 16 79 23 16 81
122 324 403 912 227 936 447 55 86 34 43 212 107 96
314 264 1065 323 428 601 203 124 95 216 814 2906
654 820 2 301 112 176 213 71 87 96 202 35 10 2 41
17 84 221 736 820 214 11 60 760

Und hier die Nummer drei:

317 8 92 73 112 89 67 318 28 96107 41 631 78 146
397 118 98 114 246 348 116 74 88 12 65 32 14 81 19
76 121 216 85 33 66 15 108 68 77 43 24 122 96 117
36 211 301 15 44 11 46 89 18 136 68 317 28 90 82
304 71 43 221 198 176 310 319 81 99 264 380 56 37
319 2 44 53 28 44 75 98 102 37 85 107 117 64 88 136
48 151 99 175 89 315 326 78 96 214 218 311 43 89 51
90 75 128 96 33 28 103 84 65 26 41 246 84 270 98
116 32 59 74 66 69 240 15 8 121 20 77 89 31 11 106
81 191 224 328 18 75 52 82 117 201 39 23 217 27 21
84 35 54 109 128 49 77 88 1 81 217 64 55 83 116 251
269 311 96 54 32 120 18 132 102 219 211 84 150 219
275 312 64 10 106 87 75 47 21 29 37 81 44 18 126
115 132 160 181 203 76 81 299 314 337 351 96 11 28
97 318 238 106 24 93 3 19 17 26 60 73 88 14 126 138
234 286 297 321 365 264 19 22 84 56 107 98 123 111
214 136 7 33 45 40 13 28 46 42 107 196 227 344 198
203 247 116 19 8 212 230 31 6 328 65 48 52 59 41
122 33 117 11 18 25 71 36 45 83 76 89 92 31 65 70
83 96 27 33 44 50 61 24 112 136 149 176 180 194 143
171 205 296 87 12 44 51 89 98 34 41 208 173 66 9 35
16 95 8 113 175 90 56 203 19 177 183 206 157 200

218 260 291 305 618 951 320 18 124 78 65 19 32 124
48 53 57 84 96 207 244 66 82 119 71 11 86 77 213 54
82 316 245 303 86 97 106 212 18 37 15 81 89 16 7 81
39 96 14 43 216 118 29 55 109 136 172 213 64 8 227
304 611 221 364 819 375 128 296 1 18 53 76 10 15 23
19 71 84 120 134 66 73 89 96 230 48 77 26 101 127
936 218 439 178 171 61 226 313 215 102 18 167 262
114 218 66 59 48 27 19 13 82 48 162 119 34 127 139
34 128 129 74 63 120 11 54 61 73 92 180 66 75 101
124 265 89 96 126 274 896 917 434 461 235 890 312
413 328 381 96 105 217 66 118 22 77 64 42 12 7 55
24 83 67 97 109 121 135 181 203 219 228 256 21 34
77 319 374 382 675 684 717 864 203 4 18 92 16 63 82
22 46 55 69 74 112 134 186 175 119 213 416 312 343
264 119 186 218 343 417 845 951 124 209 49 617 856
924 936 72 19 28 11 35 42 40 66 85 94 112 65 82 115
119 236 244 186 172 112 85 6 56 38 44 85 72 32 47
63 96 124 217 314 319 221 644 817 821 934 922 416
975 10 22 18 46 137 181 101 39 86 103 116 138 164
212 218 296 815 380 412 460 495 675 820 952

Erklärungen

Die folgende verschlüsselte Nachricht ist einem der Pergamente von Rennes-le-Château zu entnehmen:

VCPSJQROVYMYYDLTPEFRBOXTODJLBKNJFQUEPAJYNPPBFEI-
ELRGHIIRYBTTCVTGD**ADGENESARETH**LUCCVMTEJHPNPGSVQJH-
GMLFTSVJLZQMTOXANPEMUPHKORPKHVJCMCATLVQXGGNDT

So gibt sie ihr Geheimnis preis:

(1) Streichen Sie die Wörter AD GENESARETH, und Sie erhalten eine Nachricht von 128 Buchstaben.
(2) Wenden Sie das Vigenère-Verschlüsselungsverfahren mit dem Schlüsselwort MORT EPEE (Todesschwert) an.
(3) Nun noch das Cäsar-Verschlüsselungsverfahren, wobei Sie jeden Buchstaben durch seinen Nachfolger im Alphabet ersetzen.
(4) Anschließend ziehen Sie das Vernam-Verschlüsselungsverfahren heran. Der Schlüsseltext stammt vom angeblichen Grabstein einer Marie de Blanchefort.

(5) Und wieder das Cäsar-Verschlüsselungsverfahren. Dieses Mal wird jeder Buchstabe durch seinen Vorgänger ersetzt.
(6) Zu guter Letzt benutzen Sie das Umordnungsverfahren, das vorsieht, den Text zunächst in zwei Quadrate zu schreiben, die jeweils einem Schachbrett entsprechen (da ein Schachbrett bekanntlich aus 64 Feldern besteht, lassen sich die 128 Buchstaben exakt darin unterbringen). Anschließend ergibt sich der Klartext, wenn man einen Buchstaben nach dem anderen mit Springerzügen (zwei Felder vor und eines zur Seite) ansteuert. Es ist möglich, mit Springerzügen das ganze Schachbrett zu durchwandern, ohne ein Feld doppelt zu betreten.

So erhält man: BERGERE PAS DE TENTATION QUE POUSSIN TENIERS GARDENT LA CLEF PAX DCLXXXI PAR LA CROIX ET CE CHEVAL DE DIEU J'ACHEVE CE DAEMON DE GARDIEN A MIDI POMMES BLEUES. Das heißt übersetzt etwa: „Schäferin keine Versuchung, dass Poussin, Teniers den Schlüssel besitzen, Friede 681, beim Kreuz und diesem Pferd Gottes zerstöre ich diesen Dämon von Wächter zu Mittag, blaue Äpfel."

Weiterführende Literatur

Beale Ciphers Analyses by Ron Gervais. http://www.angelfire.com/pro/bealeciphers/. – Web-Seite, auf der untersucht wird, ob John William Sherman oder Edgar Allan Poe Urheber des Ward-Büchleins sein könnten.

Brown, Dan: *Sakrileg*. Lübbe 2004. – Dieser im Original „The Da Vinci Code" betitelte Bestseller greift einige Inhalte aus „Der heilige Gral und seine Erben" auf. Der Schatz von Rennes-le-Château wurde dadurch einem noch größeren Publikum bekannt.

Chan, Wayne S.: *Key Enclosed: Examining the Evidence for the Missing Key Letter of the Beale Cipher.* Cryptologia 1/2008. – Behandelt den Brief, der 1832 für einen Robert Morriss in St. Louis zur Abholung bereitlag.

Gillogly, James: *The Beale Cipher: A Dissenting Opinion.* Cryptologia 2/1980. – Artikel, der beweist, dass in einer der Beale-Chiffren die Buchstabenfolge ABCDEFGHIIJKLMMNOOPP vorkommt. Gillogly schließt daraus, dass es sich nicht um einen sinnvollen Text handeln kann.

Hammer, Carl: *How did TJB encode B2?* Cryptologia 1/1979. – Analyse, die zeigt, dass beim Verschlüsseln einige Fehler gemacht wurden.

Hammer, Carl: *Higher Order Homophonic Ciphers.* Cryptologia 4/1981. – Carl Hammer weist nach, dass die Beale-Chiffre, in der ABCDEFGHIIJKLMMNOOPP vorkommt, doch sinnvoller Text sein kann (aber nicht muss).

Hammer, Carl: *Second Order Homophonic Ciphers.* Cryptologia 1/1988. – Überlegungen zu einer möglichen Mehrdeutigkeit der Beale-Chiffren.

King , John C.: *A Reconstruction of The Key to Beale Cipher Number 2.* Cryptologia 3/1993. – Zeigt, dass sich im Beale-Text neben ABCDEFGHIIJKLMMNOOPP weitere Buchstabenfolgen finden, die nicht nach einem sinnvollen Text aussehen.

Kruh, Louis: *A Basic Probe of The Beale Cipher as a Bamboozlement.* Cryptologia 4/1982. – Enthält eine stilometrische Untersuchung der Briefe und des Beale-Texts.

Kruh, Louis: *The Beale Ciphers as A Bamboozlement – Part II.* Cryptologia 4/1988. – Artikel mit einer weiteren stilometrische Untersuchung.

Lincoln, Henry; Baigent, Michael; Leigh, Richard: *Der heilige Gral und seine Erben.* Lübbe 1984. – „Sachbuch", durch das der Schatz von Rennes-le-Château international bekannt wurde.

Nickell, Joe: *Mysterious Realms.* Prometheus Books 1992. – Der Skeptiker Joe Nickell beschreibt in diesem Buch einige Ungereimtheiten in der Beale-Geschichte.

Schmeh, Klaus: *Codeknacker gegen Codemacher – Die faszinierende Geschichte der Verschlüsselung.* W3L 2007. – Enthält ein Kapitel über die Beale-Chiffren und das Kryptogramm von Oak Island.

Steely, Michael: *Swift's Silver Mines and Related Appalachian Treasures.* Overmountain Press 1995. – Buch über die Swift-Silbermine und einige weitere legendäre Schatzverstecke.

KRYPTOS

Worin besteht das Rätsel?

Die ersten drei Teile des Kryptos-Texts sind gelöst. Der vierte Teil ist dagegen immer noch ein Rätsel. Er lautet wie folgt (es ist nicht klar, ob das Fragezeichen am Anfang dazugehört oder ob es zum vorhergehenden Teil zählt):

```
                                ? O B K R
U O X O G H U L B S O L I F B B W F L R V Q Q P R N G K S S O
T W T Q S J Q S S E K Z Z W A T J K L U D I A W I N F B N Y P
V T T M Z F P K W G D K Z X T J C D I G K U H U A U E K C A R
```

Erklärungen

Der erste Teil von Kryptos entspricht den ersten beiden Textzeilen:

```
E M U F P H Z L R F A X Y U S D J K Z L D K R N S H G N F I V J
Y Q T Q U X Q B Q V Y U V L L T R E V J Y Q T M K Y R D M F D
```

Die auf Kryptos verwendete Form der Vigenère-Verschlüsselung lässt sich mit folgender Tabelle erklären, die mit Hilfe der Code-Wörter KRYPTOS und PALIMPSEST erstellt worden ist:

```
   K R Y P T O S A B C D E F G H I J L M N Q U V W X Z
 1 P T O S A B C D E F G H I J L M N Q U V W X Z K R Y
 2 A B C D E F G H I J L M N Q U V W X Z K R Y P T O S
 3 L M N Q U V W X Z K R Y P T O S A B C D E F G H I J
 4 I J L M N Q U V W X Z K R Y P T O S A B C D E F G H
 5 M N Q U V W X Z K R Y P T O S A B C D E F G H I J L
 6 P T O S A B C D E F G H I J L M N Q U V W X Z K R Y
 7 S A B C D E F G H I J L M N Q U V W X Z K R Y P T O
 8 E F G H I J L M N Q U V W X Z K R Y P T O S A B C D
 9 S A B C D E F G H I J L M N Q U V W X Z K R Y P T O
10 T O S A B C D E F G H I J L M N Q U V W X Z K R Y P
```

Will man mit dieser Tabelle den ersten Teil des Kryptos-Texts (EMUF…) entschlüsseln, sucht man zunächst den Buchstaben E in der mit 1 gekennzeichneten Tabellenzeile und wählt anschließend den darüber stehenden Buchstaben in der obersten Zeile (also das B). Das E in EMUF… entschlüsselt sich somit in ein B. Nun ist das M als zweiter Buchstabe von EMUF… an der Reihe. Dieses sucht man in der mit 2 gekennzeichneten Zeile und entschlüsselt es wiederum durch den entsprechenden Buchstaben in der obersten Zeile (also durch das E). Das U wird nun auf gleiche Weise mit Hilfe der 3-Zeile in T entschlüsselt und so weiter. Nach dem zehnten Buchstaben fängt man wieder in der 1-Zeile an. So ergibt sich der folgende Klartext (die Zwischenräume sind im Text nicht erkennbar und wurden daher ergänzt):

```
BETWEEN SUBTLE SHADING AND THE ABSENCE OF LIGHT
LIES THE NUANCE OF IQLUSION
```

Den zweiten Kryptos-Teil bildet der Rest der ersten Platte:

```
V F P J U D E E H Z W E T Z Y V G W H K K Q E T G F Q J N C E
G G W H K K ? D Q M C P F Q Z D Q M M I A G P F X H Q R L G
T I M V M Z J A N Q L V K Q E D A G D V F R P J U N G E U N A
Q Z G Z L E C G Y U X U E E N J T B J L B Q C R T B J D F H R R
Y I Z E T K Z E M V D U F K S J H K F W H K U W Q L S Z F T I
H H D D D U V H ? D W K B F U F P W N T D F I Y C U Q Z E R E
E V L D K F E Z M O Q Q J L T T U G S Y Q P F E U N L A V I D X
F L G G T E Z ? F K Z B S F D Q V G O G I P U F X H H D R K F
F H Q N T G P U A E C N U V P D J M Q C L Q U M U N E D F Q
E L Z Z V R R G K F F V O E E X B D M V P N F Q X E Z L G R E
D N Q F M P N Z G L F L P M R J Q Y A L M G N U V P D X V K P
D Q U M E B E D M H D A F M J G Z N U P L G E W J L L A E T G
```

Dieser zweite Teil wurde mit demselben Verfahren wie der erste verschlüsselt. Das erste Code-Wort lautet hierbei erneut KRYPTOS, das zweite ABSCISSA. Die zugehörige Tabelle sieht wie folgt aus:

```
  K R Y P T O S A B C D E F G H I J L M N Q U V W X Z
1 A B C D E F G H I J L M N Q U V W X Z K R Y P T O S
2 B C D E F G H I J L M N Q U V W X Z K R Y P T O S A
3 S T O S A B C D E F G H I J L M N Q U V W X Z K R Y
4 C D E F G H I J L M N Q U V W X Z K R Y P T O S A B
5 I J L M N Q U V W X Z K R Y P T O S A B C D E F G H
```

```
6 S T O S A B C D E F G H I J L M N Q U V W X Z K R Y
7 S T O S A B C D E F G H I J L M N Q U V W X Z K R Y
8 A B C D E F G H I J L M N Q U V W X Z K R Y P T O S
```

Damit ergab sich folgende Lösung:

```
IT WAS TOTALLY INVISIBLE HOWS THAT POSSIBLE ? THEY
USED THE EARTHS MAGNETIC FIELD X THE INFORMATION
WAS GATHERED AND TRANSMITTED UNDERGRUUND TO AN
UNKNOWN LOCATION X DOES LANGLEY KNOW ABOUT THIS ?
THEY SHOULD ITS BURIED OUT THERE SOMEWHERE X WHO
KNOWS THE EXACT LOCATION ? ONLY WW THIS WAS HIS
LAST MESSAGE X THIRTY EIGHT DEGREES FIFTY SEVEN
MINUTES SIX POINT FIVE SECONDS NORTH SEVENTY SEVEN
DEGREES EIGHT MINUTES FORTY FOUR SECONDS WEST X
LAYER TWO
```

In dieser Darstellung ist berücksichtigt, dass in der letzten Zeile nach PLGE ein S fehlt. Dadurch lauten die letzten acht Buchstaben bei korrekter Entschlüsselung eigentlich IDBYROWS. Ergänzt man das S, dann endet der entschlüsselte Text mit XLAYERTWO.

Der dritte Teil lautet:

```
E N D Y A H R O H N L S R H E O C P T E O I B I D Y S H N A I A
C H T N R E Y U L D S L L S L L N O H S N O S M R W X M N E
T P R N G A T I H N R A R P E S L N N E L E B L P I I A C A E
W M T W N D I T E E N R A H C T E N E U D R E T N H A E O E
T F O L S E D T I W E N H A E I O Y T E Y Q H E E N C T A Y C R
E I F T B R S P A M H N E W E N A T A M A T E G Y E E R L B
T E E F O A S F I O T U E T U A E O T O A R M A E E R T N R T I
B S E D D N I A A H T T M S T E W P I E R O A G R I E W F E B
A E C T D D H I L C E I H S I T E G O E A O S D D R Y D L O R I T
R K L M L E H A G T D H A R D P N E O H M G F M F E U H E
E C D M R I P F E I M E H N L S S T T R T V D O H W ?
```

Die Entschlüsselung ist recht simpel: Man beginnt mit dem 192. Buchstaben, geht dann 192 Buchstaben weiter (am Ende des Texts wird mit dem Zählen wieder von vorne angefangen), geht weitere 192 Buchstaben weiter und so weiter. Dadurch ergibt sich:

```
SLOWLY DESPARATLY SLOWLY THE REMAINS OF PASSAGE
DEBRIS THAT ENCUMBERED THE LOWER PART OF THE DOOR-
WAY WAS REMOVED WITH TREMBLING HANDS I MADE A TINY
BREACH IN THE UPPER LEFT HAND CORNER AND THEN WI-
DENING THE HOLE A LITTLE I INSERTED THE CANDLE AND
PEERED IN THE HOT AIR ESCAPING FROM THE CHAMBER
CAUSED THE FLAME TO FLICKER BUT PRESENTLY DETAILS
OF THE ROOM WITHIN EMERGED FROM THE MIST X CAN YOU
SEE ANYTHING?
```

Weiterführende Literatur

Belfield, Richard: *Can You Crack The Enigma Code.* Orion Books 2006. – Mit einem Kapitel über Kryptos.

Brown, Dan: *Das verlorene Symbol.* Lübbe 2009. – Bestseller, in dem Kryptos eine (wenn auch nicht besonders bedeutende) Rolle spielt. Die Skulptur wurde dadurch weltweit bekannt.

Burstein, Daniel; Keijzer, Arne de: *Secrets of the Lost Symbol: The Unauthorized Guide to the Mysteries Behind The Da Vinci Code Sequel.* HarperCollins 2009. – Buch, das die Hintergünde des Dan-Brown-Bestsellers „Das verlorene Symbol" erklärt. Es enthält ein Kapitel über Kryptos von Elonka Dunin sowie ein Interview mit Kryptos-Schöpfer Jim Sanborn.

Dunin, Elonka: *The Mammoth Book of Secret Codes and Cryptograms.* Carroll & Graf 2006. – Elonka Dunin gilt als führende Kryptos-Expertin. In diesem Buch spielt die berühmte Skulptur jedoch nur eine Nebenrolle.

Elonka.com. http://www.elonka.com. – Web-Seite von Elonka Dunin, die umfangreiches Informationsmaterial über Kryptos zur Verfügung stellt.

Schmeh, Klaus: *Codeknacker gegen Codemacher – Die faszinierende Geschichte der Verschlüsselung.* W3L 2007. – Enthält ein Kapitel über Kryptos.

ROBERT THOULESS' EXPERIMENT

Worin besteht das Rätsel?

Von den drei verschlüsselten Nachrichten, die Robert Thouless hinterlassen hat, ist folgende (Nachricht B) noch ungelöst:

```
INXPH CJKGM JIRPR FBCVY WYWES NOECN SCVHE GYRJQ
TEBJM TGXAT TWPNH CNYBC FNXPF LFXRV QWQL
```

Die von T. E. Wood veröffentlichte Nachricht ist ebenfalls noch nicht dechiffriert:

```
FVAMI NTKFX XWATB OIZVV X
```

Eine weitere Nachricht habe ich selbst verschlüsselt, um ein Experiment nach Vorbild von Thouless durchzuführen. Diese Nachricht ist noch ungelöst und wird es hoffentlich so lange bleiben, bis ich das Schlüsselwort aus dem Jenseits übermittelt habe. Wie ich beim Verschlüsseln vorgegangen bin, steht weiter unten. Hier ist die Nachricht:

```
35 12 C7 9E 9B 4D 41 53 60 BC 75 6E B9 25 B2 53
```

Erklärungen

Mein eigenes Experiment nach Thouless-Vorbild

Wie in Kapitel 10 beschrieben, habe ich selbst ein Experiment nach Vorbild von Robert Thouless gestartet. Dafür habe ich ein Schlüsselwort ausgewählt, das aus den Anfangsbuchstaben und Satzzeichen eines Satzes besteht. Lautete der Satz beispielsweise „Kryptologie ist die schönste Nebensache der Welt“, dann wäre das Passwort „KidsNdW.“. Vor meinem Tod werde ich das Schlüsselwort nicht verraten. Nach meinem Ableben werde ich versuchen, es aus dem Jenseits zu übermitteln.

Mit dem besagten Schlüsselwort (im ASCII-Code) habe ich – wie Robert Thouless – eine Nachricht verschlüsselt. Im Gegensatz zu Thouless nutzte ich dazu einen Computer. Das Verschlüsselungsverfahren, das ich verwendet habe, ist der allseits bekannte Advanced Encryption Standard (AES). Dessen Funktionsweise ist in zahlreichen Büchern und im Internet dokumentiert. Der verwendete Modus ist der ebenfalls hinlänglich bekannte Electronic-Code-Book-Modus (ECB). Als Schlüssellänge habe ich 128 Bit gewählt. Zum Verschlüsseln habe ich die kostenlose Software CrypTool in der Version 2.0 verwendet, die zahlreiche Verschlüsselungsverfahren in benutzerfreundlicher Form unterstützt. Der AES gilt als sehr sicher. Ohne das Schlüsselwort zu kennen oder zu erraten, dürfte niemand eine Chance haben, die Verschlüsselung zu knacken.

Die von mir verschlüsselte Nachricht besteht aus 16 Buchstaben. Diese Länge bietet sich an, da der AES immer 16 Byte auf einmal verschlüsselt und sich ein Buchstabe über den ASCII-Code einfach auf ein Byte abbilden lässt. Die Nachricht beginnt im Klartext mit AA und endet mit ZZ. Dazwischen findet sich ein aus 12 Großbuchstaben bestehender Ausdruck aus der englischen Sprache. Die verschlüsselte Form der Nachricht lautet (in Hexadezimalschreibweise) wie folgt:

```
35 12 C7 9E 9B 4D 41 53 60 BC 75 6E B9 25 B2 53
```

Das Schlüsselwort, das ich nach der beschriebenen Methode gewählt habe, dürfte schwer zu erraten sein. Trotzdem wollte ich mich möglichst gut dagegen schützen, dass jemand alle Schlüsselwort-Möglichkeiten durchprobiert (Brute-Force-Angriff). Eine Möglichkeit, dies zu erreichen, besteht darin, das verwendete Verschlüsselungsverfahren so zu erweitern, dass es möglichst langsam ist. Es gibt beispielsweise Computer-Programme, die zu diesem Zweck auf das verwendete Schlüsselwort 1.000 Mal eine so genannte kryptografische Hashfunktion anwenden. Dies sorgt naturgemäß für eine erhebliche Verzögerung. Wenn auf diese Weise nur eine kleine Informationsmenge verschlüsselt wird (z. B. ein Computer-Passwort), dauert das Entschlüsseln beispielsweise statt ein paar Millisekunden eine Sekunde lang – dies ist häufig zu verschmerzen. Für jemanden, der Millionen mögliche Schlüsselwörter durchprobieren möchte, ist es jedoch ein Unterschied, ob sein Computer dazu ein paar Stunden oder 1.000 Stunden braucht.

In der Literatur bisher kaum berücksichtigt ist eine andere Möglichkeit, ein Verschlüsselungsverfahren gezielt zu verlangsamen: das Anhängen einer (sagen wir sechsstelligen) Zahl an des Schlüsselwort. Aus ABCDEFGH wird so beispielsweise ABCDEFGH571865. Die sechsstellige Zahl muss sich der Anwender nicht merken. Wenn nun geprüft werden soll, ob ABCDEFGH das richtige Passwort ist, dann bleibt nichts anderes übrig, als von ABCDEFGH000000 bis ABCDEFGH999999 alle Möglichkeiten durchzuprobieren, bis die richtige gefunden ist. Im Extremfall sind dies eine Million Möglichkeiten, im Schnitt 500.000. Die Folge: Wer das richtige Schlüsselwort weiß, muss auf die Verifizierung statt ein paar Mikrosekunden ein paar Sekunden warten. Jemand, der das Schlüsselwort nicht kennt und stattdessen ein ganzes Wörterbuch durchprobieren muss, benötigt dagegen statt ein paar Stunden 500.000 Stunden.

Für mein Experiment habe ich mich für die zweitgenannte Methode entschieden. Mein von einem Satz abgeleitetes Schlüsselwort besteht aus maximal elf druckbaren Zeichen. Wenn es weniger als elf sind, wird der Rest mit Null-Bytes (gemeint ist nicht das ASCII-Zeichen „0“, sondern ein aus acht Null-Bits bestehendes Byte) aufgefüllt. Da der AES mit 16-Byte-Schlüsselwörtern arbeitet, bleiben am Ende noch fünf Byte übrig. Diese fünf Byte habe ich mit einer zufälligen Bitfolge gefüllt, was einer Zahl zwischen 0 und 1.099.511.627.775 gleichkommt. Wer also einen Schlüsselwort-Kandidaten prüfen will, muss alle diese Zahlen durchprobieren und dafür seinen PC ein paar Stunden laufen lassen. Wer dagegen eine ganze Liste von möglichen Schlüsselwörtern durchprobieren will, muss diesen Aufwand für jedes einzelne darin vorkommende Wort treiben. Da solche Listen durchaus einige Millionen Einträge haben können, ist dies ein aufwendiges Unterfangen.

Das Playfair-Verfahren (Nachricht A und C)

Robert Thouless verwendete für Nachricht A das so genannte Playfair-Verschlüsselungsverfahren. Wie dieses funktioniert, will ich am Beispiel des von Thouless verschlüsselten Klartexts zeigen. Dieser lautete: BALM OF HURT MINDS GREAT NATURE'S SECOND COURSE CHIEF NOURISHER IN LIFE'S FEAST. Bei Playfair werden Buchstaben paarweise verschlüsselt. Keines der Paare darf aus zwei gleichen Buchstaben bestehen. Daher fügte Thouless zwischen NATURE'S und SECOND den Buchstaben X ein, um ein doppeltes S zu vermeiden. So entstand (unter Weglassung der Apostrophe):

```
BALM OF HURT MINDS GREAT NATURES X SECOND COURSE
CHIEF NOURISHER IN LIFES FEAST
```

Nun benötigte Thouless ein Schlüsselwort. Er wählte SURPRISE. Damit erstellte er folgende Tabelle (er ließ das J weg, damit eine 5×5-Matrix entstand), in der das Schlüsselwort gefolgt von den restlichen Buchstaben des Alphabets steht:

S	U	R	P	I
E	A	B	C	D
F	G	H	K	L
M	N	O	Q	T
V	W	X	Y	Z

Nun gilt für die Buchstabenpaare BA, LM, OF, HU usw. jeweils folgende Regel: Die beiden Buchstaben eines Paares werden durch die beiden entgegengesetzten Buchstaben im Rechteck, das sie bilden, ersetzt. Aus LM wird so FT. Stehen die beiden Buchstaben in einer Reihe, dann werden sie durch die jeweils rechts davon stehenden ersetzt. Aus BA wird dadurch CB. So entsteht:

```
CBFTM HGRIO TSTAU FSBDN WGNIS BRVEF BQTAB QRPEF
BKSDG MNRPS RFBSU TTDMF EMA   BIM
```

Dies ist der Text der Thouless-Nachricht A. Für Nachricht C verwendete Thouless zwei Playfair-Verschlüsslungen hintereinander. Als Schlüsselwort wählte er zunächst BLACK. Dem Ergebnis fügte er am Anfang und am Ende ein T hinzu. Anschließend führte er die zweite Playfair-Verschlüsselung mit dem Schlüsselwort BEAUTY durch.

Das Thouless-Verfahren (Nachricht B und Wood)

Für Nachricht B verwendete Robert Thouless ein Verschlüsselungsverfahren, das er sich selbst ausgedacht hatte – ich nenne es „Thouless-Verfahren". Als Abwandlung des so genannten Vernam-Verschlüsselungsverfahrens benötigt man bei ihm nicht nur ein Schlüsselwort, sondern einen ganzen Schlüsseltext, z. B. VOM EISE BEFREIT SIND STROM UND BAECHE DURCH DES FRUEHLINGS HOLDEN BELEBENDEN BLICK. Jedem

Buchstaben dieses Texts ordnet man nun seine Position im Alphabet zu (A=1, B=2, C=3, …):

```
V(22)O(15)M(13)   E(5)I(9)S(19)E(5)   B(2)E(5)F(6)
R(18)E(5)I(9)T(20)   S(19)I(9)N(14)D(4)   S(19)T(20)
R(18)O(15)M(13)   U(21)N(14)D(4)   B(2)A(1)E(5)C(3)
H(8)E(4) D(4)U(21)R(18)C(3)H(8) D(4)E(5)S(19) F(6)
R(18)U(21)E(5)H(8)L(12)I(9)N(14)G(7)S(19) H(8)O(14)
L(12)D(4)E(5)N(13) B(2)E(4)L(12)E(5)B(2)E(5)N(14)
D(4)E(5)N(14) B(2)L(12)I(9)C(3)K(11).
```

Als Nächstes zählt man die Zahlen jedes Worts zusammen. Falls eine Zahl herauskommt, die größer als 26 ist, wird 26 abgezogen. Das ergibt:

```
VOM(24)  EISE(12)  BEFREIT(13)  SIND(20)  STROM(7)
UND(13) BAECHE(23) ….
```

Falls ein Wort mehr als einmal vorkommt, wird es ab dem zweiten Vorkommen gestrichen. Dadurch erhalten wir folgende Zahlenfolge: 24, 12, 13, 20, 7, 13, 23, 2, … Sie wird nun zum Text „gezählt", den wir verschlüsseln wollen:

```
D  I  E  S    I S  T    G E H  E I  M
24 12 13 20   7 13 23   2 2 15 4 15 11
-----------------------------------------
B  U  Q  N    P F  Q    I G X  I X  W
```

Hier gilt wieder A=1, B=2, C=3, … Falls eine Zahl herauskommt, die größer als 26 (bzw. Z) ist, wird 26 abgezogen. Das Ergebnis der Verschlüsselung lautet in diesem Fall: BUQN PFQ IGXIXW. Der Schlüsseltext muss bei diesem Verfahren deutlich länger sein als der zu verschlüsselnde Text. Sofern nicht ganze Romane verschlüsselt werden, ist das Verfahren meiner Meinung nach nur zu knacken, wenn man den passenden Schlüsseltext findet.

Weiterführende Literatur

Gillogly, James; Harnisch, Larry: *Cryptograms from the Crypt*. Cryptologia 4/1996. – Gillogly und Harnisch erklären, wie sie Nachricht C gelöst haben.

Leighton, Albert: *Has Dr. Thouless Survived Death?* Cryptologia 2/1986. – Erster Artikel über das Thouless-Experiment in einer Fachpublikation.

Thouless, Robert: *A Test of Survival.* Proceedings of the Society for Psychical Research 1946. – Artikel, in dem Nachricht A und B vorgestellt werden.

Thouless, Robert: *Additional Notes on a Test of Survival.* Proceedings of the Society for Psychical Research 1949. – Artikel, in dem Nachricht C vorgestellt wird.

Wood, T. A.: *A Further Test for Survival.* SPR Proceedings 49 1949–1952, 1952. – Hier wird die Nachricht von Wood präsentiert.

EPILOG

Weiterführende Literatur

Bauer, Friedrich: *Entzifferte Geheimnisse: Methoden und Maximen der Kryptologie.* Springer 2000. – Erklärt zahlreiche Verschlüsselungsverfahren, die in diesem Buch vorkommen.

Esslinger, Bernhard; CrypTool-Entwickler-Team: *Das CrypTool-Skript. Kryptographie, Mathematik und mehr. 10. Auflage.* www.cryptool.org 2010. – Eine Vielzahl von Verschlüsselungsverfahren samt Lösung werden erklärt. Das Buch ist online kostenlos verfügbar (www.cryptool.org).

Gaines, Helen Fouche: *Cryptanalysis: A Study of Ciphers and Their Solution.* Dover Publishing 1956. – Nach wie vor das beste Buch über das Knacken von Verschlüsselungsverfahren, die es schon vor der Computer-Ära gab (dazu zählen fast alle in diesem Buch erwähnten Methoden).

Schmeh, Klaus; Kröning, Mari: *Werkzeugkasten für Codeknacker.* Telepolis vom 10.08.2008. – Schmeh, Klaus: *Ideal für Schulungen: CrypTool gibt kryptographischen Verfahren ein Gesicht.* datensicherheit.de vom 21.09.2009. – Zwei online kostenlos verfügbare Artikel über die Software CrypTool.

Index

D

E

F

G

H

T

U

V

W

Y

Z

BRIAN CLEGG

Warum Tee im Flugzeug nicht schmeckt und Wolken nicht vom Himmel fallen

Eine Flugreise in die Welt des Wissens

240 Seiten; ISBN 978-3-446-43010-5,
auch als E-Book erhältlich

Nirgendwo sonst begeben wir uns so sehr in die Hand der Wissenschaft wie im Flugzeug. In „Warum Tee im Flugzeug nicht schmeckt und Wolken nicht vom Himmel fallen“ lässt uns Englands bekanntester Wissenschaftsautor Brian Clegg Naturwunder und physikalische Phänomene im Flug verstehen. Wir lernen, wieso wir ohne Relativitätstheorie ins Meer stürzen würden, weshalb Tee im Flugzeug niemals schmeckt und warum wir auch auf Linienflügen Überschallgeschwindigkeit erreichen. Ob Sonne, Wolken oder Regenbögen – kurzweilig und unterhaltsam erklärt Clegg vom Flugzeugfenster aus, wie Gewitter entstehen, welchen Schaden Vulkanasche wirklich anrichtet, wie wir Jetlag vermeiden, warum im Meer kein Salz und der Himmel blau ist. Eine packende Erkundungsreise, an deren Ende wir die Welt mit anderen Augen sehen.